A [illegible]sponse to

Climate Change

항공산업의 기후변화 대응

유광의 · 김주현 공저

(주)백산출판사

인간 활동의 글로벌화 경향은 항공운송산업 수요 증가의 동인이 되어 항공교통량은 지난 수십 년 동안 일반적 경제성장 속도 이상으로 증가해 왔고 앞으로도 그러할 것으로 예측되고 있다. 인류의 향상된 사회, 경제적 활동에 필요한 항공교통 수요에 부응하여 항공기 운항활동은 양적인 성장이 불가피하다. 그러나 항공기 운항에 따른 온실가스 배출은 기후변화 대응을 위하여 감축해야 하는데 기술적으로 쉽지 않은 과제이다. 국제연합(UN)의 기후변화 대응정책과 전략에 호응하여 국제항공분야도 온실가스 배출 제한을 계획하고 이행해야 한다.

국제민간항공기구(ICAO)는 UN으로부터 국제항공부문의 온실가스 배출 제한 정책과 전략을 수립하고 이행할 것을 위임받았다. ICAO는 대략 십여 년에 걸친 연구와 논의 끝에 국제항공부문 온실가스 배출제한을 위한 정책과 전략을 확정했고 항공운송량이 많은 대부분의 국가들이 이행에 참여할 것을 결의했다. 결국, 국제항공운송에 참여하는 항공사들은 온실가스 특히, 이산화탄소 배출량 감축에 참여해야 하고 감축목표에 미달하는 부분은 경제적 부담을 해야 하는 시스템이 갖추어지게 되었다. 본 저서는 이와 같은 시대적 과제에 참여하는 항공산업 종사자뿐만 아니라 교육 담당자와 연구자들에게 항공산업의 기후변화 대응에 관한 기초 지식을 제공하기 위해 기획되었다. 아무쪼록 본서의 독자들이 필요로 하는 지식을 갖추는 데 도움이 되기를 바란다. 추가하여 본 저서 일부 내용은 저자가 참여하여 2015년에 출간한 '항공환경과 기후변화' 저서와 중복됨을 양해 바란다.

2019년 12월

저자 씀

차례

제 1 장

기후변화의 의미와 현상

제 1 장 기후변화의 의미와 현상

1 기후변화의 정의

인간의 산업활동에 따른 기후변화는 오래전부터 이슈가 되어 왔다. 19세기 말부터 인간 활동에 의해 배출되는 이산화탄소가 지구 온난화를 일으킬 수 있다고 주장하는 학자들이 등장했다. 그러나 (전 지구적 평균기온 상승과 이에 따른 연쇄작용들을 중심으로 한) 기후변화는 최근 들어 과학계 및 정계에서 더욱 큰 주목을 받고 있다.

기후는 시간과 공간에 따라 자연적, 계속적으로 변하기 때문에 '기후변화'라는 용어를 정의할 때 주의해야 한다. '기후'라는 용어는 장기간(수십 년 이상)에 걸쳐 특징지어진 '대기의 상태'라고 정의된다. '적당한 기간에 걸친 날씨변화 양상(Behavior of the weather over some appropriate averaging time)'을 일컬으며 여기서 적당한 기간은 대략 30년을 의미한다. 또한 국제연합(UN)이 설립한 기후변화 전문연구기구인 IPCC(Intergovernmental Panel on Climate Change)[1)]는 기후변화를 다음과 같이 정의한다.

"Climate change refers to a change in the state of the climate that can be identified by changes in the mean and/or the variability of its properties, and that persists for an extended period, typically decades or longer. It refers to any change

1) 기후변화와 관련된 전 지구적 위험을 평가하고 국제적 대책을 마련하기 위해 세계기상기구(WMO)와 유엔환경계획(UNEP)이 공동으로 설립한 유엔 산하 국제 협의체이다. 기후변화 문제의 해결을 위한 노력이 인정되어 2007년 노벨 평화상을 수상하였다.(두산백과)

in climate over time whether due to natural variability or as a result of human activity."(IPCC, 2007)

즉, 기후변화란 수십 년에 걸쳐 지속되는 기후 속성의 평균값과 가변성을 의미하며, 인간 활동 또는 자연에 의한 변화 모두를 포함한다. IPCC는 기후변화의 원인은 자연적인 원인과 인간 활동에 의한 원인 둘 다 될 수 있음을 밝혔다. 자연적 현상에 의한 기후변화로는 지구 궤도의 변화 등에 기인할 수 있고, 인간 활동에 의한 변화는 인간의 토지 사용패턴 또는 산업활동에 의한 대기 구성의 변화 등을 의미한다.

반대로, 유엔기후변화협약(United Nations Framework Convention on Climate Change : UNFCCC)의 조항 1을 보면 기후변화를 '인간 활동에 의해 지구 대기 조성이 바뀌고 이로 인해 나타나는 직·간접적인 기후변화, 비교적 장기간에 걸쳐 관찰된 자연현상에 의한 기후변화[2]'로 정의한다. 즉, 이 협약에서는 자연적 현상에 의한 변화는 제외하여 정의했다.

2 기후변화 요인

UNFCCC는 기후변화 원인을 'Climate Change'와 'Climate Variability' 두 가지로 구분한다. '기후변화(Climate Change)'는 오로지 인간활동에 의해 대기 구성이 변화하여 나타나는 기후변화이고 '기후의 가변성(Climate Variability)'은 자연적 원인에 의해 나타나는 현상이다. UNFCCC는 기후변화를 인간 활동에 의해 나타나는 현상으로만 국한시키고 그 현상에 초점을 맞춰 논리를 전개한다.

IPCC는 기후의 가변성(Climate Variability)을 개별적인 날씨현상에 국한시키지

2) A change of climate which is attributed directly or indirectly to human activity that alters the composition of the global atmosphere and which is in addition to natural climate variability observed over comparable time periods.(UN, 1992)

않고 모든 시공간을 고려한 기후 파라미터의 평균값, 표준편차, 범위의 변이(Variation)로 정의한다. 기후의 가변성은 기후변화와 마찬가지로 자연적 원인과 인간 활동에 의한 원인 모두에 의한다.

인간 활동에 의해서 온실가스와 에어로졸이 배출되며, 대지표면 구성이 바뀐다. 화석연료를 태워서 발생되는 온실가스는 지구표면에서 방출된 적외선을 흡수하여 외부로 방출되지 못하게 하여 대기를 가열된 상태로 유지시킨다. 교토의정서[3]에는 이산화탄소(CO_2), 메탄(CH_4), 이산화질소(N_2O), 수소화불화탄소(HFCs), 과불화탄소(PFCs), 육불화황(SF_6)을 온실가스로 규정하고 있다. 이 중 이산화탄소는 상대적으로 그 양이 많고 대기에 머무는 생애주기가 길기 때문에(이산화탄소는 천 년을 주기로 기후변화에 영향을 준다) 가장 중요하게 다뤄진다. 온실가스별로 대기 내 열을 붙잡아두는 능력이 다른데, 이에 따라 기후변화에 미치는 영향력도 제각기 다르다. 이러한 영향력은 지구 온난화지수(Global Warming Potential : GWP)[4]로 표시된다. 에어로졸은 그을음이나 황산화물을 뜻하는데, 주로 태양복사열을 흩뿌리거나 흡수하고 구름의 형성을 촉진시키며 결과적으로 대기온도를 낮춘다. 하지만 아직까지 에어로졸의 영향력이 측정되지 않았기 때문에 온실가스의 총 영향력은 알 수 없다. 지표면의 상태가 달라지면 기후도 변하는데, 지표면의 반사도(Albedo)[5]도 변하고, 삼림벌채로 이후 식물이 자체적으로 대기 중 이산화탄소를 흡수하는 비율은 이전에 비해 낮아졌다.

결국, 인간에 의한 요소이건 자연적인 요소이건 간에 대기복사열의 순환양상(Scattered, Absorbed, Re-emitted)을 변화시켜 기후변화를 유발한다. 특히, 인간

---

3) 이산화탄소(CO_2), 메탄(CH_4), 아산화질소(N_2O), 불화탄소(PFC), 수소화불화탄소(HFC), 불화유황(SF_6) 등 6가지 온실가스배출량을 줄이기 위한 국제협약

4) GWP : Global Warming Potential. 이산화탄소, 메탄, 오존과 같이 온난화를 초래하는 가스가 지구 온난화에 얼마나 영향을 미치는지를 측정하는 지수. 이산화탄소 1kg과 비교할 때, 특정기체 1kg이 지구 온난화에 얼마나 영향을 미치는지를 나타낸다. 백년을 기준으로 이산화탄소의 온난화 효과를 1로 볼 때, 메탄가스가 23, 일산화질소 296, 수소불화탄소 1200 등이다.(한경 경제용어사전)

5) 알베도 : 빛을 반사하는 정도를 수치로 나타낸 것으로 반사율이라고도 한다.(두산백과)

의 사회 · 경제활동에 의해 배출되는 온실가스의 영향력은 '복사강제력(Radiative Forcing)'[6]이라는 개념으로 표현되는데, 지구 대기시스템의 에너지를 W/m²(Watts per square meter)로 계산하며 대기시스템의 에너지 균형을 변화시키는 정도를 의미한다.[7] 이때, 양의 값은 기온상승(Warming)으로, 음의 값은 기온하강(Cooling)으로 해석된다. 각각의 온실가스에 의한 복사강제력은 계량화될 수 있는데 전 지구에 걸친 복사강제력의 평균값은 지구의 지표면 온도 변화와 선형관계가 있다.

3 기후변화 현상

기후변화는 태양열 복사, 대기 순환, 해수면, 해류, 구름, 강우, 눈 및 얼음의 양에 변화를 주고 이들은 서로 상호작용하여 복잡한 현상을 만들어낸다. 평균적인 기상 현상뿐만 아니라 편차가 커진다는 점을 주목해야 한다. 한 가지 예로, 평균 기온이 상승함에도 불구하고 최근 겨울에는 혹한(酷寒)이 나타나고 있다. 평균 대기온도와 해양기온 모두 상승했고 빙하가 녹고 있으며 이로 인해 지구평균해수면 높이도 높아지고 있다. 해수면 상승과 기온 상승 또한 많고 잦은 강우현상을 유발시켰다. 특정 지역은 더욱 많은 강우를, 다른 지역은 강우량의 감소 및 심한 한발현상을 일으켰다. 이러한 극한 날씨들의 경향을 살펴보면, 대륙 대부분에서 한파사건(Cold Events)이 일어나는 빈도는 적어진 반면 열파(Heat Waves)는 잦아졌으며, 북애틀랜타 지역에서는 열대저기압(Tropical Cyclones)이 자주 발생하고 있다.

미래에는 더욱 심한 결과가 예상된다. 과학자들은 미래의 인구증가, 경제성장, 기술발전 등의 변화 정도를 다양하게 반영하여 '배출 시나리오(Emission Scenarios)'

---

6) 복사강제력 : 온실가스가 대기를 가열하는 정도를 복사강제력이라고 한다.

7) Radiative forcing is a measure of the influence a factor has in altering the balance of incoming and outgoing energy in the Earth－atmosphere system and is an index of the importance of the factor as a potential climate change mechanism.

를 만들어서 결과를 예측했다. 배출 시나리오에 의하면, 적어도 한 세기 동안은 인간 활동에 의한 온난화 및 해수면의 변화가 계속될 것이라는 평가가 지배적이다. 기후변화 현상들은 다양한 시스템과 인간 활동 분야 및 지역에 영향을 미칠 것으로 보인다. 시나리오에서는 생태계가 가진 다양한 복원력을 추월하여 많은 식물과 동물종은 멸종 위기에 처할 것이며 생물의 다양성과 먹이사슬에 변화가 생길 것으로 분석했다. 특히, 해안지역은 해변 침식(Coast Erosion)과 바닷물의 범람으로 위험에 노출될 것이며 기후변화에 따른 식량 생산 감소로 많은 사람들이 영양실조를 겪거나 건강 악화와 죽음에 직면하게 된다. 반건조지대(Semi-Arid Areas)는 말라가고 가뭄이 확대되며 오염된 물이 증가하고 수질악화로 청정지역에 사는 종과 생태계는 큰 위험에 처할 것이다.

4 기후변화 대처방안

그렇다면 인류는 기후변화에 어떻게 대처해야 할까? 기후변화에 인간은 다음의 두 가지 방식으로 대처할 수 있다. '적응(Adaption)기법'과 '완화(Mitigation)기법'을 적용할 수 있다. '적응(Adaptation)'이란 말 그대로 긴 시간에 걸쳐 나타나는, 피할 수 없는 기후변화에 대처하기 위해 인간 활동과 사회 전반적인 체제를 변화된 날씨에 맞추는 것이다. 그러나 장기적인 관점에서 적응은 기후변화에 대한 적절한 대응이라 보기 어렵다. 기후변화는 시간이 지날수록 심화될 것이기 때문이다. 그러므로 기후변화를 '완화(Mitigation)'시키는 전략이 더욱 효과적이다. '완화(Mitigation)'는 기후변화의 속도와 규모를 조절하기 위해 주로 온실가스 배출량을 줄이는 체제 도입을 의미한다. 특히, 온실가스 배출을 '완화'할 때 드는 비용이 '적응'하는 데 필요한 비용보다 훨씬 적은 것으로 평가되어 경제적으로도 정당성을 확보한다.

기후변화 완화를 위해서는 국가 간 상호 조정과 협동이 전제되어야 하며, 유효한 국제기후변화협약의 체결이 있어야 한다. UNFCCC와 교토의정서 체결 등으로 국제적인 노력이 이루어졌으며, 교토의정서 이후에도 2012년까지 다양한 협상을 진행해 왔고, 2015년에는 파리 기후변화협정으로 구체적인 이행방안이 마련되어 가고 있다. 이와 같은 국제적 노력의 구체적 내용은 첨부물을 참조하기 바란다.

하지만 기후변화 대응책을 효과적으로 이행하기 위한 국제적인 틀을 완성하기에는 아직 갈 길이 멀다. 궁극적으로는 대기권의 온실가스 농도를 안정시켜야 하며 이를 위해 각국은 상당한 수준으로 온실가스 배출량을 감축해야 하는데 앞서 지적한 대로 경제적 정당성이 있는 노력이라는 점을 상호 인식하고 지속적으로 협조·협동해야 할 것이다.

'기후변화의 경제학(The Economics of Climate Change)'이라는 저명한 보고서[8]에 의하면 우선, 국제사회는 투명하고 대조 가능한 국제탄소가격 길잡이(Worldwide Carbon Price Signal)를 창안해야 한다. 탄소가격 길잡이는 탄소가 적게 배출되는 상품, 기술, 운영 절차들을 창안하도록 생산자 및 소비자들에게 경제적 인센티브를 유발하기 때문이다. 일반적으로 어떤 수준의 사회에서든지 생활방식과 행동방식의 변화를 유도하기 위해서는 다양한 정책적 장치가 동원되는 기후변화에 대한 대응책이 마련되어야 한다. 다음에 소개되는 첨부물은 국제연합을 중심으로 추진되는 기후변화협약들의 주요 내용이다.

첨부 UNFCC와 교토의정서, 파리 기후변화협정

UNFCCC

(United Nations Framework Convention on Climate Change)

UNFCCC는 지구 온난화 방지를 위해 온실가스의 인위적 방출을 규제하기 위한 협약이다. 정식명칭은 '기후변화에 관한 기본협약'으로 흔히 '유엔기후변화협약'이라 불린다. 유엔기후변화협약은 생물다양성협약과

8) Nicolas Stern, "The Economics of Climate Change", UK: Cambridge University, 2007

함께 1992년 6월 리우회의(유엔환경개발회의, UNCED)에서 채택되었고, 1994년 3월 21일 발효되었다. 2001년 가입국은 186개국이며 우리나라는 1993년 12월에 47번째로 이 협약에 가입, 1994년 3월부터 적용받기 시작했다. 기후변화협약의 주요 내용은 다음과 같다.

- 각국의 온실가스 배출
- 흡수 현황에 대한 국가통계 및 정책이행에 관한 국가보고서 작성
- 온실가스 배출 감축을 위한 국내 정책 수립 및 시행
- 온실가스 배출량 감축 권고

정도의 차이는 있지만 모든 나라에 책임이 있으므로 능력에 따라 의무를 부담하되, 지금까지 에너지를 많이 사용해 왔고 기술적, 경제적 능력이 있는 선진국이 선도적 역할을 하면서 개도국의 사정을 배려한다는 원칙하에 당사국들을 부속서 I국가와 부속서 II국가, 기타 국가(개도국)로 구분하여 각기 다른 의무를 부과하고 있다.

부속서 I국가는 협약 채택 당시 OECD 24개국 및 EU와 동구권 국가 등 35개국이었으나 제3차 당사국총회(COP3)에서 5개국(크로아티아, 슬로바키아, 슬로베니아, 리히텐슈타인 및 모나코)이 추가로 가입하여 현재는 40개국이다. 부속서 I국가군은 자국의 온실가스 배출량을 2000년까지 1990년 수준으로 감축하기 위해 노력하되, 감축목표에 관한 의정서를 3차 당사국총회(COP3)까지 마련하기로 결정하였고, 이에 따라 1997년 12월에 「교토의정서(Kyoto Protocol)」가 채택되었다. '교토의정서'의 채택으로 기후변화협약이 실효성을 갖게 됐다.

우리나라는 기타 국가로 분류되어 국가보고서 제출 등 협약상 일반적 의무만 수행하면 되지만 OECD 가입 이후 미국, 일본 등 선진국에서

자발적으로 부속서 I국가와 같은 의무를 부담하여 줄 것을 요구하고 있다.

교토의정서[9)]

교토의정서란 이산화탄소(CO_2), 메탄(CH_4), 아산화질소(N_2O), 불화탄소(PFC), 수소화불화탄소(HFC), 불화유황(SF_6) 등 6가지 온실가스 배출량을 줄이기 위한 국제협약이다. 1992년 6월, 리우 유엔환경회의에서 채택된 기후변화협약(UNFCCC)을 이행하기 위해 1997년 만들어진 국가 간 이행협약으로, '교토기후협약'이라고도 한다. 정식 명칭은 Kyoto Protocol to the United Nations Framework Convention on Climate Change이다.

지구 온난화가 범국제적인 문제라는 것을 인식한 세계 정상들이 1992년 브라질 리우에 모여 지구 온난화를 야기하는 화석연료 사용을 제한하자는 원칙을 정하면서 이를 추진하기 위해 매년 당사국총회(COP)를 열기로 하였다. 이후 1997년 12월 일본 교토에서 열린 기후변화협약 제3차 당사국총회(COP3)는 선진국으로 하여금 이산화탄소 배출량을 1990년 기준으로 5.2% 줄이기로 하는 교토의정서를 만들어냈다. 이산화탄소 최대 배출국인 미국이 자국산업 보호를 위해 반대하다 2001년 탈퇴를 선언, 이후 러시아가 2004년 11월 교토의정서를 비준함으로써 55개국 이상 서명해야 한다는 발효요건이 충족돼 2005년 2월 16일부터 발효되었다.

지구 온난화를 일으키는 온실가스에는 탄산가스, 메탄, 이산화질소, 염화불화탄소 등 여러 가지 물질이 있는데, 이 중 인위적 요인에 의해 배출량이 가장 많은 물질이 탄산가스이기 때문에 주로 탄산가스 배출량의 규제에 초점이 맞춰져 국가별 목표수치를 제시하고 있다. 또한 선진국의 감축의무에 대한 효율적 이행과 신축성을 확보하기 위해 감축의무가 있

9) 교토의정서[京都議定書, Kyoto Protocol](시사상식사전, 박문각)

는 선진국들이 서로의 배출량을 사고팔 수 있도록 한 배출권거래제도(Emission Trading : ET), 다른 나라에서 달성한 온실가스 감축실적도 해당국 실적으로 인정해 주는 공동이행제도(Joint Implementation : JI) 및 청정개발체제(Clean Development Mechanism : CDM) 등의 신축성 체제(Flexibility Mechanism)를 도입하였다.

- 배출권거래제도 : 온실가스 감축의무가 있는 국가가 당초 감축목표를 초과 달성 또는 미달 여부에 따라 감축쿼터를 다른 나라에 팔거나 살 수 있도록 한 제도
- 공동이행제도 : 선진국 기업이 다른 선진국에 투자해 얻은 온실가스 감축분의 일정량을 자국의 감축실적으로 인정받을 수 있도록 한 제도
- 청정개발체제(Clean Development Mechanism : CDM) : 선진국 기업이 개발도상국에 투자해 얻은 온실가스 감축분을 자국의 온실가스 감축실적에 반영할 수 있게 한 제도

교토의정서 이후와 파리조약[10)]

❶ 기후변화협약이 걸어온 길

기후변화 이슈가 다시 끓고 있다. 이번 여름 유럽을 달구고 있는 주요 뉴스 가운데 '이상기후'도 그 중심에 있다. 유럽 내 100개 이상의 지역에서 여름철 기온이 기록을 갱신하고 있으며 이에 따른 산불 위험의 증가, 취약계층의 사망률 상승 등의 우려가 증가하고 있다. 한 해 여름의 이상고온으로 기후변화를 단정할 수는 없을지라도 이미 오랫동안 지속되고 있는 여름의 이상고온과 겨울의 이상한파로 우리의 기후가 이미 정상적

---

10) 오대균(한국에너지공단 기후대응이사), 전기저널, 2019. 8. 1

인 기대범위를 넘어서고 있음을 느끼는 것은 어렵지 않다.

기후변화를 다루는 언론 기사의 수도 10년 전에 정점을 찍고 하향세를 나타내다가 최근 들어 다시 증가하고 있는 추세다. 세계는 1994년 전 지구적인 기후변화에 대응하기 위해 '기후변화 기본협약'을 맺고 산업화를 추진해 온 선진국들이 기후변화를 일으키는 주범인 온실가스를 배출해 온 역사적 책임을 물어 선진국의 온실가스 배출 감축목표를 설정했다.

1997년 일본 교토에서 개최된 제3차 기후변화협약 당사국총회에서 선진국들은 그들이 1990년에 배출했던 온실가스 총량의 평균 5.2%를 2012년까지 줄이는 목표를 가지게 되었고 각국별로 상황에 따라 다른 목표가 설정됐다. 유럽연합은 회원국들의 온실가스 배출량 감축목표를 내부적으로 재조정해 유럽연합 전체의 목표를 8% 감축으로 설정했다.

그러나 선진국의 목표를 법적 구속력을 가지도록 만든 교토의정서는 2005년이 되어서야 국제적으로 발효됐다. 이마저도 온실가스 배출량이 가장 많은 미국이 자국의 경제적 부담을 이유로 비준을 거부함으로써 이행 범위가 전 세계 배출량의 30% 수준이 되지 못했고 추진력도 잃게 되었다.

교토의정서의 이행만료 시기인 2012년을 7년 앞두고 그 이후의 기후변화 대응을 위한 국제협상을 시작했지만 제대로 된 결실을 거두지 못하고 각국은 2012년까지로 정했던 교토의정서 이행 기간을 2020년으로 연장했다. 이와 함께 각국이 새로운 목표를 발표하도록 했지만 잃어버린 교토의정서의 추진력을 되찾기는 어려웠다.

2009년 덴마크 코펜하겐에서 열린 제15차 기후변화협약당사국총회에서 주요국의 정상들이 모여서 기후변화협약을 이행하기 위한 코펜하겐합의문을 만들었지만 몇몇 나라의 반대로 인해 정식으로 채택되지 못했다. 이는 관심이 증가되던 기후변화 이슈가 전 세계인들의 관심으로부터 멀어지는 기회가 되고 말았다. 이후 기후변화는 주로 경제관련 이슈에 묻

혀서 때때로 거론되는 뉴스 정도로 치부됐지만 2015년 파리에서 열린 제 21차 당사국총회에서 '파리협정'으로 불리는 신기후체제를 출범시키면서 전 세계는 새로운 출발점에 서게 됐다.

❷ 신기후체제의 의미

그동안 기후변화에 대응하는 국제적인 노력의 중심에는 기후변화협약이 있었으며 협약은 매년 당사국이 모두 참여하는 당사국총회의 결정으로 이행되어 왔다. 1997년 교토의정서는 선진국의 역사적 온실가스 배출 책임을 물어 선진국들의 감축목표를 협상을 통해 설정했다. 하지만 이후 한국, 멕시코, 중국, 인도, 브라질, 남아공 등 대규모 개발도상국들의 경제성장으로 온실가스 배출량이 급증했다.

특히 중국이 최대 온실가스 배출국이 되면서 기후변화 대응이 실효성을 가지게 되려면 온실가스 배출량 감축에 개발도상국들이 참여해야 한다는 요구가 높아졌다. 따라서 앞으로는 모든 나라가 참여하는 기후체제가 되어야 했고 2008년부터 2012년까지라는 한시적인 이행 기간을 가진 교토의정서에 비해 항구적인 체제를 마련하게 된 것이다.

신기후체제는 개도국의 참여를 전제하려 하는 미국과 선진국의 역사적 책임에 비중을 두려는 중국이 모두 하나의 기후변화 대응체제에 참여하도록 목표설정의 유연성을 확대했다.

그동안 협상을 통해 설정함으로써 각국의 대응 노력을 집중시켜 왔던 국가별 감축목표를 국가별 상황에 맞추어 당사국이 제출하도록 하며 선진국들은 교토의정서상의 목표를 감축행동의 출발점으로 역사적 책임을 유지하도록 했다.

앞으로 모든 기후변화협약 당사국은 매 5년마다 진전된 국가 감축목표를 국가별 기여방안(NDC, Nationally Determined Contribution)이라는 이름으로 꾸준히 제출하고 이를 이행해야 한다.

현재 진행 중인 기후변화 협상은 각국이 제출한 감축목표의 적절성, 전 세계적인 기후변화 대응의 기여 가능성, 모든 당사국들이 제출한 국가별 온실가스 감축목표가 기후변화 대응에 충분한지에 대한 검토, 목표를 국내적으로 실질적으로 이행하고 있는지를 검토하는 투명성 확보 등을 위한 세부적인 내용과 절차를 다루고 있다.

국가 감축목표 수치만을 협상성과로 보았던 교토의정서보다 협상에서 다룰 내용은 더욱 많고 복잡해졌다고 할 수 있다. 이에 더해 감축목표만을 다루었던 교토의정서에 비해 개발도상국들은 변화하는 기후에 적응해 살아가는 방안을 강구하기 위한 '기후변화 적응', 선진국의 '재정지원', '기술이전' 개발도상국들의 대응력을 향상시키려는 '역량배양' 등도 신기후체제에서 다루어야 할 주제로 택했다.

이들 주제들의 실질적인 이행을 검토하는 '투명성 체제'의 도입도 교토의정서와는 달라진 내용이다. 이를 통해 모든 당사국들이 자국 내에서 실질적으로 기후변화에 대응하도록 독려한다.

이제는 어떤 감축목표를 설정할 것이며 어떻게 이행할 것인지를 당사국들이 국내적으로 결정해야 한다. 그렇다고 미미한 목표설정과 시늉만 내는 이행이 가능하다는 것은 아니다. 목표의 적절성과 이행의 효과성을 들여다보는 투명성 체제를 국제적으로 가동할 것이기 때문이다.

기후변화에 대응하는 협약의 이행은 온실가스를 덜 배출하거나 배출하지 않는 사회로의 전환을 추구한다. 여기에는 비용이 요구된다. 비용을 부담하지 않으면서 기후변화에 대응하는 방안은 없을 것이며 그러한 방안이 있다면 굳이 기후변화협약을 만들 필요도 없었을 것이다.

신기후체제가 모든 당사국이 참여하고 자국 내에서 실질적으로 이행하는 것이므로 이제 우리 내부에서 비용을 부담해야 한다는 인식을 제고하고 사회적으로 비용부담 방안을 마련할 때다.

교토의정서에서 온실가스 감축 의무대상은 선진국들이므로 우리는 개발도상국의 지위를 유지하면서 온실가스 배출감축 의무를 피할 수 있었다. 협상 성과에 따라 감축의무를 가지지 않거나 낮은 수준의 의무만을 가질 수도 있을 것이며 한시적으로 설정된 이행 기간을 단계적으로 잘 넘길 수도 있다는 생각도 있었을 것이다. 그러나 파리협정은 모든 나라가 참여하며 항구적인 기후 대응체제이므로 이를 회피할 방안은 없다. 이제 어떻게 감축할 것인지 적극 검토해야 한다.

파리조약(파리기후변화협약) 국내적 세부이행지침[11)]

▶ 2018년 12월 제24차 기후변화 당사국총회와 제1-7차 파리협정 후속 협상 특별작업반 최종회의가 개최되어 파리협정(Paris Agreement) 세부이행지침(Rulebook)을 확정·채택함.

▶ 4년간(2011~2015년)의 협상으로 파리협정을 채택한 데 이어, 3년간(2016~2018년)의 협상으로 세부이행지침을 확정함에 따라, 총 7년간의 협상으로 신기후체제에 대한 시스템 구축이 완성됨.

▶ 이제 신기후체제로서의 파리협정은 시스템구축(Rule-making) 단계를 완료하고 본격적인 이행단계(Implementation of the Paris Agreement)에 진입함.

▶ 감축목표(NDC)에 대한 정보지침은 감축목표의 명확성과 투명성을 높임으로써 당사국들의 감축행동을 명확히 알 수 있도록 하고 있으며, 2020년 감축목표 갱신 시 신규 정보지침의 적용을 강하게 요구함.

▶ 감축목표의 투명성체계 지침에 따라, 감축목표 달성에 대한 진전추적을 위한 상세한 정보를 담은 격년투명성보고서를 늦어도 2024년까

11) 오진규 연구위원, 세계에너지시장인사이트, 2019

지 제출해야 하며, 그 후 매 2년마다 감축목표의 이행실적을 보고하도록 함.

▶ 2023년부터 시행될 글로벌 이행점검 지침은 투입자료와 자료원, 3단계의 이행점검 방식을 규정함으로써, 파리협정의 2도 목표 달성에 대한 전 지구적 점검을 5년 단위로 주기적으로 시행하도록 규정함.

▶ 감축목표에 대한 세부이행지침이 확정 · 채택됨으로써, 우리나라는 감축목표의 철저한 이행을 위해 실질적이며 체계적인 감축실행계획을 꾸준히 추진해야 할 것임.

제 2 장

항공산업이 기후에 미치는 영향

제2장 항공산업이 기후에 미치는 영향

1 항공산업과 기후변화

항공산업에서는 항공기 배출가스가 기후변화의 주범으로 인식되고는 있으나 아직까지 그 영향은 미미하다. 그러나 항공산업은 연간 약 5%라는 급격한 성장률을 보이며, 이러한 성장률이 지속될 것으로 전망됨에 따라 2050년까지 항공운항으로 발생되는 온실가스가 전체 온실가스에서 상당 부분을 차지할 것으로 보인다.

항공산업은 이미 기술적으로 성숙단계에 접어들었기 때문에 추가적인 기술 개발이 쉽지 않다. 또한 기존 항공기의 생애주기(Life Time)가 매우 길다는 사실을 감안해 본다면, 현재 보유 중인 항공기는 상당기간 동안 이용될 것이다. 따라서 단시간 내에 혁신적인 기술 개발을 통해 항공기 운항으로 발생한 온실가스를 줄이는 것은 사실상 어렵다. 그럼에도 불구하고 세계적으로 항공산업이 기후변화에서 차지하는 비중을 줄이기 위한 노력은 계속되고 있다.

우선, 국제민간항공기구(ICAO)는 국제연합(UN)의 산하 전문기구로서 국제연합의 위탁에 의해 국제항공운송산업 분야에서 온실가스 배출 감축 정책 및 전략 수립의 노력을 진행해 왔는데 항공기 운항에 따른 온실가스 배출 감축, 특히 이산화탄소 배출을 줄이고 UN이 추진하는 지구 대기상의 온실가스 농도 목표치 유지를 위한 정책에 참여하기 위한 전략을 수립했다. 간단히 ICAO의 동 사안에 대한 추진업무를 소개한다. ICAO는 항공기 운항에 따른 온실가스 배출을 줄일 수 있는 방안을 세 개의 분야로 나누었다. 첫 번째 분야는 기술적 발전에 의한 온실가스 배출감축 분야이다. 특히, 항공기 엔진의 에너지 효율성을 개선하여 연료 소모량을 감소시킴으로써 이산화탄소의 배출을 감축하는 방안이다. 두 번째 분야는 운항방법과 절차 개선에 의한 감축방안이다. 항공사는 항공기 운항을 연료 절감 지향적으로 수행하여 이산화탄소의 배출을 줄일 수 있고, 정부는 항공로 개발이나 항공교통관리 절차 개선을 통하여 항공기가 효율적으로 운항할 수 있는 기반을 제공함으로써 항공기 운항에 따른 전반적 연료 절감을 유도할 수 있을 것이다. 세 번째 분야는 정책적 방법이다. 항공사나 항공기 운영자가 온실가스 배출을 감축시킴으로써 경제적 이익을 얻게 하거나 온실가스 배출이 늘어나면 경제적 손해를 입도록 함으로써 경제주체(예 : 항공사)가 자발적으로 온실가스 배출 감축노력을 하도록 유도하는 것이다. 대표적인 방법이 배출권거래제(Emission Trading Scheme) 또는 배출권 상쇄(Offsetting)제도이다. 이 두 제도 중에서 ICAO는 배출권 상쇄제도를 채택했다.

ICAO는 상기의 세 가지 분야의 노력으로 국제 항공운송산업에서 배출되는 온실가스를 통제관리하는 전략을 수립했다. ICAO는 전반적인 전략을 수립했고 이행방안을 지침서로 개발한 후 회원국 정부들로 하여금 이행계획을 수립하여 제출하도록 요구했고 회원국들이 적극적으로 참여하고 있다.

2 항공산업의 기후변화 영향

항공교통은 다양한 측면에서 기후에 영향을 미치는데, 항공기 엔진운용과 공항 운영 및 부가 서비스를 수행하면서 나오는 배출로 인한 영향 등, 두 가지 범주로 크게 나눌 수 있다. 항공산업이 기후에 미치는 영향에 대한 과학자들 및 학계 대부분의 연구는 항공기 엔진에 의한 배출가스에 집중해 왔다. 물론 학자들은 아음속 항공기 및 초음속 항공기 모두 고려해서 연구를 수행했지만 현재 민간항공은 아음속 비행기의 사용에 국한되었다.

2.1 기후변화에 영향을 끼치는 항공기 배출물

민간 항공기 엔진 배출가스가 기후에 미치는 영향은 직접적인 영향과 간접적인 영향으로 나눌 수 있다. 직접적인 영향은 항공기 배기가스가 대기로 유입되어 Radiative Forcing을 유발하는 것이다. 화석연료를 연소하여 발생하는 이산화탄소, 그을음과 황산화물이 포함된 에어로졸의 배출 또한 Radiative Forcing을 직접 유발한다. 반면 간접적인 영향은 항공기의 배출가스가 2차적인 물리 · 화학 작용을 거쳐서 결과적으로는 Radiative Forcing을 유도하는 것이다. 항공기에서 배출된 질산화물(NO_x)은 대류권 오존의 양을 증가시키고 메탄을 파괴하여 대기 중 온실가스의 농도를 바꾼다. 항공기가 고고도에서 비행할 때는 콘트레일(Contrail)을 형성하며 적란운(Cirrus Cloud)의 양을 증가시킨다. 이 모든 현상은 항공기 배출가스의 간접적인 영향에 따른 결과이다.

공항 주변 저고도 및 지표면에서의 운항단계인 LTO(Landing and take-off) cycle 동안에 항공기 배출가스는 콘트레일과 적란운을 형성하지는 않지만, 온실가스 및 온실효과 물질을 계속해서 배출한다. 그러므로 LTO cycle도 항공기가 기후에 미치는 전반적인 영향을 고려할 때 간과되어서는 안 된다. 항공기가 배출하는 주된 오염물질에 대해서는 다루지 않고 항공기 엔진 배출가스의 기후변화 영향에 대해서만 상세하게 설명한다.

항공기 엔진에서 배출된 배기가스는 다양한 화학적 변화를 거쳐 온난화에 기여하게 된다. 항공기 배출가스 중 주요한 직접적 온실가스는 이산화타소(CO_2)와 수증기(H_2O)이다. 항공기 배출가스에 포함된 질소산화물(NOx)는 온실가스는 아니지만 온실가스 중 하나인 오존(O_3)의 생성에 기여한다. NOx는 또한, 메탄(CH_4)의 농도에도 영향을 미쳐 기후변화에 영향을 준다. 또 다른 항공기 엔진배출가스인 흑색탄소(black carbon : soot)는 직접적인 에어로졸이 되어 기후변화에 기여하며, 질소산화물과 황산화물(SOx) 및 탄화수소(hydrocarbon : HC)는 배출된 후에 에어로졸 형성에 기여하게 된다. 에어로졸과 수증기가 결합하면 콘트레일

(contrail)을 형성하여 온실가스 효과를 일으키게 되는 것이다. 콘트레일은 저온 다습 상황에서 생성되는데, 결국, 에어로졸은 자연적인 구름의 생멸에 변화를 일으키도록 작용하여 기후변화에 영향을 미치는 것이다.

표 2-1 **항공기가 기후에 미치는 주된 영향**

배출가스의 종류	영향력
이산화탄소의 배출	• 인간 활동에 의해 배출되는 온실가스 중 가장 중요한 기체 • 지구 온난화를 일으킴
질산화물의 배출	• 대류권 오존을 생성 • 온실가스인 메탄을 파괴함
수증기의 배출	• 항공기 배출 수증기의 영향은 미미하지만 초음속항공기가 운용되면 영향력 증대가 예상됨
그을음 미립자(Soot Particles) 배출	• 태양 복사에너지의 흡수로 미미한 국지적 온난화현상 유발 • 적란운과 콘트레일 응결핵 역할
황산화물의 배출로 생성되는 황산 미립자	• 태양복사선을 후방 산란시켜 미미한 냉각효과 • 콘트레일과 적란운의 응결핵 역할
콘트레일	• 대기의 온난화 현상 유발 • 공기 중에 잔류 및 확산되어 적란운 형성
적란운	• 잠재적인 대기 온난화 유발(과학적인 규명 필요)

출처 : Ben Daley, Air Transport and Environment, Ashgate, 2010

■ 이산화탄소의 영향

교토의정서에서 이산화탄소는 중요한 온실가스로 규명되었고, 민간항공에 의해 상당량이 대기권에 배출되는 것으로 평가되었다. 이산화탄소 배출량은 연료 소모량에 정비례하므로 연료 소모량만 알면 이산화탄소 배출량은 쉽게 산출할 수 있다. 항공기 연료효율을 높이면 이산화탄소 배출량 감소로 이어질 수 있다.

개별 이산화탄소 분자는 대기 중에 약 4년 정도 잔류하지만, 기후에 미치는 영향력은 오랜 기간 지속된다. 왜냐하면 이산화탄소 분자들은 대기 중에서는 파괴되지 않고 대기, 해양(해양생물군 포함), 대지(육지생물군 포함), 암석 및 빙하 등

다양한 탄소흡수원(Carbon Reservoir)에 재분배되기 때문이다. 이러한 탄소흡수원들 간의 이산화탄소 교환은 긴 세월에 걸쳐 일어나므로 대류권에 존재하는 이산화탄소의 수명은 상당히 길다고 볼 수 있다. 결국, 이산화탄소는 대기 중에 오래도록 남으며, 전 지구적으로 대기에 골고루 섞여 있다. 이산화탄소는 온실가스 중 효과가 가장 강력한 기체는 아니지만 상대적으로 배출량이 많고 오랫동안 남기 때문에 영향력이 크다. 그러므로 국제 기후변화 정책을 논의할 때도 늘 가장 중요한 온실가스로 취급된다.

항공기가 배출하는 이산화탄소는 2010년 그 양이 연간 0.7Gt에 달했다. 이는 인간 활동에 의한 온실가스 총배출량의 2~2.5%에 불과하지만 미래 온실가스 예측모델에 의해 2025년까지 항공산업의 이산화탄소 배출량은 2010년 기준 2배에 달할 것으로 산출되었다. 모든 산업분야에서 현재와 같은 경향으로 온실가스를 배출한다는 가정하에, 2050년까지도 항공산업의 이산화탄소 배출량은 전 세계 온실가스 배출량의 2.5%에 달할 것으로 전망된다.

그러나 교토협약에서 제시한 대로 이산화탄소 배출량을 줄이는 노력을 전 산업분야에서 성공적으로 추진한다면, 2050년쯤에는 항공기 엔진의 이산화탄소 배출량이 각 국가의 온실가스 배출 할당허용량(Allowance)의 대부분 또는 전부를 차지하게 될 것으로 예측하는 학자들도 있다. EC TRADEOFF 프로젝트 기간 동안 이루어진 조사들에 의하면 2000년 항공기가 배출하는 전 지구적인 이산화탄소의 양에 따른 Radiative Forcing은 0.028 W/m^{-2}이며 이 또한 빠르게 증가하고 있다. 항공교통산업의 성장과 함께 항공산업에 사용되는 연료량도 증가하면서, 항공산업에서 배출되는 이산화탄소는 2030년까지 급증할 것이고 과학기술이 상당히 발달한다고 해도 2050년에는 1992년 배출량의 3배에 이를 것이다. 이러한 이유에서, Houghton(2009)[12]은 “기후에 대한 항공산업의 영향을 통제하는 것은 아마도 기후변화를 완화시키려는 노력 중에서 가장 힘든 도전이 될 것이다”라고 말했다.

---

12) J. Houghton, “Global Warning: The complete briefing”, UK: Cambridge University, 2009

■ 질산화물의 영향

NO와 NO_2로 구성된 질산화물은 대부분 항공기 엔진 배기가스의 고온조건에서 공기 중에 포함된 질소의 산화과정에서 발생되며, 일부는 연료에 포함된 질소의 연소과정에서 발생된다. 항공기에서 배출되는 질산화물의 대부분은 NO로부터 형성되지만 이들은 대기 중으로 나오자마자 NO_2로 변환된다. 물론 약간의 NO_2(1차 NO_2)가 항공기의 엔진에서 직접 배출되기도 한다.

연소과정 중 질산화물의 형성은 불가피하지만, 항공기 엔진 연소실의 디자인을 개선하여 질산화물의 배출량을 줄일 수는 있다. 현재와 같은 경향으로 기술 발전을 지속한다면, 항공기에 의한 질산화물 배출물은 2002년에서 2025년 사이에 약 1.6배 증가한다고 예측된다. 항공기로부터 나오는 질산화물은 기후변화에 두 가지 중요한 간접적인 영향을 미친다. 하나는 대류권의 오존을 증가시키는 것이고 또 하나는 메탄의 양을 줄이는 것으로써 이 물질 둘 다 온실가스이다.

질산화물 배출에 따라 이루어지는 대류권 오존의 촉매반응은 몇 가지 복잡한 화학과정을 통해 일어난다. 대기 중 질산화물의 잔류시간은 배출고도에 따라 좌우되고 지표면에서보다 대류권 상층에서 더욱 오래 지속된다. 또한 순항고도에서 질산화물이 오래 잔류할수록 오존이 생성되는 횟수는 더욱 많아진다. 대류권 상층부에서 오존농도가 증가하면 낮은 고도에서의 오존농도 증가에 비해 더욱 강력한 Radiative Forcing을 유발한다. 게다가 대류권에서 만들어진 오존은 지표면 부근에서 생성된 오존보다 쉽게 사라지지 않는다. 결과적으로 순항고도에서 질산화물은 오존의 촉매반응을 유발한다.

대류권 오존의 촉매반응 외에도, 질산화물의 배출로 잠재적인 온실가스인 메탄이 파괴된다. 전체적으로, 항공기에 의한 질산화물의 배출은 오존농도를 증가시켜 Radiative Forcing을 양의 값으로 증가시키고 메탄의 파괴를 통해 Radiative Forcing을 음의 값으로 감소시킨다. 이러한 상반된 영향은 서로 비슷한 규모로 일어나지만 그렇다고 해서 기후에 미치는 영향이 상쇄되는 것은 아니다. 왜냐하면

각각의 기체들은 서로 대기 중에 존재하는 시간도 다르고 지리적으로 미치는 영향 또한 다르기 때문이다.

대류권의 오존은 상대적으로 잔존기간이 짧기 때문에(몇 주~몇 달) 전 지구적으로 공기에 모두 잘 섞이지는 않는다. 대신에 증가된 대류권의 오존농도는 항공기들이 주로 운항하는 북반구에 집중 분포된다. 반면 메탄은 공기 중에 오래 잔류하고 대기 중에 잘 섞이는 온실가스이므로, 질산화물에 의해 고갈되는 메탄의 양은 전 지구적으로 영향을 미친다. 몇몇 연구에서는 대류권에 오존의 농도가 불균등하게 배분되면 공기 중에 균등하게 섞일 때보다 지표 온도를 더 많이 증가시킨다고 주장한다.

질산화물 배출 결과로 오존농도가 증가하고 메탄이 파괴되어 기후가 계속해서 변하겠지만 메탄의 감소는 부분적으로는 또 다른 오염물질인 이산화탄소의 영향을 상쇄시킨다. 왜냐하면 메탄과 이산화탄소 모두 대기 중에 잘 혼합되고 오래 잔류하기 때문이다. 이러한 불확실성 때문에 항공기 엔진에서 배출되는 질소산화물이 기후변화에 미치는 영향에 대해서는 추가적인 연구와 논의가 필요한 것으로 평가되고 있다.

■ **수증기의 영향**

항공기 엔진에서 배출되는 수증기 또한 케로신의 연소에 따른 결과이다. 수증기는 매우 강력한 온실가스이고 지구의 온실가스들 중에서도 중요한 비중을 차지한다. 대류권에서는 자연적으로 수문학(Hydrological, 水文學)적인 과정이 많이 발생하기 때문에 대기는 수증기를 많이 포함하고 있다. 이 때문에 항공기 엔진에서 배출되는 수증기량은 상대적으로 미미하다고 볼 수 있다. 하지만 대류권 상층과 성층권 하부는 건조하며 특히나 성층권의 중간 및 상층부는 극도로 건조하다. 그렇기 때문에 성층권으로 유입되는 소량의 수증기라도 대기의 온난화 현상에 상당하게 기여한다. 미래에는 초음속 항공기가 성층권의 더 높은 고도에서 비행한다는 시나리오에 따르면 항공기에서 배출되는 수증기가 기후변화에 중대한 영향을 미칠 수도 있다는 논란이 제기되고 있다.

■ 에어로졸의 영향

에어로졸은 공기 중의 미세한 고체입자 또는 액체입자 형태로 부유한다. 이들은 입자모양 그대로 공기 중에 배출되거나(1차 에어로졸) 대기 중에서 변환과정을 통해 형성된다(2차 에어로졸). 전형적으로 대기 중의 에어로졸은 지름이 나노미터 단위에서 몇십 마이크로미터까지 그 크기가 다양하다. 항공기에 의한 에어로졸의 대부분은 그을음 입자와 황산화물이고 각각은 태양 복사열을 흡수하거나 방출하여 기후에 영향을 미친다. 그을음 입자는 태양 복사열을 흡수해서 국부적으로 기온상승을 유발한다. 황산화물들은 복사에너지를 후방 산란시켜(Back-scattered) 냉각효과를 일으킨다. 그렇지만 두 가지 반응 모두 그 영향력은 상대적으로 작다고 판명되었다. 이러한 직접적인 반응 외에도 입자형태의 배출은 간접적으로 기후에 영향을 미친다. 이들은 적란운 및 콘트레일 형성과정에서 응결핵의 역할을 하기 때문이다. 항공기 엔진 연소에 의한 입자형태의 에어로졸은 2002~2025년까지 배출량이 증가할 것이다. 왜냐하면 이 분야에서 괄목할 만하고 지속적인 기술발전이 매우 어렵기 때문이다.

■ 콘트레일의 영향

콘트레일(Contrails)은 항공기 엔진의 가열현상 및 항공기 배기가스로 인해 형성되는 선형의 얼음구름이다. 콘트레일은 항공기 엔진에서 나오는 고온의 습한 배기가스가 차갑고 건조한 대기와 만나서 상대습도가 급상승한 결과로 생성되는 물질이다. 그러므로 대기가 매우 차갑고(일반적으로 −40℃ 이하) 습한(얼음이 과포화된 상태) 조건에서는 콘트레일이 형성된다. 처음에는 엔진으로부터 나오는 수증기가 그을음 입자 또는 황산화물과 같은 배기가스 입자에 응고되고, 그 이후

대기 중에 존재하는 많은 양의 수증기가 입자모양으로 농축된다. 그 양이 계속 증가하면서(약 98%) 콘트레일이 형성된다. 콘트레일의 수명은 기온조건과 과포화된 얼음조건에 의해 좌우되는데, 대기 중에 머무르는 시간은 몇 초에서 몇 시간으로 다양하다. 콘트레일은 빠르게 증발하거나, 대기 중에 머물러서 분산되고 Wind-Shear를 일으키며 적란운을 형성한다.

전 세계적으로 선형 콘트레일의 양은 1992년에 지표면의 약 0.1%로 추정되었다. 콘트레일은 복사력(Radiative Forcing : 화학물질이 대기 온도를 높이는 정도)이 양의 방향으로 작용하거나 음의 방향으로 작용하게 한다. 콘트레일이 지구로 유입되는 태양 방사능을 반사시킬 때 음의 Radiative Forcing 현상이 일어나는 반면, 양의 Radiative Forcing은 콘트레일이 지표면에서 방출되는 적외선 복사열을 흡수할 때 나타난다. 이 두 반응이 얼마만큼 상쇄되는지는 콘트레일의 광학적 성질에 따라 다르다. IPCC(1999)는 1992년 선형 콘트레일에 의한 Radiative Forcing을 20m W/m^{-2}로 추정했다. 하지만 여전히 콘트레일이 기후에 미치는 영향은 아직 다 밝혀지지 않았다. 콘트레일의 영향범위(Coverage)는 항공기 연료 소모량이 증가하는 속도보다 훨씬 빠르게 증가하고 있는데 그 이유는 다음과 같다.

- 항공교통량은 주로 대류권 상층부에서 급속히 증가하는데, 콘트레일은 고고도에서 잘 형성되는 경향이 있다.
- 콘트레일은 고온에서 잘 형성되는데, 항공기 연료 효율 향상 기술은 고온연소 기술 적용을 위주로 한다.

콘트레일 형성에 적합한 상기의 필수 조건들은 주로 겨울의 밤시간 중에 자주 나타난다. 그리고 민간 항공교통량의 대다수는 북반구에 밀집되어 있으므로 겨울 북반구의 밤시간 동안 Radiative Forcing에 대한 콘트레일의 영향은 가장 강하게 나타날 것이다. 밤의 항공교통량은 낮의 항공교통량의 25% 정도에 그치지 않지만 콘트레일에 의한 Radiative Forcing의 60~80%는 야간 비행에 의한 것이다.

겨울 중 항공교통량은 연간 항공교통의 22%밖에 되지 않지만 동절기 비행은 콘트레일에 의한 Radiative Forcing의 연평균 값의 거의 절반을 유발한다는 연구결과도 있다.

콘트레일은 고고도 항로 중에서 얼음입자가 극심하게 밀집된 대기조건(ice supersatruated condition)에서 생성된다. 따라서, 항공기가 얼음입자 밀집부분을 회피하여 비행하면 콘트레일 형성을 회피할 수도 있다. 첫 번째 방법은 지정된 항로로 비행을 하다가 얼음입자 밀집조건 기상을 조우하면 고도를 낮추든지 높이든지 하여 콘트레일 형성을 회피하는 것이다.

■ 적란운의 영향

적란운 또한 항공교통이 기후에 미치는 간접적인 영향 중 하나이다. 항공기들은 다음과 같은 두 가지 방식으로 적란운을 형성한다.

- 장시간 존재하는 콘트레일이 공기 중에 분산되어 자연적인 적란운과 구분할 수 없을 정도의 적란운을 만들어낸다(1차 효과).
- 항공기가 지나간 후 상당한 시간이 흘러도 대기의 온도와 습도 등의 조건이 항공기가 배출한 미립자들에 응결하는 데 적절한 상태가 지속되면 적란운이 형성된다(2차 효과).

이러한 두 가지 영향 중 1차 효과가 더욱 확실하게 입증되었고 형성되는 양 또한 2차 효과에 비해 많다. 콘트레일이 만들어내는 적란운에 의한 순 Radiative Forcing 효과는 태양 복사열을 반사하는 능력과 지표면에서 나오는 적외선 복사열을 흡수하는 능력 간의 균형을 이루는 정도에 따라 달라진다. IPCC(1999)는 항공기에 의해 생성된 적란운의 효과가 잠재적으로 보면 상당히 크지만, 얼마나 큰지는 아직 불확실하다고 밝혔다. 하지만 장기적으로 보면 적란운의 양은 계속적으로 증가하고 있으므로 항공교통의 영향력 또한 커지는 것으로 평가된다. 그 밖

에도 다양한 연구결과들이 항공교통 증가와 적란운의 증가 간 상관관계가 매우 크다고 밝히고 있다. 즉, 10년 단위로 적란운의 범위가 1~3% 증가하는 것은 항공교통량 증가가 원인이라고 지목한다.

2.2 항공기 운항의 기후변화 영향도

이상에서 언급한 바와 같은 다양한 요인들을 모두 결합하면, 항공교통에 의한 총 Radiative Forcing을 추정할 수 있다. IPCC(1999)[13]는 1992년에 1992~2050년의 기간 동안에 항공기 엔진 배출가스에 의한 Radiative Forcing의 추정치를 발표하였는데, 2050년에는 항공산업에 의한 Radiative Forcing은 0.19 W/m²가 될 것이고, 이 값은 인간 활동에 의한 Radiative Forcing의 5%에 달할 것이라고 하였다.

전반적으로 보면, 기후변화에 대한 이해 및 항공교통이 기후에 미치는 영향에 대한 과학적인 규명은 급속하게 발전하고 있다. IPCC(1999) 보고서의 발표 이래로 중요한 연구 성과들이 여러 분야에서 이루어졌다. 예를 들면, 항공산업에 의한 Radiative Forcing의 평가는 EC(European Community)의 연구 프로젝트에 의해 갱신되어 왔고, 대류권의 오존 증가와 메탄 파괴에 따른 Radiative Forcing 측정의 정밀도도 향상되었다. 콘트레일과 항공기에 의한 적란운이 Radiative Forcing에 미치는 영향을 규명하려는 연구 또한 상당히 발전되었다. IPCC(2007) 역시, 항공산업을 포함하여 인간 활동이 야기하는 Radiative Forcing의 영향을 재평가했다. 2005년 항공산업의 Radiative Forcing은 2000년 보고서에서 발표된 수치보다 14%나 증가됐으며, 2050년까지 이는 2000년에 비해 3~4배 이상 증가, 인간 활동에 의한 총 Radiative Forcing의 4~4.7%를 차지할 것으로 예측하고 있다.

지금까지는 항공기 엔진 배출가스에 의한 기후변화 영향만 논의해 왔으나, 그 밖의 항공산업 활동에 의한 기후변화 영향도 생각해 보아야 할 것이다. 예를 들면, 공항의 건설 · 운영 · 유지보수는 에너지 공급 및 변환을 필요로 하고, 공항 내

---

13) IPCC, Aviation and the global Atmosphere, UNEP Report, 1999

에서 소비되는 자재의 생산, 화석연료 연소 그리고 삼림파괴 등의 과정을 통해 에어로졸과 온실가스를 배출한다. 추가적으로, 공항 및 공항접근을 위해 운행되는 육상교통수단도 온실가스를 배출한다. 수하물 처리, 음식공급, 청소, 연료 재급유 및 쓰레기 관리 서비스 등을 포함한 공항의 서비스 제공에 의해서도 추가적인 가스배출이 이루어진다. 만일 공항에서 운영되는 육상교통 차량들이 디젤 또는 휘발유 엔진으로 가동된다면 더 많은 온실가스와 에어로졸을 생성할 것이다. 이러한 배출 및 그에 따른 기후변화 영향은 항공기의 엔진 배출가스에 비하면 미미한 편이지만 적절한 정책 수행이 고려되어야 한다.

제 3 장

기후변화 관련 국제협약과 동향

1. 기후변화 관련 국제협약 배경과 발전과정
2. 교토의정서 및 교토 메커니즘
3. 기후변화협약 관련 최근 동향
4. 기후변화 대응체제에 적용되는 주요 개념
5. 세계 각국 정부의 기후변화협약 대응 동향 사례
6. 우리나라 정부의 기후변화협약 대응정책

제 3 장 기후변화 관련 국제협약과 동향

1 기후변화 관련 국제협약 배경과 발전과정

지구 온난화에 관한 국제적인 우려와 대책 필요성에 대한 인식이 확산되면서 1992년 6월 리우데자네이루에서 열린 환경회의에서 기후변화에 관한 국제연합 기본협약(United Nations Framework Convention on Climate Change : UNFCCC)이 채택되었고, 1994년 3월 발효되었다. 우리나라는 1993년 12월 이 협약을 비준하였고, 2019년 5월 현재 197개국이 비준한 상태이다. 이 협약에서는 차별화된 공동부담 원칙에 따라 가입 당사국을 부속서 I(Annex I)국가와 비부속서 I(non-Annex I)국가로 구분하여 각기 다른 의무를 자발적으로 부담하기로 했었다.

기후변화협약의 내용은 인류의 활동에 의해 발생되는 인위적인 배출가스가 기후시스템에 위협적인 영향을 미치지 않도록 대기 중 온실가스 농도를 안정화시키는 것을 궁극적인 목표로 하고 있다. 또한 기후변화에 대한 과학적 확실성의 부족이 지구 온난화 방지조치 시행을 연기하는 이유가 될 수 없으며, 기후변화를 예측하고 예방적 조치를 시행하며 모든 국가의 지속가능한 성장을 보장하는 것 등을 기본원칙으로 하고 있다. 기후변화협약에는 선진국은 과거부터 발전해 오면서 대기 중으로 온실가스를 배출한 역사적 책임이 있으므로 선도적인 역할을 수행하도록 하고, 개발도상국에는 현재의 개발상황에 대한 특수사정을 배려하되 공동의 차별화된 책임과 능력에 입각한 의무부담이 부여되어 있다. 역사적인 책임을 이유로 부속서 I국가는 온실가스 배출량을 1990년 수준으로 감축하기 위하여 노력하도록 규정하였고, 특히 부속서 I국가 중에서 부속서 II로 분류된 국가는 감축노력과 함께 온실가스 감축을 위해 개도국에 대한 재정지원 및 기술이전의 의무를 지고 있다.

기후변화협약에 가입한 국가를 당사국(Party)이라고 하며, 이들 국가들이 협약의 이행 방법 등 주요 현안들에 대하여 결정하는 회의를 당사국총회(COP)라고 한다. 지난 1995년부터 2019년까지 개최된 당사국총회에서 논의된 내용은 다음과 같다.

표 3-1 UN기후변화 당사국총회(COP) 개최 현황

구분	일시	장소	주요 내용
1차	1995. 3	베를린 (독일)	• 2000년 이후의 온실가스 감축을 위한 협상그룹(Ad-hoc Group on Berlin Mandate) 설치 • 논의결과를 제3차 당사국총회에 보고하도록 하는 베를린 위임(Berlin Mandate) 사항을 결정
2차	1996. 7	제네바 (스위스)	• 미국과 EU는 감축목표에 대해 법적 구속력을 부여하기로 합의하였음 • 기후변화에 관한 정부간협의체(IPCC)의 2차 평가보고서 중 "인간의 활동이 지구의 기후에 명백한 영향을 미치고 있다"는 주장을 과학적 사실로 공식 인정
3차	1997. 12	교토 (일본)	• 교토의정서(Kyoto Protocol) 채택
4차	1998. 11	부에노스 아이레스 (아르헨티나)	• 교토의정서의 세부이행절차 마련을 위한 행동계획을 수립 • 아르헨티나와 카자흐스탄이 비부속서 I 국가로는 처음으로 온실가스 감축 의무부담 의사를 표명하였음
5차	1999. 11	본 (독일)	• 아르헨티나가 자국의 자발적인 감축목표를 발표함에 따라 개발도상국의 온실가스 감축의무 부담 문제가 부각됨
6차	2000. 11	헤이그 (네덜란드)	• 2002년 교토의정서를 발효하기 위하여 교토의정서의 상세 운영규정을 확정할 예정이었으나, 미국 · 일본 · 호주 등 Umbrella 그룹[14]과 유럽연합 간의 입장 차이로 협상 결렬

14) Umbrella 그룹 : EU를 제외한 선진국들의 모임으로 흡수원의 확대 인정, 교토 메커니즘의 적용 확대를 주장함

6–2차	2001. 7	본 (독일)	• 2000년 당사국 간 입장 차이로 협상이 결렬된 이후, 속개회의(COP6–bis, Resumed COP6)가 개최됨 • 교토 메커니즘, 흡수원 등에서 EU와 개발도상국의 양보로 캐나다와 일본이 참여하면서 협상이 극적으로 타결 • 미국을 배제한 채 교토의정서 체제에 대한 합의가 이루어졌음
7차	2001. 11	마라케시 (모로코)	• 마라케시 합의문 도출
8차	2002. 10	뉴델리 (인도)	• 뉴델리 각료선언[15] 채택
9차	2003. 12	밀라노 (이탈리아)	• 기술이전 등 기후변화협약의 이행과 조림 및 재조림 • CDM(청정개발체제) 사업의 정의 및 감축량 산정방식 문제 등 교토의정서의 발효를 전제로 한 이행체제 보완에 대한 논의가 진행됨 • 기후변화특별기금(Special Climate Change Fund) 및 최빈국(Least Developed Countries) 기금의 운용방안이 타결되었음
10차	2004. 12	부에노스 아이레스 (아르헨티나)	• 과학기술자문부속기구(Subsidiary Body for Scientific and Technological Advice : SBSTA)가 기후변화의 영향, 취약성 평가, 적응 수단 등에 관한 5개년 활동 계획을 수립 • 활동계획의 1차 공약기간(2008~2012년) 이후의 의무부담에 대한 비공식적 논의가 시작되었음
11차	2005. 12	몬트리올 (캐나다)	• 교토의정서 발표 이후 개최된 첫 당사국총회 • '포스트교토체제'에 대한 논의가 처음으로 시작됨
12차	2006. 11	나이로비 (케냐)	• 선진국의 후속의무부담(AWG Dialogue) 즉, 포스트 교토체제에 대한 논의가 구체화되었음 • 청정개발체제 개선논의 및 적응부분의 5개년 작업계획이 확정되는 진전이 있었음
13차	2007. 12	발리 (인도네시아)	• 발리 로드맵 채택

15) 온실가스 배출통계 작성 및 보고, 메커니즘 및 교토의정서 향후방향 등을 논의하였으며, 당사국들에게 기후변화에의 적응, 지속가능한 발전 및 온실가스 감축노력 촉구 등을 담은 선언

14차	2008. 12	포즈난 (폴란드)	• 2012년 이후 선진국 및 개도국이 참여하는 기후변화체제의 본격적인 협상모드 전환을 위한 기반을 마련한 회의
15차	2009. 12	코펜하겐 (덴마크)	• '코펜하겐 합의문' 도출 : 지구 온도상승을 산업화 이전을 기준으로 2℃ 이내로 제한하며, 선진국과 개발도상국 모두 2010년 1월 말까지 2020년 온실가스 감축목표를 자발적으로 제출하기로 함
16차	2010. 11	칸쿤 (멕시코)	• '녹색기후기금(Green Climate Fund : GCF)' 설립 공식화 합의 • 상대적 빈국들의 남벌을 막기 위해 선진국에서 탄소배출량을 동결시키는 유엔의 남벌계획안인 REDD[16]의 공식적 지지 • 국가 간 청정기술지식 이전 아이디어[17] 지지 • 온실가스 실제 감축여부는 공신력 있는 국제기관에 의한 제3자 검증이 필요하므로, 제3자 적합성평가 체제를 위한 인프라 구축 논의
17차	2011. 11	더반 (남아프리카 공화국)	• 교토의정서 2차 공약기간 설정[18] • 2020년 이후 '모든 당사국'[19]에 적용 가능한 의정서 혹은 법적 문건 채택을 위한 협상 개시[20] • 칸쿤합의문 이행관련 적응위원회 설치를 위한 구체적 역할 규정 및 기술집행위원회, 기술센터의 선정절차 및 기준 마련 • 녹색기후기금설립[21]

16) REDD : Reducing Emissions from Deforestation and Degradation. 공식적인 지지는 받았으나, 해당 계획안이 언제 실행되며, 어떤 형태를 갖게 될지는 구체화되지 않음

17) 기술행정위원회와 기후기술 센터와 네트워크가 구축되어야 할 것이지만, 자금문제, 근거지, 설립시기, 설립주체 등에 대한 세부사항은 정해지지 않음

18) 한계로는 2차 공약기간에 참여하는 선진국의 감축목표가 확정되지 않았다는 점과, 2차 공약기간 참여국은 EU, 노르웨이, 스위스, 리히텐슈타인, 호주, 뉴질랜드이며 일본, 러시아, 캐나다는 참여거부 의사를 밝혔다.

19) 모든 당사국이라 함은 선진국과 개발도상국 모두를 지칭한다.

20) 2020년부터 개발도상국 또한 감축의무를 지겠다는 합의를 했다는 점에서 의미를 지닌다.

21) 2010~2012년까지 300억 달러의 재원을 마련하였으며, 2020년까지 선진국을 중심으로 매년 1,000억 달러씩 기금을 조성하여 개발도상국의 기후적응, 에너지 효율 제고, 저탄소 기술 도입, 산림보호 등의 사업을 지원한다는 내용을 담음

18차	2012. 11	도하 (카타르)	• 교토의정서 개정안 채택. 효력을 2020년까지 연장하는 데 합의함[22)] • 당사국총회의 참가국 인준으로 대한민국의 GCF 사무국 유치 정식 확정
19차	2013. 11	바르샤바 (폴란드)	• 새로운 기후변화체제에서의 온실가스 감축목표 2015년 말까지 제시하기로 합의 • 개발도상국의 기후변화로 인한 손실과 피해에 대한 위험 관리, 관련기구와 조직, 이해관계자 간 연계, 재원 및 기술 지원을 하는 집행위원회 설치
20차	2014. 12	리마 (페루)	• 신기후체제(Post-2020)의 합의문에 들어갈 초안 내용 논의 • GCF 초기 재원조성 논의
21차	2015. 12	파리 (프랑스)	• 온실가스 배출에 대한 지속적인 관리와 책임 이행을 약속하는 '파리 기후협정문' 채택 • 당사국은 향후 감축목표량과 이행방안에 관한 내용을 담은 국가별 기여방법(NDC)을 5년마다 제출
22차	2016. 11	마라케시 (모로코)	• 파리협정의 실제적 이행기반을 마련하는 것에 중점 • 국가별 기여방안 및 전 지구적 이행점검 등 구체적 작업 일정과 계획 협의
23차	2017. 11	본 (독일)	• 개도국들의 기후변화 적응을 위한 방법 중 하나인 적응기금(adaptation fund) 관련 논의
24차	2018. 12	카토비체 (폴란드)	• 파리협정을 실제 이행 시 필요한 세부사항 규율 • 개최국 폴란드는 공정한 전환(just transition)을 정상선언문[23)]에 반영
25차	2019. 11	산티아고 (칠레)	• 파리협정 이행규칙에 대한 세부 논의가 진행될 예정 (2019년 11월 예정)

22) 2020년 이후 새로운 기후체제를 마련하기로 합의(더반플랫폼 작업반 즉, ADP, Ad-hoc Working Group on the Durban Platform for Enhanced Action에서 신기후체제 관련 협상의 2015년까지의 로드맵을 도출하였다). 일본, 캐나다, 러시아, 뉴질랜드의 불참선언이 있었으며, 미국, 중국은 의무감축국의 적용대상에서 제외됨

23) 공정한 전환(just transition)은 저탄소 사회로의 전환과정에서 발생할 수 있는 실직인구 등 기후 취약계층을 사회적으로 포용해야 한다는 개념이다.

2 교토의정서 및 교토 메커니즘

2.1 교토의정서

기후변화협약이 기후변화방지를 위한 일반적인 원칙을 담고 있는 문서라면, 교토의정서는 기후변화협약의 목적을 달성하기 위한 방법과 구체적 절차에 관한 구속력 있는 문서라고 볼 수 있다. 1998년 3월 UN본부에서 서명을 받아 채택되었으나 미국이 의회에서 비준을 거부하여 실효성에 큰 타격을 받기는 했지만, EU와 일본 등이 중심이 되어 협상을 지속하여 2004년 11월 러시아가 비준서를 제출함에 따라 교토의정서의 발효 요건이 충족되어 2005년 2월 공식 발효되었다. 2013년 기준 우리나라와 북한을 포함한 191개국과 EC(European Community)가 의정서를 비준하였다. 의정서의 주요 내용으로는 기후변화협약상의 부속서 I국가에 대해 구속력 있는 정량화된 감축목표를 설정했는데, 각 국가의 특수한 상황에 따라 서로 차별화된 온실가스 감축목표량을 할당하고 있다.[24] 감축목표량 이행방안으로는 공동이행(JI), 청정개발체제(CDM), 배출권거래(ET) 등 시장원리에 입각한 새로운 온실가스 상쇄 수단을 도입했을 뿐 아니라 국가 간 연합을 통한 공동 감축목표 달성 등을 허용했다. 교토의정서에 의하면 부속서 I국가는 2008~2012년 기간 중 자국 내 온실가스 배출 총량을 1990년대 수준대비 평균 5.2% 감축해야 하며 그 세부 사항은 다음과 같다.

---

24) 기후변화협약상의 부속서 I국가 각각에 대해 정량화된 감축목표를 할당한 문서가 교토의정서의 부속서 B임. 따라서 기후변화협약의 부속서 I국가와 교토의정서의 부속서 B국가는 동일하다고 볼 수 있음

표 3-2 교토의정서 주요 내용

구 분	내 용
대상 국가	40개국[25](유럽공동체는 국가는 아니지만 국제협상 등에서는 1개 국가의 지위를 인정받고 있음)
목표 연도	2008~2012년(1차연도 의무감축기간)
감축목표율	1990년 배출량 대비 평균 5.2% 감축 (각국의 경제적 여건에 따라 −8% ~ +10%까지 차별화된 감축량 규정)
감축대상 온실가스	CO_2, CH_4, N_2O, HFCs, PFCs, SF_6 6종(각국 사정에 따라 HFCs, PFCs, SF_6 가스의 기준연도는 1995년도 배출량 이용 가능)
온실가스 배출원 범주	에너지, 산업공정, 용매 및 기타 제품 사용, 농업, 폐기물 등으로 구분

2.2 교토 메커니즘

선진국은 교토의정서에서 할당받은 온실가스 감축량을 자국 내 노력만으로 달성하는 데는 막대한 비용이 소요될 것으로 예상하였다. 이에 비용 효과적인 방법으로 배출목표를 달성하기 위해 앞에서 언급한 방안들이 도입되었는데, 이것들을 교토 메커니즘이라 한다.

■ 공동이행제도(JI : Joint Implementation) : 교토의정서 제6조

부속서 I국가들 사이에서 온실가스 감축사업을 공동으로 수행하는 것을 인정하는 것으로 한 국가가 다른 국가에 투자하여 감축한 온실가스 감축량의 일부분을 투자국의 감축실적으로 인정하는 제도이다. 선진국 중 특히 EU가 동유럽국가와 JI를 추진하기 위해 활발히 움직이고 있다. 2008년 12월을 기준으로 JI 사업에

25) 기후변화협약 부속서 I국가 40개국 중 1997년 당시 기후변화협약에 가입되어 있지 않았던 터키, 벨로루시는 감축목표가 할당되지 않았으나 이후 벨로루시는 2006년 11월 제2차 CMP 회의에서 교토의정서 개정을 통해 공식적 감축목표를 할당받음

참여하고 있는 국가는 프랑스, 일본, EC를 비롯한 총 33개국이다. JI 사업에서 발생하는 이산화탄소 감축분을 ERU(Emission Reduction Unit)라고 하며, ERU는 2008년 이후부터 발생되고 있다.

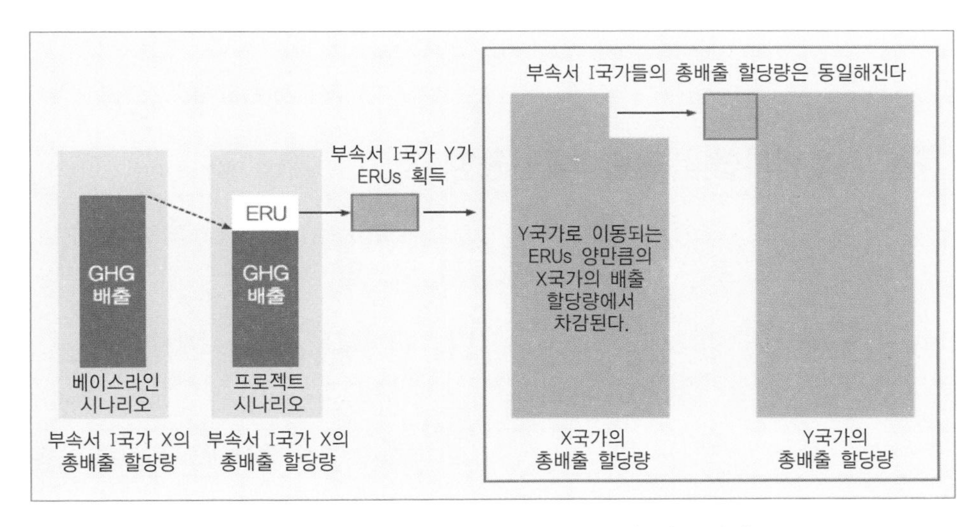

[그림 3-1] JI에서 발생하는 ERUs의 이동체제

■ **청정개발체제(CDM : Clean Development Mechanism) : 교토의정서 제12조**

부속서 I국가(선진국)가 비부속서 I국가(개발도상국)에서 온실가스 감축사업을 수행하여 달성한 실적을 부속서 I국가(선진국)의 감축목표 달성에 활용할 수 있도록 하는 제도이다. CDM 사업을 통하여 선진국은 감축목표 달성에 사용할 수 있는 온실가스 감축량을 얻고, 개발도상국은 선진국으로부터 기술과 재정지원을 받음으로써 자국의 지속가능한 개발에 기여할 수 있을 것으로 기대하고 있다.

■ **배출권거래제도(ET : Emission Trading) : 교토의정서 제17조**

온실가스 감축의무국가가 의무감축량을 초과하여 달성하였을 경우, 이 초과분을 다른 온실가스 감축의무국가와 거래할 수 있도록 하는 제도이다. 반대로 의무를 달성하지 못한 온실가스 감축의무국가는 부족분을 다른 온실가스 감축의무국가로부터 구입할 수 있다. 온실가스 감축량도 시장의 상품처럼 사고팔 수 있도록 허용한 것이라고 할 수 있다.

3 기후변화협약 관련 최근 동향

3.1 포스트-교토(Post-Kyoto) : 발리 로드맵

2007년 12월 인도네시아 발리에서 열린 13차 당사국총회(COP13)에서 포스트-교토(Post-Kyoto) 즉, 1차 의무이행기간 이후의 감축의무 협상에 대한 로드맵이 만들어졌으며, 이 로드맵에서는 포스트-교토 체제에 대한 협상 프로세스를 다음과 같은 두 개 트랙으로 구분하여 진행했다.

표 3-3 발리 로드맵의 주요 내용

트 랙	근 거	참여 대상	주요 의제	협상종료
AWG-KP[26]	교토 의정서	Annex I 국가 (미국 제외)	교토의정서에 따라 Annex I 국가의 2013년 이후 감축의무	2009년 말
AWG-LCA[27]	기후변화 협약	협약당사국 (미국 포함)	• 선진국 : 측정, 보고, 검증 가능한 감축 및 대개도국 지원 공약 • 개도국 : 측정, 보고, 검증 가능한 방식으로 선진국의 지원이 전제된 감축 활동	2009년 말

26) AWG-KP : Ad Hoc Working Group on Further Commitments for Annex 1 Parties under the Kyoto Protocol

27) AWG-LCA : Ad Hoc Working Group on Long-term Cooperative Action under the Convention

발리로드맵에 따른 협상은 2009년 종료를 목표로 진행되었으며, 1차 및 2차 협상은 각각 2009년 3월 29일~4월 8일과 6월 1일~2일까지 독일 본에서, 3차 협상은 8월 역시 독일 본에서, 4차 협상은 9월 말~10월 초에 걸쳐 태국 방콕에서, 5차 협상은 11월 초 스페인 바르셀로나에서 개최되었으며, 마지막 최종 협상은 덴마크 코펜하겐에서 열리는 제15차 당사국총회에서 결정하기로 예정되었다. 한편, 2009년 6월 초 독일 본에서 열린 2차 협상의 주요 의제는 AWG-LCA와 AWG-KP에서 각각 협상문 초안을 검토하는 것이었다. 2차 협상에 대해서는 선진국-개도국 간 입장 대립으로 내용상의 진전은 없었다는 평가이며, 서로의 기본 입장만을 강경하게 되풀이하여 코펜하겐 협상 타결에 난항이 있을 것으로 예상되었다.

3.2 코펜하겐 당사국총회(COP)

제15차 UN기후변화협약(UNFCCC) 당사국총회(COP)는 2009년 12월 덴마크 코펜하겐에서 전 세계 193개국이 참가한 가운데 개최되었으며 '코펜하겐 합의(Copenhagen Accord)'를 채택하고 막을 내렸다.

당초 계획대로라면 2013년 이후 적용될 '법적 구속력이 있는' 협정이 통과됐어야 했지만 세계 각국은 회의 막판까지 온실가스 감축목표 설정 등 주요 쟁점에 대해 입씨름을 벌이다 "지구 평균기온의 상승 폭을 산업화 시대에 비해 섭씨 2도 이내로 제한한다"는 것을 골자로 한 합의문을 채택하는 데 겨우 성공했다. 하지만 선진국과 개도국 간, 선진국 및 개도국 내부 간 갈라진 입장이 끝까지 이어지면서 합의문은 일치된 의견이라기보다는 오히려 '이견의 노출' 성격이 더 강했다. 이는 당장 '코펜하겐 합의'의 표지에서부터 적나라하게 드러난다. 정상대로라면 코펜하겐 합의가 '승인'되어야 하지만 193개국은 "이 합의를 주목한다(Take note of)"는 표현으로 통과시켜 스스로 효력과 공신력을 깎아내렸다.[28]

---

28) 조선일보 기사(2009. 12. 21자) 참조

표 3-4 코펜하겐 합의(Copenhagen Accord)의 주요 내용

구 분	주 요 내 용
장기 비전	• 기온 상승 폭 산업화 이전 대비 2℃ 이내로 제한 • 2015년에 상승제한 목표치를 1.5℃로 재조정하는 방안 검토
온실가스 감축	• 2010년 1월까지 – 선진국 : 교토의정서보다 강화된 '중기(2010년) 감축목표' 제시 – 개도국 : 국가별 '감축계획' 제시 • 온실가스 배출의 피크 시점을 '가능한 조기' 달성
선진국의 자금 지원	• 2010~2012년까지 총 300억 달러 긴급 지원 • 2013~2020년까지 매년 1,000억 달러를 목표로 함 • 개도국이 자금을 지원받으려면 2년마다 온실가스 감축계획을 검증받아야 함
기후변화 적용	• 선진국은 개도국의 기후변화 적응을 위해 적절한 기술 · 자금 등을 지원
산림보호	• 선진국은 개도국의 산림보호 지원
향후 계획	• 코펜하겐 합의의 이행 평가를 2015년까지 완료

출처 : 조선일보(2009. 12. 21자 보도 내용)

코펜하겐 합의문은 위와 같이 크게 6가지로 요약되며, 가장 중요한 장기 비전으로 지구 기온상의 폭을 '산업화 시대에 비해 섭씨 2도 이내로 제한한다'고 명문화했다. 그러나 가장 중요한 사항인 이 목표 달성을 위한 온실가스 총량과 나라별 분담량 결정방법 등 핵심사항은 전혀 언급되지 않은 한계를 보였다. 이처럼 코펜하겐 당사국총회가 2013년 이후의 새로운 기후변화협약 체결에 대한 합의 도출에는 실패했지만 우리나라 정부로서는 당분간 큰 부담을 덜게 되었다. 우리 정부가 이 회의에 참가하기 전에 세운 '개도국 지위 유지'라는 1순위 목표가 자동 달성되었기 때문이다. 이에 따라 2009년 11월 확정된 '2020년까지 2005년 대비 온실가스를 30% 감축한다'는 우리나라 정부의 국가 목표는 일단 2010년 말 16차 당사국총회 전까지는 어떤 '국제법적 의무' 없이 우리가 세운 일정과 방식에 맞춰 자발적으로 진행해 나갈 수 있게 되었다.

3.3 제18차 유엔기후변화협약 당사국총회(COP18)

제18차 유엔기후변화협약 당사국총회(COP18)는 2012년 11월 26일부터 12월 8일까지 카타르 도하에서 개최되었다. 총 195개국 유엔기후변화협약(UNFCCC) 당사국들이 참석하였으며, 2013~2020년간 선진국의 온실가스 의무감축을 규정하는 교토의정서 개정안이 채택되었으며, EU, 호주, 스위스, 노르웨이 등 선진국들이 참여한 가운데 2013년 1월 1일부터 온실가스 감축을 위한 2차 공약기간이 개시되었다. EU, 노르웨이, 일본, 스위스, 모나코 등은 교토의정서 1차 공약기간 중 발생한 구동구권 국가의 잉여배출권을 구매하지 않겠다는 의사를 명확히 선언함으로써 실질적인 온실가스 감축을 위한 정치적 의지를 표명했다.

또한, 발리행동계획에 의하여 출범된 장기협력에 관한 협상트랙이 종료되었으며, 2020년 이후 모든 당사국에 적용되는 新기후체제를 위한 협상회의의 2013~2015년간 작업계획이 마련되었다. 2020년 新기후체제 및 2020년 이전 감축상향의 구체적인 논의를 위해 2013~2015년간 매년 최소 2회의 회의를 개최하여 2015년 5월까지 협상문안 초안을 마련하기로 합의하였다.

한편, 이번 당사국총회에서 우리나라의 녹색기후기금(Green Climate Fund) 사무국 유치가 성공적으로 인준되었으며, 당사국들은 GCF가 조속한 시일 내에 운영될 수 있도록 우리 정부와 GCF 간 법적 · 행정적 제도를 마련할 것을 촉구하였다.[29)]

29) 2012. 12. 9.(일) 보도자료 COP18 결과 참조

4 기후변화 대응체제에 적용되는 주요 개념

4.1 탄소배출권거래제도와 탄소배출권거래시장

탄소배출권거래제도(Emission Trading, ET)는 온실가스 배출 권리인 '탄소배출권'을 탄소시장에서 사거나 팔도록 하는 제도로, 1997년 3차 UN기후변화 당사국총회(COP3)의 교토의정서에서 공동이행제도(JI), 청정개발체제(CDM)와 함께 처음 등장했다. 이러한 탄소배출권을 사거나 파는 곳이 바로 탄소배출권거래시장이다. '시장(market)'이라는 단어에서 알 수 있듯 탄소배출권의 가격은 고정된 것이 아니라 수요와 공급 법칙에 따라 결정된다. 일반적으로 탄소배출권은 국가별로 지급되는데 대부분 다시 기업에 할당되기 때문에 탄소배출권 거래는 보통 기업 간에 이루어진다. 각 기업에서는 온실가스 배출량을 줄여 배출권을 파는 것이 이익일지, 온실가스 배출권을 구입하는 것이 감축비용보다 저렴할지를 비교하여 결정하면 된다. 만약 배출권 부족 기업이 물량을 구매하지 못했을 경우 과징금을 내야 한다.

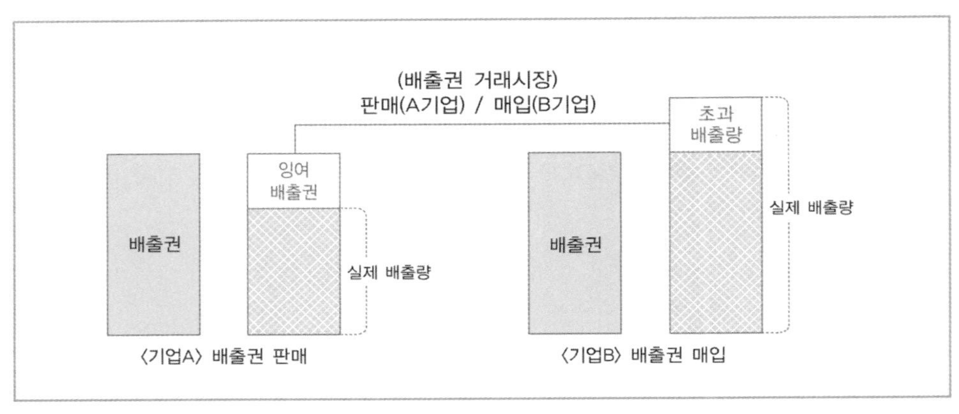

출처 : 환경부

[그림 3-2] 탄소배출권거래제도

한편, 우리나라에서는 '탄소배출권'이라는 단어가 일반적으로 통용되고 있으나 EU 지역을 비롯한 타 국가에서는 할당량(EUA)과 크레딧(CER/ERU)을 비교적 명확하게 구분하고 있다. 할당량이란 국가 또는 지역 내에서 정한 온실가스 배출총량(CAP)만큼 발전설비나 생산설비 등 주 온실가스 배출원에 지급된 온실가스 배출 권리를 의미하고, 크레딧은 외부 온실가스 저감 프로젝트에 대해 기준 전망치(BAU) 대비 온실가스 배출량을 줄였다는 증서로 해당 프로젝트에 지급되는 배출권을 의미한다. 즉, 국내에서 통용되는 '탄소배출권'은 할당량과 크레딧을 포괄하는 개념이라고 볼 수 있다.

탄소배출권거래제도는 온실가스 배출 절감에 있어 비교적 비용이 적게 들거나 빠르게 실현시킬 수 있는 부분을 우선적으로 진행하게 함으로써 탄소절감 목표를 보다 빠르고 효율적으로 달성할 수 있게 한다. 또한 이러한 배출권거래제도는 배출권 판매수익의 일부를 저탄소 기술개발에 재투자하는 방향으로 유인하는 경우 저탄소 기술개발에서 효과를 가져올 수 있다. 그러나 여타 국제협약과 마찬가지로 체재가 자발적으로 유지된다는 한계 역시 존재한다.

현재 EU 국가들은 2020년까지 온실가스 배출량을 1990년 대비 20% 감축목표로 EU ETS를 만들어 이용하고 있으며, 미국은 자체적으로 온실가스 감축목표를 설정하여 관련 법규들을 마련하고 있다. 온실가스 배출량 1위 중국은 2017년 환경보호법 개정과 환경보호세 부과에 이어 2018년부터 전국적 탄소배출권 거래를 시작한다고 발표했다. 일본의 경우 탄소배출권의 주요 구매자로 참여하고 있으며, 자국 내 배출권거래제를 마련해 국내 온실가스 감축을 추진 중이다. 우리나라 역시 이러한 추세에 맞춰 '2030년까지 국가 배출 전망치 대비 37% 감축' 목표로 2015년 1월부터 한국거래소(KRX)를 통한 탄소배출권거래제를 시행했으며, 거래량과 거래대금은 상승 추세에 있다. 한국거래소에 따르면 2015년 거래량은 124만 톤, 2016년 511만 톤, 2017년 8월 말까지 1,123만 톤을 기록했다. 거래대금 역시 2015년 139억 원, 2016년 906억 원, 2017년 8월 말 기준 2,343억 원으로 집계된다.

출처 : ICAO Environmental Report 2016

[그림 3-3] IETA 국가별 탄소가격 설정방식 현황(2016년 6월 기준)

4.2 기후협약과 항공산업의 탄소상쇄프로그램(Carbon-offsetting)

2015년 19차 UN기후변화 당사국총회(COP19)에서 2020년 만료되는 교토의정서를 대체하는 새로운 기후체제 파리협정(Paris Agreement)이 도출됐다. 교토의정서와 파리협정은 감축 대상과 목표 등에서 다음과 같은 차이가 있다.

항공분야는 오랫동안 기후체제에 있어 이해 아닌 이해를 받으며 온실가스 배출 저감정책에서 적극적으로 논의되지 않았다. 그러나 파리협정에서 '가능한 모든 온실가스 배출량 저감'을 목표로 함에 따라 항공산업의 온실가스 배출도 목표 범위 내에서 체계적으로 관리되어야 한다는 주장이 제기됐다. ICAO는 37차 총회(2010년)에서 2020년 이후 탄소배출량을 2020년 수준으로 동결하고 2050년까지 연료효율을 연 2%씩 개선한다는 목표를 세웠다. 그러나 기술과 운항방식 개선, 대체연료 활용 등의 비시장적인 접근법만으로는 목표 달성이 어렵다고 판단하여 38회 총회(2013년)에서 글로벌시장조치(global market-based measure, MBM)

표 3-5 교토의정서와 파리협정 비교

교토의정서	구분	파리협정
기후변화협약 Annex 1국가(선진국)	감축대상	모든 당사국(NDC)
온실가스 감축에 초점	범위	감축, 적용, 이행수단(재원, 기술이전, 역량배양) 포괄
온실가스 배출량 감축 (1차 : 5.2%, 2차 : 18%)	목표	온도 목표 (2℃ 이하, 1.5℃ 추구)
하향식	목표 설정	상향식(자발적 공약)
징벌적 (미달성량의 1.3배 패널티 부과)	의무 준수	비징벌적 (비구속적, 동료 압력 활용)
특별한 언급 없음	의무 강화	진전원칙(후퇴금지원칙) 전지구적 이행점검(매 5년)
매 공약기간 대상 협상 필요	지속성	종료시점 없이 주기적 이행상황 점검

출처 : 외교부

추진을 결정했다. 글로벌시장조치란 항공분야의 탄소배출량을 2020년 수준으로 동결하는 것을 목표로 2020년 이후 항공분야에 탄소상쇄프로그램(carbon off-setting)을 도입하는 것이다. 탄소상쇄프로그램은 배출한 이산화탄소의 양만큼 온실가스 감축활동을 하거나 환경기금에 투자하는 것이다. 예를 들어, 탄소상쇄프로그램에 따라 참여국가의 당해연도 총배출량이 2019~2020년 연평균 총배출량보다 많은 경우 그 초과분을 각 항공사가 분담하거나 외부 탄소배출권 구매를 통해 상쇄해야 한다. 2020~2040년 총 초과배출량은 최대 78억 톤 CO_2로 예상되고 있으며, 배출권은 항공부문 성장률과 각 항공사 배출량 및 성장률에 따라 차등 배분된다. UNFCCC는 국가와 국가 간에서 이루어지던 기존의 탄소배출권거래를 보완해 온라인 플랫폼(https://offset.climateneutralnow.org/)을 만들었는데, 이와 같은 방법으로 항공업계를 비롯한 당사자들이 보다 쉽게 CER을 사고팔 수 있게 되었다. ICAO는 2021년부터 3년 주기로 시행을 검토하고 자발적 단계(2021~2026년)를 거쳐 의무단계(27년~)로 이행한다는 계획이다. 이때 군소도서개발국과 최빈국, 2018년 항공활동이 총 유상운송실적 대비 0.5% 미만인 국가 등은 제외된다. 또한 ICAO는 감시 · 보고 · 검증(MRV) 체계, 배출권 구매기준을 마련하고, CDM 등 기타 배출권 프로그램에서 항공 관련 방법론을 개발하고 있다. 이와 더불어 2021년 운영을 목표로 중앙등록소를 설립하고, 참여국의 항공사가 ICAO 지침에 따라 자료를 제출할 등록소를 단독 또는 국가연합으로 설립하도록 주문하고 있다.

5 세계 각국 정부의 기후변화협약 대응 동향 사례

5.1 개요

교토의정서에 명시된 온실가스 감축목표를 달성하기 위하여 선진국은 이미 제1차 공약기간 이전부터 자국의 온실가스 감축을 위한 노력을 계속해 왔다. EU는 2005년부터 역내 온실가스 배출권거래제도(ETS)를 시행하고 있다. 미국은 교토의정서의 온실가스 감축 의무체계의 불합리성을 주장하며 비준을 거부하고 있으나, 신재생에너지 및 청정에너지 기술에 투자를 집중하고 있으며, 일본도 국내의 감축목표량을 설정하고 청정개발체제 · 공동이행제도 등을 통하여 국외 협력사업의 활성화를 유도하고 있다.

EU의 경우, 2002년까지 기준연도인 1990년 배출량의 −2.9%의 감축성과를 보이고 있음에도 불구하고, 현 추세에서는 2010년까지 −0.5%밖에 감축하지 못할 것으로 예상(교토의정서상 목표 : −8%)하고, 목표달성을 위하여 2005년부터 역내 온실가스 배출권거래제도를 시행하고 있다. 한편, 미국은 2012년까지 온실가스 배출집약도(온실가스 배출량/GDP)를 18%까지 달성한다는 자체 계획을 수립 · 시행하고 있고, 주정부 차원에서는 동북부 주를 중심으로 온실가스 배출권거래제도 시행을 계획하고 있다. 일본은 국내의 감축목표량을 설정하고, 청정개발체제 · 공동이행제도 등을 통하여 국외 협력사업의 활성화를 유도하는 한편, 2008년에는 시범적으로 배출권거래제를 시행한 바 있는데 결과에 대해서는 성공적이었다는 평가와 문제점이 많아 본격적인 시행을 위해서는 더 많은 연구 검토가 필요하다는 비판이 엇갈리고 있다.

기후변화협약 체결과 교토의정서 발표 이후, 기후변화협약 대응이 가장 중요한 국제의제 중 하나로 급부상하고 있는 가운데, 세계 주요국은 기후변화 대응 촉진을 위하여 중 · 장기 온실가스 감축목표를 설정 · 공표하였고, 2007년 12월 개최된 기후변화협약 당사국총회에서는 '발리 로드맵'을 채택하여 2012년 이후의 기후변화 대응체제에 대한 협상을 본격화하였다.

표 3-6 주요국의 중 · 장기 온실가스 감축목표

구 분		감 축 목 표
EU	영 국	• 2050년까지 1990년 대비 80% 감축
	독 일	• 2020년까지 1990년 대비 40% 감축
	노르웨이	• 2050년까지 배출량을 zero로 추진
미 국		• Lieberman-Warner Act(2050년까지 2000년 대비 70% 감축) • 상원 환경위 통과(2007. 12) • 캘리포니아주 : 2020년까지 1990년 수준으로 감축
일 본		• 2050년까지 현재 수준 대비 50% 감축
중 국		• 2010년까지 2005년 대비 GDP당 에너지소비량을 20% 감축, 2020년까지 30% 감축
호 주		• 2050년까지 2000년 대비 60% 감축
G8 정상회의(독일)		• 2050년까지 1990년 대비 절반수준으로 감축 제안
APEC 정상회담		• 2050년까지 에너지집약도를 2005년 대비 25% 감축
IPCC 보고서 (2007. 11)		• 2050년까지 2000년 대비 50~85%로 감축
UNDP(2007. 11)		• 2050년까지 1990년 대비 개도국은 20% 감축, 선진국은 80% 감축

5.2 EU

EU 집행위원회는 2000년 8월 유럽기후변화계획(ECCP)을 발표하였고, EU 회원국은 동 계획에 따라 국가기후보호계획(NCPP)을 시행하고, 온실가스 배출감축 의무분담협약에 따라 국가별 감축목표를 할당하는 한편, 교토의정서에 의한 온실가스 감축을 위한 유연한 공동수행체제를 추진하고 있다. 또한 2005년 1월 EU 배출권거래제도(Emissions Trading Scheme : EU-ETS)를 시행하였고 온실가스 감축을 위한 지침(Directives)이 채택되었다.

배출권거래제를 통하여 일정규모 이상의 에너지 생산 및 소비시설에 대해 개별 절감목표를 설정하고 그 범위 내에서 무료 배출권(Free Emissions Allowances)을 부여하며, 이 중 미사용 인증서(Unused Certificates)는 온실가스거래소에서 판매할 수 있도록 허용하고 있다. 반면에, 목표 초과분에 상당하는 배출 인증서를 거래소를 통하여 구입할 수 있도록 허용하고 있어 일종의 화폐(주식 형태)기능을 하도록 하고 있다. 그러나 배출감축의무를 수행하지 않을 경우에는 일종의 과태료를 부과하며, 미달성 초과량은 다음 해에 당해연도의 절감목표에 추가하여 이행하도록 의무화하고 있다.

EU는 에너지절약이 에너지 비용의 절감이라는 경제적 측면은 물론 가장 확실한 온실가스 감축방안이라고 판단하였다. 이에 에너지 절약 달성에 최대 역점을 두어 2020년까지 20%의 에너지 절감을 추진하고 있으며, 온실가스 감축목표의 50%가량을 달성할 수 있을 것으로 전망하고 있다. 신재생에너지를 2010년까지 총 에너지의 6%에서 12% 수준으로 확대하기 위하여 전력 소비량의 21%를 신재생에너지 발전으로 충당하기로 합의하였으며, 2003년에는 2010년까지 휘발유 및 경유를 최소 5.75%까지 바이오연료로 대체할 것을 합의하였다. 또한 CO_2 배출 관련, 발전연료인 석탄 및 석유를 천연가스로 대체하여 31%, 원자력 발전을 통해 22%, 탄소 격리(Sequestration) 기술을 통해 30%를 각각 감축할 수 있을 것으로 전망하고 있다.

그러나 이러한 종합대책에도 불구하고 2010년까지 온실가스의 배출량은 오히려 5.2% 증가할 것으로 전망되었다. 이러한 온실가스 배출량의 증가분 중 90%는 수송부문에서 유발될 것으로 예상됨에 따라 EU는 항공기를 포함한 전 수송 시스템의 혁신적 구조개편을 위한 종합대책을 추진 중이다. EU는 또한 교토 메커니즘 중에서 온실가스 배출권거래제도(ET)가 가장 효과적인 제도적 장치라고 인식하고 이 제도의 확충과 유럽이 전 세계 탄소시장에 선도적인 역할을 담당할 수 있도록 다양한 노력을 적극 추진하고 있다.

5.3 영국

■ 기후변화법안

2007년 3월 기후변화법(안)이 수립되었다. 동 법안은 선진국으로서는 최초로 발의된 것으로서 CO_2를 1990년 수준 대비 2020년까지 26~32%, 2050년까지 60% 감축을 의무화하고 있다. 동 법안은 CO_2 배출목표 달성을 위해 설정된 '탄소 예산'과 관련하여 신설되는 '기후변화위원회'로부터 자문을 받아 2050년까지 적어도 15년 전에 5개년 목표를 법률로 정하고 또한 매년 목표를 정해 의회에 연차 보고를 하도록 의무화하고 있다. 구체적인 시행대상은 아직 명시되지 않고 있으나, 항공 · 해운업은 일단 대상에서 제외될 것으로 예상되고 있다. 배출권 공급과 관련해서는 배출권 공급이 의무이행에 필요한 수준보다 부족할 경우 배출권을 정부가 해외로부터 조달하는 내용도 동 법안에 포함되어 있다.

■ 배출권거래제

선진국 가운데 배출권거래제를 가장 앞서 2002~2006년 동안 시범적으로 시행한 영국의 배출권거래제는 Cap & Trade 방식으로, 이산화탄소를 포함한 모든 온실가스를 대상으로 하고 있다. 영국 환경부인 DEFRA(Department for Environment,

Food and Rural Affairs)의 발표에 따르면 이 사업을 통해 5년 동안 약 700만 톤의 CO_2가 삭감되었다. 참여대상 기업은 자발적으로 참여한 33개의 직접참여 기업과 정부와 기후변화협약을 체결한 44개 업종 약 6,000개의 기후변화협정 참여기업의 두 종류로 대별된다. 여기에는 EU-ETS의 대상이 아닌 유통업 및 금융업 등도 자발적으로 참여하여 기업 이미지를 제고시키거나 기업의 사회적 책임(CSR) 이행 효과도 거두고 있다. 영국 정부는 영국 내 배출권거래가 성공적으로 정착됨에 따라 2007년 이후 EU-ETS로 이행이 가능해졌다고 자체 평가하였다.

■ 기후변화세

2001년 4월 산업, 상업 및 공공부문의 천연가스, LPG, 석탄, 전력 등의 에너지 사용에 대해 도입된 이른바 환경세로서 '기후변화세'가 도입된 바 있다. 일반 세대를 제외하고 기업 및 공장을 대상으로 적용되는 전력 및 가스 등의 이용에 대해 전력은 1kWh당 0.43펜스, 가스 및 석탄은 1kWh(에너지 환산)당 0.15펜스를 부과하고 있다. 기후변화세를 통한 세수는 고용보험비의 삭감을 통해 고용주가 에너지절약 조치마련을 촉진하도록 환원되는데 이러한 지원은 독립기관인 Carbon Trust의 운영을 위해서도 사용된다. 1999~2005년 기간 중 기후변화세를 통해 약 1,650만 톤의 탄소가 삭감된 것으로 영국 정부는 추산하고 있다.

■ 신재생에너지 의무(Renewable Obligation : RO)

신재생에너지 의무는 2015년까지 전력공급의 15.4%를 신재생에너지로 조달하도록 전력소매사업자에 대해 의무화한 제도이다. 1990년대부터 시작된 비화석연료 의무(Non-Fossil Fuel Obligation : NFFO[30])를 개선하여 2002년 도입된 후

30) NFFO : 잉글랜드와 웨일스에 있는 전기배분 네트워크 운영자들(Electricity Distribution Network Operators)이 원자력 발전과 재생가능한 발전 분야에서 생산되는 전기에너지를 구매하도록 하는 내용을 담은 조항이다.(Wikipedia)

2010년에는 연간 약 250만 톤의 탄소가 삭감될 것으로 예상된다. 영국 풍력발전협회(BWEA)의 발표에 따르면 NFFO가 실시되던 2001년까지에 비해 2006년의 풍력발전설비용량(1개 연도의 증가분)은 6배 이상 증가한 것으로 나타나 풍력발전설비투자의 인센티브로 작용한 것으로 분석된다.

5.4 독일

EU에서 Burden Sharing Agreement로서 합의된 독일의 2008~2012년 동안의 삭감목표는 21%였다. 이러한 목표달성을 위한 독일 정부의 계획은 2005년 6월 공표된 '국가기후보존계획 2005(The National Climate Protection Programme 2005)'를 기반으로 하였다. 그 후 EU-ETS와 관련하여 NAP2(당초 안)가 작성되고, EU 위원회의 심사(2006. 11)를 거쳐 해당 심사결과를 반영하여 수정한 NAP2 수정안의 작성이 2007년 2월에 이루어진 바 있다. 동 수정안에서는 EU-ETS 대상 분야를 중심으로 삭감목표의 달성계획이 소폭 변경되었다. 동 계획에 따르면 독일은 기준연도인 1990년에 배출량이 약 12억 3,030톤이었는데, 삭감목표가 21%였으므로 2008~2012년까지 배출목표는 연간 약 9억 7,370만 톤으로 설정되었다. 그 가운데 CO_2 배출목표는 약 8억 5,150만 톤이고, 메탄, N_2O 등 여타 온실가스 배출목표는 약 1억 2,050만 톤으로 설정되었다. 에너지 전환부문 및 산업부문의 대책으로서는 Cap & Trade의 형태인 EU-ETS가 적용되어 해당 배출목표를 달성하도록 되어 있다.

가정부문 대책으로서는 독일 에너지기구 등의 홍보활동, 독일부흥금융금고에 의한 건설융자 등의 금융지원 조치, 예상되는 석유가격 상승에 의한 연료소비 감소 등이 포함되어 있다. 업무분야에 대해서는 현재 추세로 볼 때 달성 가능한 것으로 판단된다. 운수부문의 대책으로는 바이오연료 도입 촉진, 고연비 승용차에 대한 세금 우대, 홍보활동 등을 시행하고 있다. CO_2 외의 온실가스에 대해서는 상업부문과 마찬가지로 달성 가능한 것으로 판단되고 있다. 이 밖에 독일 정부가 추진하는 CDM/JI 프로젝트가 있는데 독일 정부는 교토의정서상의 감축목표 달성을 위해 이러한 프로젝트로부터 발생하는 크레딧의 사용은 고려하지 않고 있다.

5.5 미국

미국은 2002~2012년 기간 동안 온실가스 배출 집약도를 18% 감축한다는 자발적 목표를 설정하는 등 온실가스 감축을 위한 대책을 다각적으로 강구하고 있다. 2003년부터 시행되고 있는 민간차원의 온실가스거래제 운영을 위해 70개의 기업이 참여한 시카고 기후거래소(CCX)[31]를 설치하였으나 폐쇄되었다. 또한 2005년 5월에 세계 최대의 에너지거래소인 인터컨티넨탈 거래소(ICE)를 설립하고 6월에는 2005년 세계 최초로 온실가스 거래를 시작한 영국의 국제석유거래소(IPE)를 매입하였다. 한편, 뉴욕을 비롯한 7개 주에서는 2003년부터 추진해 온 지역온실가스추진계획(RGGI)에 따라 발전부문을 중심으로 온실가스 거래가 추진 중이다.

그리고 2002년 2월 공표된『종합기후변화제안(Global Climate Change Initiative : GCCI)』에 의하면 GDP 대비 CO_2 탄성치를 2002~2012년 기간에 자발적 대책을 통하여 18%를 저감하며 이 중 50% 이상을 탄소처리 수단을 통하여 달성할 계획이다. 이를 효과적으로 달성하기 위해 정부, 가계 및 비정부기구(NGO)의 협력을 통하여 국내 및 해외에서 탄소의 격리(Sequestration) 사업을 활발히 추진하고 있다.

2003년 1월 28일 부시 전 대통령이 의회에서 행한 연설에서 수소 및 기타 청정연료 활용을 제안하며, 향후 5년간 수소에너지의 개발을 적극 추진할 것으로 공

31) CCX : 시카고 기후거래소. 북미에서 GHG 감축과 거래를 위해 유일하게 자발적, 합법적으로 인정된 시스템이다. 2003년부터 2010년까지 6개의 지구 온난화가스를 독자적으로 검증했으며(independent verification) 배출권(allowances)을 거래했다. 2010년까지 참가 기업들은 배출량을 6%까지 줄이기로 합의했다. 참가 기업으로는 포드, 듀퐁, 모토롤라 등이 있고, 지역으로는 오클랜드, 시카고, 대학으로는 미시간 주립대 등이 있다.

표하였다. 이 제안에 의하면 향후 석탄 및 천연가스로부터 수소를 활용한 연료전지를 개발하여 승용차 및 화물차의 동력원과 가정 및 업무용 전력의 공급에 활용할 계획이다. 이 제안의 핵심은 2008년까지 12억 달러를 투입하되 기존의 연료전지자동차개발 제안을 포함하여 17억 달러를 투입하여 이 중 7억 2,000만 달러는 수소의 생산, 수송, 저장, 유통 등 인프라의 구축과 연료자동차 및 전력생산에 관한 기술 개발에 투입할 계획이다. 이러한 계획이 순조롭게 추진되면, 자동차 부문에서만 2020년까지 탄소배출량을 연간 5억 톤 저감할 수 있을 것으로 전망하고 있다.

미국은 2000년을 기준으로 당시 이산화탄소 배출량 23.1%로 세계 최대 온실가스 배출국이었다. 하지만 부시 대통령이 교토의정서를 2001년 탈퇴하면서 앞서 언급한 바와 같이 자발적인 온실가스 감축 대책을 펼쳐왔다.

2020년에 만료되는 교토의정서를 대체하기 위하여 파리기후협약은 2015년 12월 12일 프랑스 파리에서 채택되었다. 당시 미국을 포함하여 195개의 국가가 서명하였지만 2017년 트럼프 대통령이 해당 협약을 탈퇴하였다.

2019년 9월 열린 미국 민주당 대통령 선거 후보자 토론회에서는 기후변화를 주제로 토론이 진행되었다. 재생에너지 촉진 등 환경 에너지 분야에 1조 7,000억 달러 이상의 예산 편성(각 후보자마다 금액의 차이는 존재하였다), 파리기후협약의 재가입, 배출 저감과 탄소 중립 경제를 위한 정책 시행, 탄소세 부과 등이 후보자들의 주요 환경공약 내용이었다.

2003년 1월에는 온실가스 배출량을 2010년까지 2000년 수준으로 억제하고, 2016년까지 1990년 수준으로 억제하는 것을 골자로 하는 기후관리법(Climate Stewardship Act : CSA) 법안이 하원에 상정되었다. 이는 미국이 2001년 3월 교토의정서 비준 거부를 선언한 이래 온실가스 배출과 관련된 가장 획기적인 조치로 평가되었다.

미국의 기후변화 대응정책은 크게 두 가지 접근방식으로 분류할 수 있는데, 하나는 최근 주목되고 있는 Cap & Trade 제도이며 다른 하나는 탄소세 등 경제적

수단이다. 미국에서 이행되는 Cap & Trade 제도 중 대표적인 것으로 CCX를 들 수 있으며, 이외에도 연방차원의 Cap & Trade 제도와 관련된 다양한 법인이 상·하 양원에 상정되어 심의 중이다.

5.6 일본

「경제재정개혁 기본방침 2008」은 경제정책의 핵심목표 가운데 하나로 '저탄소사회 구축'을 정하였다. 저탄소사회 실현을 위해 일본 정부가 가장 중시하는 바는 기술혁신으로서 기존의 에너지 절약기술을 널리 보급함과 동시에 기존 기술과는 다른 혁신적인 기술을 개발하여 환경 및 자원제약을 돌파하고자 하는 전략을 취하고 있다. 또한 대외적으로는 주요 온실가스 배출국이 광범위하게 참여하는 포괄적인 기후변화체제 구축을 지향하고 이를 통해 저탄소형 제품이나 기술에 대한 세계시장 규모 확대를 도모하고 있다.

가. 주요 정책

일본은 대내적으로는 고령화, 대외적으로는 세계경제의 불확실성 증대 등의 위기상황에서 '저탄소사회 구축'을 일본경제의 지속성을 보장할 수 있는 새로운 성장동력으로 활용한다는 계획을 추진하고 있다.

일본은 그동안에도 다양한 방식으로 저탄소사회에 대한 비전을 제시해 온 바 있으며 2007년 제시된 「Cool Earth 50」이 대표적이다. 2008년 6월에 전임 후쿠다 총리가 발표한 「후쿠다 비전」에는 2050년까지 이산화탄소 배출량을 현재 대비 60~80% 감축한다는 보다 구체적인 목표와 전략이 담겨 있다. 일본은 이러한 비전을 달성하기 위해 중·장기적인 기술 개발 로드맵을 설정하고 국가적인 연구역량을 집중하고 있는데, 환경·에너지 분야에서 21개의 핵심기술을 선정하여 각 기술별로 언제까지 어느 정도의 기술을 확보한다는 개발목표를 설정하고 있다.

표 3-7 **일본 후쿠다 비전 주요 목표와 내용**

분야	목표 및 내용
장기목표	2050년까지 장기목표로 CO_2 배출량 현재 대비 60~80% 감축
중기목표	2020년까지 중기목표로 CO_2 배출량 현재 대비 14% 감축노력
CO_2 배출 분석	상향식 접근법에 의한 CO_2 감축잠재량 분석
대개도국 협력	미국, 영국과 더불어 개도국 지원기금에 최대 12억 달러 기여
에너지 절약	2012년까지 백열전구를 절약형 전구로 전환하고 에너지 절약형 주택, 건축물의 의무화. '200년' 주택의 보급 촉진
배출권거래제	2008년 가을까지 배출권 거래의 국내통합시장을 시범 운영하여 제도 설계상의 과제 도출
기타 제도 개선	2008년 가을 세제개혁 시 환경세를 포함하여 환경친화적 세제개혁 추진

또한 대내적으로는 사회 · 경제 시스템 개혁을 위해「저탄소사회 구축을 위한 행동계획」을 수립했고 대외적으로도 개도국의 협력을 유도하기 위한 기후변화 협상전략을 추진하고 있다. 한편「경제재정개혁 기본방침 2008」은 경제정책의 핵심목표 가운데 하나로「저탄소사회 구축」을 정하였다.

표 3-8 **일본 경제재정개혁 기본 방침 2008의 주요 내용**

	세 부 내 용
핵심 목표	• 성장력 강화 • 저탄소사회 구축 • 국민 중심의 행정 · 재정개혁 • 안심할 수 있는 사회보장제도 구축
저탄소사회 구축 세부 전략	• 2008년 7월까지 '저탄소사회 구축을 위한 행동계획' 책정 • 국내 배출권거래제도의 시험 실시 • 신에너지도입 및 에너지 절약 추진을 위해 경제적 지원 및 규제조치 등을 추진. 이를 통해 태양광 발전을 2020년까지 10배, 2030년까지 40배로 증가시킴 • 환경모델도시를 2008년 7월 중에 선정. 현재 요코하마시, 기타큐슈시, 미나마타시, 도야마시 등 6개 도시가 선정 • 각 제품의 생산, 유통, 소비, 폐기에 이르는 과정에서 발생하는 CO_2 배출량을 제품에 표시하는 제도의 시험적 실시(2009년 이후)

저탄소사회 실현을 위해 일본 정부가 가장 중시하는 것은 기술혁신으로서 기존의 에너지 절약기술을 널리 보급함과 동시에 기존 기술과는 다른 혁신적인 기술을 개발하여 환경 및 자원 제약을 돌파하고자 하는 전략을 취하고 있다. 경제산업성은 이러한 취지하에 2008년 5월「Cool Earth 에너지혁신기술계획」을 수립한 바 있는데 동 계획은 저탄소사회 구축을 위한 21개의 핵심기술을 선정하고 이들 핵심기술 개발의 로드맵을 제시하고 있다.

표 3-9 일본 Cool Earth 에너지혁신기술계획의 주요 내용

분야	핵심 기술
발전 · 송전	고효율 천연가스화력발전, 고효율 석탄화력발전, 탄소포집 · 저장(CCS), 혁신적 태양광 발전, 선진적 원자력 발전, 초전도 고효율송전
교통	고속도로 교통시스템, 연료전지자동차, 플러그인 하이브리드 자동차 · 전기자동차, 바이오연료 제조
산업	혁신적 재료 제조 · 가공기술, 혁신적 제철 공정
민생	에너지 절약형 주택 · 건축물, 차세대 고효율 조명, 고정형 연료전지, 초고효율 히트펌프, 에너지 절약형 정보기기 · 시스템, HEMS/BEMS/지역EMS
기타	고성능 전력저장, 파워 일렉트로닉스, 수소 제조 · 수송 및 저장

나. 특징

일본의 최근 저탄소사회 지향을 위한 정책에서는 구체적인 목표를 최초로 제시했다는 데 큰 의의가 있다. 특히 일본 자체적으로 장기목표와 함께 비록 구속력에 한계가 있을지라도 중기목표도 제시했다는 점에서 이전의 비전과는 큰 차이를 보이고 있다. 이러한 정책들은 그동안 산업계의 미온적 태도로 도입을 미루어 왔던 배출권거래제나 환경세 등의 경제적 정책수단을 향후 도입할 가능성을 제시하고 있어 과거의 비전과 큰 차별성을 보이고 있다.

일본 정부가 저탄소사회 실현을 위해 가장 중시하는 것은 기술혁신으로서 기존의 에너지 절약기술의 보급 확대와 동시에 혁신기술을 개발하여 환경 및 자원제약을 극복하려는 전략이다. 따라서 혁신기술 개발을 위해 에너지 분야 연구개발투자 규모가 막대한 것은 당연한 귀결이다. 2005년 일본의 에너지 분야 정부 연구개발투자는 약 39억 달러로 미국의 30억 달러를 크게 상회하고 있고 독일이나 프랑스 등 기타 선진국(약 5억 달러)에 비해서도 매우 높은 투자규모를 보이고 있다.

다. 시사점

일본은 우리와 유사한 산업구조를 갖고 있는 선진국일 뿐만 아니라 에너지(특히 석유)의 대외의존도가 절대적이라는 점도 공유하고 있으므로 최근 일본이 제시하고 있는 기후정책은 매우 중요한 시사점을 던져주고 있다. 미국 및 영국 등 서구 선진국들이 배출권거래제 등 경제적 유인수단을 중심으로 대처하고 있는데 반해 일본은 환경 · 자원 제약을 극복하는 최우선 전략으로서 기술혁신을 강력히 추진하고 있다는 점이다. 물론 서구 선진국들 역시 연구개발에 대한 강력한 지원 정책을 취하고 있지만 관련 지원의 양 · 질적인 면에서는 일본이 압도적으로 두드러지고 있다.

일본은 환경 · 자원 제약을 극복하기 위한 21개의 핵심기술을 선정하여 2050년까지의 중장기적인 기술 개발 로드맵을 설정하며, 관련 기술 개발에 정부의 연구개발 자원을 집중 투입할 예정이다. 일본 정부는 또한 그동안 소극적이었던 배출권거래제도나 환경세 등 시장기반형 환경정책수단 도입을 적극 검토하기 시작하였다. 아울러 저탄소형 기술이나 제품이 확대되는 방향으로 기존의 사회경제 제도 전반을 개혁함으로써 경제사회구조 전체의 기본 틀을 새롭게 재구축하는 노력을 시작하고 있다. 대외적으로는 미국, 중국, 인도, 한국 등 주요 온실가스 배출국이 광범위하게 참여하는 포괄적인 기후변화체제 구축을 지향하고 이를 통해 저탄소형 제품이나 기술에 대한 세계시장 규모 확대를 도모하고 있다. 특히 온실가스 감축활동에 대한 자금 및 기술지원을 통해 주요 신흥시장국과의 환경 · 에너지 협력을 강화하고 나아가 일본이 보유한 기술 및 제품의 시장 선점을 도모하고 있다.

5.7 호주

호주는 기후변화 대응을 위해서는 다양한 정책이 필요함을 강조하고 있으며, 이러한 정책들을 통해 온실가스 감축뿐만 아니라 장기적으로 저탄소경제 구축을 통한 경제적 번영도 동시에 추구하고 있다. 이를 위해 온실가스 배출 감축, 기후변화에 대한 적응, 그리고 기후변화 대응 국제적 해결책 마련 지원 등의 정책기조하에 다양한 정책들을 추진하고 있다.[32]

가. 온실가스 배출 감축

먼저 호주 정부는 기후변화에 대한 적극적 대응의 일환으로써, 호주의 온실가스 배출량을 2050년까지 2000년 수준에서 60% 감축할 것을 천명하였다. 이러한 목표를 달성하기 위한 여러 정책들이 시행되고 있는데, 이러한 대응정책들은 Carbon Pollution Reduction Scheme(CPRS)에 기초하고 있다.

CPRS는 온실가스 배출량을 감축함과 동시에 산업계와 일반 국민에 대한 피해를 최소화시키기 위한 대응책을 마련하는 데 목적을 두고 있다. 호주 정부는 CPRS를 통해 먼저 산업계의 온실가스 배출량을 총량적으로 관리하는 데 초점을 맞추고 있다. 즉, 온실가스 배출권거래제(Emission Trading)를 통해 산업계의 적극적인 온실가스 감축노력을 유도하겠다는 전략이다.

배출권거래제를 핵심정책으로 하는 호주의 온실가스 감축정책의 기조가 2008년 초에 발표됨에 따라 국내적으로 많은 관심과 논란이 있었다. 배출권거래제 시행을 위한 세부대책을 2008년 말에 발표했는데, 연간 25,000톤 이상의 온실가스를 배출하는 약 1,000여 개의 기업 및 사업장을 대상으로 시행될 것으로 예상하고 있다. 호주 정부는 또한 배출권거래제를 통해 발생하는 모든 수입은 관련 산업계와 가정부문에 대한 지원 및 저탄소 기술 개발에 재투자될 것임을 강조하고 있다.

32) 한국공항공사, "한국공항공사 저탄소 녹색공항 추진전략 수립용역(중간보고서)", RCC, 2009. 8, pp. 34-48 참조

호주 정부는 배출권거래제로 인해 가정부문에서의 경제적 비용발생을 인식하고 있다. 따라서 기존의 연료세를 인하하는 방법으로 배출권거래제를 통해 발생할 수 있는 연료가격 상승에 대응할 예정이다. 또한 배출권거래제 시행기간 동안 정기적인 점검을 통하여 이러한 지원대책을 보완할 예정이다. 한편, 저소득 및 중산층 가정을 대상으로 추가적인 지원책도 마련할 계획이다. 또한 배출권거래제를 통해 피해를 볼 수밖에 없는 관련 산업계에 대한 지원책도 강구할 예정이다. 이러한 지원책에는 국제시장에서 경쟁이 심한 에너지집약 수출산업에 대한 배출권의 무료할당, 석탄발전에 대한 직접적 지원, Climate Change Action Fund와 Electricity Sector Adjustment Scheme 등의 기금 마련이 포함될 예정이다.

나. 기후변화 적응

기후변화 관련 다각적인 과학적 분석의 결과, 일정 수준의 기후변화는 지구상의 인간들이 피할 수 없는 현상이다. 향후 전 세계적인 온실가스 감축노력이 성공적으로 이루어진다 하더라도 심각한 기후변화 현상은 일정기간 지속될 수밖에 없을 것으로 보이며, 이에 지구상의 국가들은 적절한 적응대책을 강구하여야 할 것이다. 따라서 호주도 이미 발생한 기후변화에 적절히 대응하기 위한 정책을 강구하고 있다.

다. 기후변화 대응 국제적 해결책 마련 지원

호주 정부는 기후변화 문제 해결을 위해 국제적 해결책이 필요하다는 것을 인식하고, 2007년 12월에 그동안 전 자유당 정부가 거부해 왔던 교토의정서를 전적으로 비준함으로써, 기후변화 대응을 위한 국제적 노력의 필요성을 강조한 바 있다. 또한 호주는 전 세계적인 Post-2012 기후변화 대응체제 구축에 있어서 나름대로의 역할을 할 수 있을 것으로 기대하고 있으며, 구축될 Post-2012 대응체제에서는 모든 주요국들이 각국의 여건과 형편에 맞게 온실가스 감축활동에 참여

해야 한다는 입장을 견지하고 있다.

호주는 전 세계의 상위 15개국들이 전체 배출량의 75% 이상을 차지하고 있음을 강조하며, 온실가스 감축의무 참여 국가들의 범위를 확대하는 것이 향후 Post-2012 대응체제 구축에 있어서 핵심적인 사항임을 주장하고 있다. 특히, 향후 고도의 지속적인 경제성장이 예상되는 개발도상국도 경제성장을 지속함과 동시에 공동의 차별화된 책임의 원칙하에 온실가스 감축의무 참여가 필요함을 강조하고 있다. 호주는 향후 Post-2012체제에서 온실가스 감축의무에 참여함으로써 기후변화 대응체제 구축을 위한 국제적 논의에서 발언권을 강화할 수 있을 것으로 기대하고 있다. 또한 온실가스 감축에 의해 발생할 경제적 비용을 절감하며, 저탄소경제로의 전환을 통해 발생할 수 있는 기회를 활용할 수 있을 것으로 기대하고 있다.

6 우리나라 정부의 기후변화협약 대응정책

6.1 개요

이 같은 현행 국제 정세 속에서 우리나라는 기후변화대응 노력을 자율적으로 경주하고 이를 국제적으로 인정받을 수 있는 방안을 모색하고 있다. 연구기관들은 온실가스 배출 시나리오를 설정하고, 정책효과 및 신기술 도입 등에 따른 감축잠재량 시나리오를 도출했다. 이를 기반으로 우리나라는 2009년 11월에 국가 온실가스 중기 감축목표를 발표했으며 2010년 4월부터 저탄소 녹색성장 기본법을 시행했다.

6.2 우리나라 온실가스 배출현황

현재 우리나라는 교토의정서상 의무감축국은 아니나 OECD 국가로서 2005년 에너지부문 CO_2 배출량 기준으로 세계 10위의 온실가스 다배출국가이며, 1990년 이후 온실가스 배출량이 급격히 증가하여, 1990~2005년 기간 중 증가율은 OECD 국가 중 1위를 기록했다. 이러한 상황에서 국제사회에서는 우리나라에 대해 감축 의무국으로 편입하거나 다른 개도국과 차별화되는 감축행동을 요구할 것으로 예상된다.

EU는 OECD국가 등 선진국에 대해서는 2020년에 1990년 대비 25~40%, 개도국에 대해서는 현추세전망(Business As Usual : BAU) 대비 15~30% 감축을 촉구하고 있다. IEA 발표통계 기준으로 전 세계 온실가스 배출량은 433억 톤CO_2이고, 우리나라는 538백만 톤CO_2로 전 세계 배출량의 1.2%(세계 16위)를 차지하고 있다. 2005년 기준으로 에너지부문 CO_2 배출량은 449백만 톤CO_2로 세계 10위이며, 1인당 배출량은 11.1톤CO_2로 OECD 국가 중 17위를 차지한다. 우리나라의 100년간(1900~2000년) 누적배출량은 70억 톤CO_2로 세계 22위, 10년간(1990~2000년) 누적배출량은 40억 톤CO_2로 세계 11위를 점하고 있다.[33]

표 3-10 우리나라 온실가스 배출 증가율 추이

연 도	1999	2000	2003	2004	2005
증가율	9.7%	6.4%	2.0%	1.3%	0.6%

연 도	2006	2007	2008	2009	2010
증가율	1.0%	2.8%	2.4%	0.6%	9.6%

출처 : 통계청

33) 한국공항공사, 용역 보고서, pp. 20-22

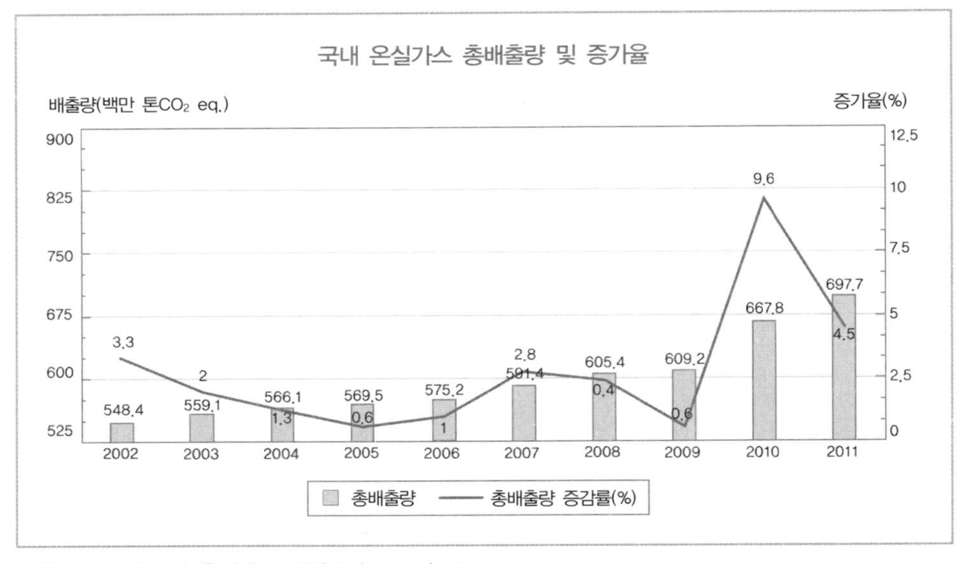

출처: 2013년 국가 온실가스 인벤토리 보고서, GIR

[그림 3-4] **국내 온실가스 총배출량 및 증가율**

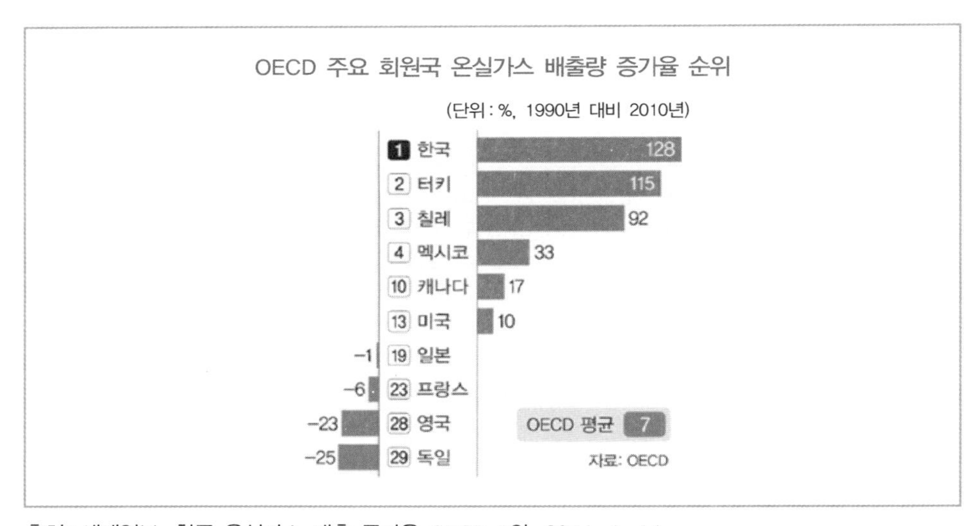

출처: 세계일보, 한국 온실가스 배출 증가율 OECD 1위, 2014. 1. 14

[그림 3-5] **주요 회원국 온실가스 배출량 증가율**

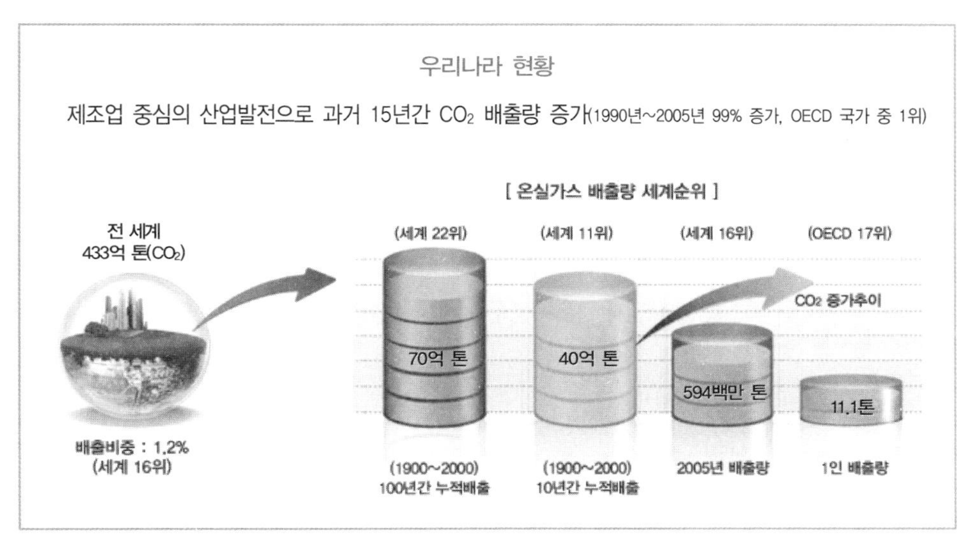

출처: 녹색성장위원회, 2010. 3

[그림 3-6] OECD 주요 회원국 온실가스 배출량 증가율

표 3-11 국내 온실가스 배출현황 (단위: 백만 톤 CO_2eq[34]))

	2005년	2006년	2007년	2008년	2009년	2010년	2011년
에너지	467.5	473.9	494.4	508.8	515.1	568.9	597.9
산업공정	64.5	36.8	60.8	60.6	57.8	62.6	63.4
농업	22.0	21.8	21.8	21.8	22.1	22.1	22.0
폐기물	15.4	15.8	14.4	14.3	14.1	14.0	14.4
LULUCF	−36.3	−36.8	−40.1	−42.7	−43.6	−43.7	−43.0
총배출량	569.5	575.2	591.4	605.4	609.2	667.8	697.7
총배출량 증감률(%)	0.6	1.0	2.8	2.4	0.6	9.6	4.5
순배출량	533.2	538.4	551.3	562.7	565.6	624.0	654.7

출처: 2013년 국가 온실가스 인벤토리 보고서, GIR

34) CO_2eq: 이산화탄소 등가를 뜻하는 단위로서, 온실가스 종류별 지구 온난화 기여도를 수치로 표현한 지구온난화지수(GWP, Global Warning Potential)를 곱한 이산화탄소 환산량

표 3-12 국내교통부문 온실가스 배출량

구 분		온실가스 배출량 (백만t CO_2eq)	비율(%)
도로교통	자가용	61.07	57.67
	영업용	24.64	23.27
도로교통 소계		85.71	80.94
철도 교통	지역 간 철도	1.43	1.35
	지하철	0.52	0.49
철도교통 소계		1.95	1.84
수상교통		11.62	10.97
항공교통		6.62	6.25
교통분야 합계		105.89	100.00

출처 : 박진영, "저탄소 녹색성장 구현을 위한 국가교통전략 과제", 월간교통, 제142호, 한국교통연구원, 2009. 12, p. 9

6.3 정책동향

우리나라는 교토의정서에 의한 제1차 공약기간 이후부터는 구속적 형태로 온실가스 감축을 위한 국제적 노력에 동참해야 한다는 국제사회의 압박이 거세질 것으로 예상되며, 이에 대비 범국가적 추진체계를 구축하고 제1, 2, 3차 종합대책을 수립, 분야별 실천계획을 내실 있게 추진해 왔다. 1997~2007년까지 3차에 걸쳐 종합대책(3개년)을 수립 추진하면서 산업계 자발적 협약(VA) 등 부문별 감축 추진 및 온실가스 배출통계 기반을 구축하였다. 그리고 2001년 9월에는 국무총리를 위원장으로 하는 기후변화대책위원회를 설치하고 총리실에 기후변화대응을 위한 실무조직을 운영하였다.

한편, 2008년 범정부적으로 환경대책 · 산업정책 · 국제협상 등을 포괄하는「기후변화대응 종합대책」(5개년, 2008~2012년)을 수립 추진하고 있다. 2008년 9월 기후변화대응 종합기본계획이 발표되고 같은 해 12월에는 기후변화대응 종합기본계획 세부이행계획이 수립 · 발표되었다. 기후변화대응 종합기본계획에서는 '범지구적 기후변화대응 노력에 동참하고 녹색성장을 통한 저탄소사회 구현'이라는 비전을 제시하고 3가지 구체적인 목표를 수립하였다.

- 기후친화산업을 신 성장동력으로 육성
- 국민의 삶의 질 제고와 환경 개선
- 기후변화 대처를 위한 국제사회 노력을 선도

또한, 수립된 종합기본계획을 추진하기 위한 정책 수단 및 방안으로 다음과 같은 5가지를 제시하였다.

- 금융 · 재원 배분정책 지원 및 R&D 투자 확대
- 저탄소 소비 생산 패턴의 촉진을 위한 점진적 가격구조 조정
- 주요 사회간접자본 시설의 탄소집약도와 생태효율성 개선
- 법적 · 제도적 기반 강화
- 대국민 홍보 강화 및 참여 제고

6.4 저탄소 녹색성장기본법 및 시행령 제정

정부는 2009년 1월 「녹색성장기본법(안)」을 입법 예고하여,[35] 의견수렴을 거쳐 국회를 통과하여 녹색성장 관련 법적 근거를 마련하였고, 이에 따라 녹색성장위원회는 3개월 내에 시행령을 제정하여 2010년 3월 말까지 시행, 운영토록 하였다.[36] 이와 함께 2009년 2월에 '녹색성장위원회'를 공식 출범시켜 그동안 분리되어 운영되던 기후변화대책위원회 · 국가에너지위원회 · 지속가능발전위원회를 기능적으로 통합하였다.

---

35) 녹색성장위원회 공고 제2009-1호, "저탄소 녹색성장기본법 제정안 입법예고", 2009년 1월 15일
36) 2010년 4월 시행령 제정 완료, 4월 14일부터 시행

6.5 국가 온실가스 감축목표 설정

정부는 대통령이 2008년과 2009년 7월 G8 확대정상회의에서 국제사회에 약속한 바와 같이 2020년 기준 우리나라의 온실가스 감축목표를 설정하기 위해 3가지 감축목표 시나리오를 마련하여 2009년 8월 4일 발표하였다.[37]

3가지 시나리오는 2020년 온실가스 배출전망치(BAU[38]) 대비 각각 ① 21% ② 27% ③ 30%를 감축하는 것으로, 이를 2005년 온실가스 배출량(594백만 톤 CO_2) 대비 절대기준으로 환산하면 각각 ① 8% 증가 ② 동결 ③ 4% 감소시키는 것에 해당한다. 이 같은 중기 감축목표 시나리오는 EU가 개도국에 대해 요구하는 BAU 대비 15~30% 감축 권고안을 충족시키는 것으로서, 온실가스 배출량이 지난 15년간 2배나 증가(OECD 국가 중 1위)해 왔던 그간의 추이를 감안할 때, 향후 15년간 소폭 증가(8%) 내지 감소(▽4%)하는 수준을 목표로 제시한 것이다.

시나리오별 주요 내용을 살펴보면, 먼저 시나리오 1의 경우, BAU 대비 ▽21%(2005년 대비 +8%)는 경제적 이익이 되는 기술(정책)을 최대한 도입하는 것으로, 비용측면에서 보면 아래의 수식이 성립된다.

$$\text{비용} = (\text{투자비} + \text{운영비}) - (\text{에너지효율개선에 의한 연료비 감소}) \leq 0$$

이 시나리오는 그린홈 · 그린빌딩(단열강화, LED 등) 등 단기적으로는 비용이 발생하나, 투자 후 장기간에 걸친 에너지 절감이익이 발생하는 감축수단을 최대한 도입하는 것이다. 이 시나리오에서는 3차 국가에너지기본계획(2008. 8)에서 확정된 신재생에너지 및 원전 확대정책을 반영하고, 스마트그리드 보급정책을 일

37) 녹색성장위원회, 보도자료, "국가 온실가스 중기(2020년) 감축목표 설정을 위한 3가지 시나리오 제시", 2009. 8. 4

38) BAU(Business As Usual) : 기존 온실가스 감축정책을 계속 유지할 경우 미래 온실가스 배출량 추이

부 반영하였다.

시나리오 2의 경우, BAU 대비 ▽27%(2005년 수준 동결)는 시나리오 1 정책과 함께, 국제수준의 감축비용인 5만 원/톤CO_2 이하의 감축수단을 추가로 적용하는 것이다. 지구 온난화지수가 높은 불소계 가스를 제거(변압기, 냉매 등)하고 하이브리드카를 보급하며, 이산화탄소 포집 및 저장기술(Carbon Capture and Storage : CCS)을 일부 반영하였다.

시나리오 3의 경우, BAU 대비 ▽30%(2005년 대비 ▽4%)는 EU에서 요구하는 개도국 최대 감축수준(BAU 대비 30% 감축)이다. 시나리오 2 정책과 함께 전기차, 연료전지차 등 차세대 그린카 보급, 고효율 제품을 강제적으로 보급하는 등 감축비용이 높은 수단도 적극적으로 도입한다는 시나리오이다.

표 3-13 우리나라 온실가스 감축 시나리오 비교

시나리오	감축목표		감축정책 선택기준	주요 감축수단(예시) (각각은 이전 시나리오의 정책수단 포함)
	BAU 대비	2005년 기준		
1	21%	+8%	비용효율적 기술 및 정책 도입	• 건물/주택의 녹색화 • 고효율 설비보급 등 수요관리 강화 • 저탄소 교통체계 개편 • 신재생에너지 및 원자력 비중 확대 • 스마트그리드 추진
2	−27%	동결	국제적 기준의 감축비용 부담	• 지구 온난화지수가 높은 불소계가스 제거 • 바이오연료 보급 확대 • CS 일부 도입
3	30%	−4%	개도국 최대 감축수준	• 차세대 그린카(전기차, 연료전지차 등) 보급 • 고효율제품 가전제품 보급 확대 • 강력한 수요관리정책 추진

출처 : 녹색성장위원회, 2010. 3

녹색성장위원회에 따르면[39], 정부는 온실가스 감축목표를 핵심지표로 한 저탄소 녹색성장 추진에 2009~2013년간 총 107조 원 수준(GDP의 2%)을 투입할 계획이며, 이를 통해 총 182~206조 원(GDP의 약 3.5~4.0% 수준)의 추가 생산유발효과가 발생할 것으로 예상하고 있다. 온실가스 감축에 따른 GDP 감소효과가 0.29~0.49% 수준이나, 저탄소기술에 대한 R&D 투자 확대를 통해 녹색산업을 육성하여 생산 및 고용증대 등 녹색성장을 하게 되어 총괄적으로는 GDP 증가로 반전하게 된다는 것이다. 또한, 배출권거래제를 도입하거나 탄소세 및 탄소가격에 따른 재원을 연구개발 및 소득세 인하 등에 활용 시 긍정적 효과는 더욱 증대될 것으로 예상하고 있다. 고효율, 친환경 건축물 및 교통수단 전환과 국민 건강증진 등 저탄소 사회 구현으로 국민 삶의 질 개선 효과도 기대하고 있다.

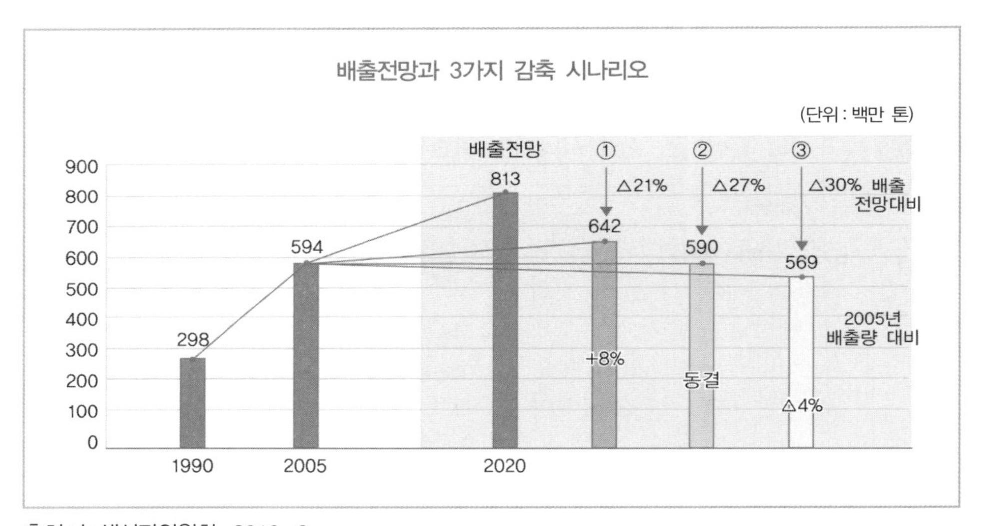

출처 : 녹색성장위원회, 2010. 3

[그림 3-7] **우리나라 온실가스 감축 시나리오 비교**

국제사회는 교토의정서가 만료되는 2012년 이후의 새로운 온실가스 감축체제에 대한 논의를 이미 시작하였고, 주요 국가들은 금세기 말 지구온도 상승을 2℃ 이내로 억제하기 위하여 2050년까지 대기 중 이산화탄소 농도를 450ppm 이하로

39) 녹색성장위원회(http://www.greengrowth.go.kr) 홈페이지, 2010. 3

유지한다는 글로벌 장기목표(Shared Vision)를 실현하기 위해 국가별로 2020년 중기 감축목표를 설정하여 제시하는 중이다. 외국의 사례를 보면, 선진국의 경우, 영국은 1990년 대비 34%, 일본은 2005년 대비 15%, 미국도 2005년 대비 17% 감축이라는 목표를 제시하였다. 개도국의 경우, 대만은 2025년에 2000년 수준으로 동결하고, 멕시코는 2012년 5천만 톤을 감축할 것으로 제시하였다. 해외 주요 국가들은 이 같은 중기 온실가스 감축목표와 연계하여 저탄소 녹색기술 · 산업을 육성하고 세계시장을 선점하려는 국가전략을 마련 중이다.

표 3-14 주요 국가 온실가스 중기감축목표 및 대책

국 가	주 요 내 용
E U	• 2020년까지 1990년 대비 20% 감축 • 「EU 기후변화 종합법(Directives)」(2009. 4) • 배출권거래제(EU-ETS) 도입 및 시행(2005) • 자동차 온실가스 배출규제 도입(2009)
영 국	• 세계 최초로 기후변화법안 도입, 감축목표 명시(2008. 12) • 2020년까지 1990년 대비 34% 감축목표
미 국	• 10년간 신재생에너지 산업 1,500억 달러 투자 계획(2009. 1) • 2020년까지 2005년 대비 17% 감축을 담은 "청정에너지 · 안보법안(Waxman-Markey)"(2009. 6, 하원통과)
일 본	• 저탄소 사회구축을 위해 「Cool Earth 50」 발표(2007. 5) • 저탄소혁명전략 등을 담은 미래개척전략(J. Recovery plan)(2009. 4) • 2020년까지 2005년 대비 15% 감축(2009. 6)

정부는 제시된 3가지 시나리오에 대해서 국민 각계 의견 수렴 후, 녹색성장위원회를 개최하여 정부안을 건의하였고, 위기관리대책회의 및 고위 당정협의를 거쳐 국무회의를 통해 2009년 11월 국가 온실가스 중기(2020년) 감축목표를 확정하여 발표하였다. 감축목표는 2020년 온실가스 배출전망치(BAU) 대비 30% 감축하는 시나리오3으로 확정되었다. 이 목표치는 2005년 온실가스 배출량(594백만 톤CO_2) 대비 절대기준으로 환산하면 4% 감소에 해당된다. 중기 감축목표가

확정됨에 따라 향후에는 부문별 감축목표 설정 및 목표관리제를 추진(2010년부터)하고, 주기적 · 체계적 분석 및 목표관리를 위한 인프라 구축을 계속해 나갈 계획이다.

제 4 장

항공산업 온실가스 감축정책

제 4 장 항공산업 온실가스 감축정책

1 서언

범세계적인 차원에서 항공산업은 경제성장의 중요한 역할을 한다. 전 세계적인 수송망을 통해 연간 22억 명의 승객을 수송하며, 세계 전체 화물의 35%를 처리한다. 항공 운송 수요는 지속적으로 증가하고 있으며, 승객 수는 지난 10년 동안 45% 증가하였다. 항공산업의 지속적인 성장은 관련 경제 활동 및 일반 산업 발전의 기초가 되지만, 환경에는 부정적인 영향을 미치게 된다. 이에 따라 국제항공사회는 항공교통이 기후에 미치는 영향을 경감시키기 위한 여러 노력을 하고 있다.

항공교통이 기후에 미치는 영향을 감소시키기 위한 방안은 크게 항공기 및 대체연료관련 기술 개발, 항공기 운항과 관련한 운영 개선, 온실가스 감축유도정책 적용 등의 세 가지 범주로 나누어 논의할 수 있다. 그중에서도 정책적용 방안은 경제 발전을 희생시키지 않는 지속가능한 발전이라는 원칙을 근간으로 하는 방법이다. 실질적으로 항공기와 엔진기술, 연료기술, 운영 시스템과 절차 개선이 기후에 대한 항공활동의 영향을 어느 정도 경감시킬 수는 있으나, 지속적으로 성장하는 항공활동에 의한 배출물을 완전히 상쇄할 수는 없다. 또한 중·단기적으로 기술 개발과 운영 개선을 통한 경감방안은 많은 비용이 필요하며 그 효과 또한 한계가 있다. 따라서 종합적으로 고려해 볼 때 항공산업 활동이 기후에 미치는 영향을 줄이기 위해서는 효과적인 정책 설정 및 실행이 매우 중요하다.

정책 적용방안은 다양한 정책적 도구들을 활용하여 구사하는데, 이에는 각종 규제적 조치와 시장기능에 기반한 정책, 자발적으로 지구 환경보호에 참여하도록 하는 정책들을 포함한다. 구체적으로 말하자면, 구체적 법적 기준치를 설정하여 엄격하게 항공기 엔진의 온실가스 배출을 규제하는 방법, 환경(기후변화 제어)에 부정적 결과를 주는 보조금과 인센티브 제도의 철폐방법, 항공운송시장 참여자들에게 경제적 인센티브를 부여하는 시장 기반 방안, 기업의 이미지 개선과 인도적 선의를 유발하기 위한 자발적 참여 체제 등이 있을 수 있다.

하지만 이러한 정책 적용방안을 실행하기 위해 설정된 구체적 방법들에 대한 문제점도 적지 않게 지적되고 있다. 예를 들면, 규제적 조치의 경우, 항공교통은 감시능력과 환경 표준이 국가별로 다르기 때문에 규제의 어려움이 예상되고 있다. 또한, 시장 기반 접근은 국가 간에 공평한 기준으로 국제 항공 운송 시장에 용이하게 접근하도록 해야 하며, 항공사들의 다양한 경쟁요소들을 고려해야 한다. 자발적 참여방안 역시 항공교통의 지속가능한 발전 조건과 양립할 수 있음을 보장하면서 행동의 변화를 이끌어내기에는 어려움이 있다는 비판이 있다.

정책 적용방안 중에서도 시장기반 조치는 탄소 중립 성장(Carbon Neutral Growth)을 위한 가장 비용 효율적인 방법으로 인식된다. 항공사들은 시장기능에 의하여 온실가스 감축수준을 결정할 것이며 궁극적으로는 항공사의 기업 전략에 온실가스 배출수준이라는 요소가 추가되는 것으로 볼 수 있다. 본 장에서는 항공활동이 기후변화에 미치는 영향을 경감시키기 위한 정책 적용방안의 각 요소들을 살펴보고, 그중 가장 비용 효율적인 방안으로 고려되는 시장기반 접근법에 대하여 ICAO의 정책을 중심으로 자세히 논의하겠다.(3.3절 참조)

2 법적 규제 방식과 자발적 참여 정책 방식

2.1 규제적 접근법(Regulatory Approaches)

규제적 접근법이란 법적으로 온실가스 배출을 통제하는 방법이다. 예를 들면, 이산화탄소 표준배출량을 법적으로 정해 놓고 이를 집행하는 것이다. 이러한 방법은 지금까지는 인간의 건강에 위험을 주는 오염물질 통제 중심의 환경 관리에 적용되어 왔다. 주지하다시피 HCs, CO, NO_x, 매연과 같은 배출물은 국제민간항공기구의 Committee on Aviation Environmental Protection(CAEP)을 통해 결정된 Certification Standards의 제도에 의해 통제된다. 반면에 인간활동에 의해 발생되는 CO_2 배출은 주로 UN Frame Convention on Climate Change(UNFCCC)와 교토의정서에 의해 관리되는데 법적 규제라고 볼 수는 없다.

UNFCCC는 국제민간항공기구가 국제항공활동에 의해 발생하는 온실가스를 규제하도록 권고하고 있으나, CAEP는 국제항공활동 규제와 관련된 합의 도출의 어려움을 거론하고, 이미 항공산업은 항공기 연료비가 시장 경쟁의 주요 변수로 적용되고 있어서 굳이 국제민간항공기구가 표준을 설정하여 항공기의 CO_2 배출을 제한할 필요가 없다고 잠정적으로 평가하고 있다. 연료소비량과 이산화탄소 배출량은 거의 완벽한 정비례의 상관관계가 있기 때문이다. 대신에 기후변화에 대한 영향을 자발적으로 줄이도록 권고했다. 그럼에도 불구하고, 국제항공활동에 의한 온실가스를 규제 대상에 포함시킬지 여부는 지속적으로 논의되고 있다.

2.2 자발적 참여 정책 접근법(Voluntary Approaches)

국가나 관련 공적 조직에서 항공산업 활동에 따른 온실가스 배출 감축 노력을 정부의 법적인 규제 없이 항공사들이 자발적으로 이행하도록 하는 정책을 구사할 수도 있다. 즉, 법적 구속력이나 경제적 인센티브 없이 기업 자체적으로 자발적 온실가스 배출감축 의사결정을 내리고 이를 시행해 나갈 수 있는 환경을 조성해 주는 것이다.

이러한 자발적 접근법에는 항공사가 탄소 상쇄 프로그램을 수립하여 항공여객들에게 자발적 참여기회를 제공한다든지, 탄소 중립(Carbon Neutrality) 성장 계획 수립으로 기업 수익의 사회 환원 등을 예로 들 수 있다. 넓은 의미로 자발적 참여 정책 접근법에는 GHG 배출제한 또는 감축을 위한 정부-기업 간 자발적 협약 체결도 포함될 수 있다.

3 국제민간항공기구의 온실가스 감축 대응정책

3.1 서론

국제항공운송 분야의 온실가스 배출 감축 정책 수립을 UN으로부터 위임받은 국제민간항공기구는 지난 10여 년에 걸친 체계적인 연구와 논의를 거쳐 드디어 2016년 제39차 총회에서 기본적인 정책 및 장기 전략을 확정하였다. 주로 동 기구 이사회 소속의 환경보존위원회(CAEP : Committee on Aviation Environmental Protection)가 연구와 전문가 협의를 거쳐 초안을 마련하고 이사회의 승인과 총회의 결의를 거쳐 정책과 전략이 결정되었다.

2016년의 제39차 총회의 제39호 결의안이 환경보존관련 사안인데 결의안 A39-1은 환경문제 중 '소음과 공기질(noise and local air quality)' 문제 등 일반적 환경보존문제를 다루었고, A39-2가 '기후변화(climate change)' 문제의 정책을 다루고 있으며 A39-3은 기후변화 대응책 중 '전 세계적 시장기반조치(Global Market Based Measures)'에 대하여 다루고 있다. 이 책에서는 "A39-2 기후변화" 문제의 전반적 내용을 간단히 소개하고 "A39-3 시장기반조치" 정책을 구체적으로 소개하겠다. 왜냐하면, 항공운송산업은 지난 수십 년간 연료비용 절감을 위해

이미 항공기 기술개발과 운항 효율성의 최적 수준에 이르러 있어서 기술적, 운영적 측면의 온실가스 배출 감축의 여지가 별로 없고 시장기반조치에 의한 배출권 매입에 의한 상쇄(offsetting)정책이 중요하기 때문이다.

우선, 국제민간항공기구 항공산업 기후변화 대응정책의 전반적 개요를 살펴보면 다음과 같다. 항공산업은 인류 사회의 세계화(globalization)와 경제, 사회, 문화적 활동의 국제적 역동성 증대로 인해 평균적 산업보다 성장률이 높을 것으로 예측되고 있다. 따라서, 수요 증가에 따른 공급 증가는 항공운항편의 증대가 불가피하고 온실가스 배출을 기술적이나 운항절차 등에 의해 감축시키는 것은 한계가 있기 때문에 다른 산업의 온실가스 배출 감축분을 활용하여 상쇄시키는 정책이 불가피하다. 물론, 아직도 항공기 기술적 측면 또는 운항절차적 측면의 개발에 의한 온실가스 감축의 여지가 있기는 하고 이 방면의 노력도 장려해야 할 필요는 있다. 아래 그림은 이러한 개념에 의한 정책적 목표를 보여주고 있다.

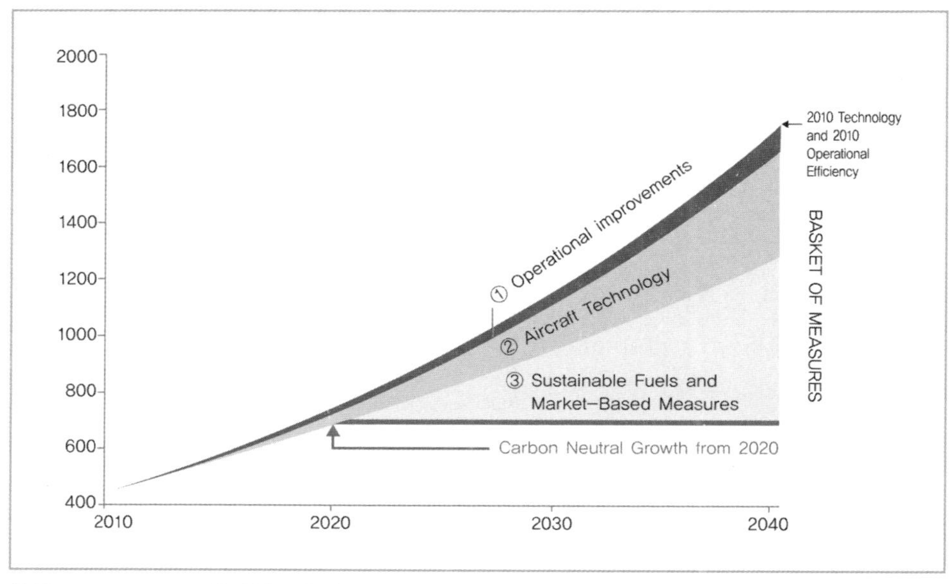

출처 : ICAO CORSIA 온라인 교육자료

[그림 4-1] **국제항공운송에서의 총CO_2 배출량(2010년 기술력 기준) 증가율**

즉, 항공산업의 수요 증가에 따라 2010년 기술 수준으로 항공기 운항을 수요에 맞추어 늘린다면 동 산업의 온실가스 배출량은 그림의 최상위 곡선처럼 증가할 것으로 예측되는데, 국제민간항공기구는 국제운송의 온실가스 배출량을 2020년 수준으로 동결하는 것을 목표로 한다. 2020년부터 탄소중립성장(CNG : Carbon Newtral Growth) 유지를 목표로 하면 그림에서 보이는 2020년 이후로 그어진 파란색 직선 윗부분의 탄소배출량은 총체적 조치(basket of measures)로 절감시켜야 할 목표치가 된다. 그러나 항공기 운영적 측면의 개선에 의해서 감축시킬 수 있는 배출 탄소량은 그림의 ① 수준으로 예측되고 항공기 기술에 의해 감축할 수 있는 양은 그림의 ② 부분만큼밖에 안 된다. 따라서 ③으로 표시된 배출량은 항공산업 내에서 감축할 가능성이 없으므로 대체연료 기술에 의존하든지 다른 산업부문에서 배출권을 구매해서 상쇄시켜야 한다는 논리이다.

주지하다시피 전 지구적 차원의 일반적인 기후변화 대응은 국가들의 연합체인 국제연합(UN)이 주도하므로 국가 단위의 목표 설정과 국가 책임하의 정책 수립 및 이행을 토대로 추진된다. 국제 항공분야는 국제운송항공사의 항공기 운항에 따른 탄소배출 책임 소재 국가를 지정하기가 어려워 국제민간항공기구가 주도적 역할을 하도록 했지만 탄소 배출 감축과 시장기반조치 이행을 위한 국가의 역할은 중요할 수밖에 없다. 따라서 국제민간항공기구는 각 회원국들에게 국가 차원의 항공산업분야에 대한 종합적인 온실가스 배출 감축 이행 계획(States Action Plan)을 수립하여 국제민간항공기구에 제출하고 이행하도록 요청하고 있다. 결국, 국제 항공운송분야 온실가스 배출 감축목표 달성을 위해서 추진하는 업무는 국제민간항공기구 주도의 글로벌 시장기반조치, 즉 'Global Market Based Measures'와 국가 주도의 이행계획, 즉, 'States Action Plan'의 양 축으로 추진된다고 볼 수 있다.

3.2 국가 이행계획(States Action Plan)

국가 이행계획(states action plan)은 각국 정부가 항공산업분야 온실가스 배출 감축을 위한 모든 수단(basket of measures)에 대한 국가 차원의 체제 구축과 지원을 위한 이행계획으로서 국제민간항공기구에 제출하도록 권고하고 있다. 2016년 현재 103개 국가가 국가 이행계획을 국제민간항공기구에 제출했는데, 이 국가들은 국제항공운송량(기준단위; RTK)의 90.1%를 처리하므로 주요 국제항공운송국이 모두 참여하고 있다고 볼 수 있다. 국제민간항공기구는 국가 이행계획이 표준적인 체계로 원활하게 수립되고 이행되도록 하기 위해 지침서(ICAO Doc. 9988)를 개발하여 배포하고 회원국의 담당자들을 교육시키기도 한다. 이 지침서는 감축량 산정을 위한 기준량(baseline) 산출방법, 감축수단과 기대효과, 감축수단 이행방안과 국가지원 방법 등을 포함하고 있다.

3.3 시장기반조치

앞에서 살펴본 대로 개별 항공사나 국가는 탄소배출 제한 제도에 의해 배출 할당량을 부여받게 되고 기술적 수단과 운영적 절차에 의해 목표를 달성하려고 노력할 것이다. 그러나 항공운송산업은 기술 발전과 운영절차 개선의 한계로 인해 목표량을 맞추기가 어렵기 때문에 탄소배출권 거래 개념을 적용한 시장기반조치(MBM : Market Based Measures) 체계를 활용하여 다른 산업이나 청정사업 기구 등 배출권 생성단위로부터 배출권을 매입하여 목표를 달성해야만 한다. 그림 4-1에서 본 바와 같이 2020년부터 탄소중립성장(CNG : Carbon Newtral Growth)을 달성하기 위해서는 초과 배출량의 상당 부분이 배출권 구입에 의한 상쇄(offsetting)에 의존해야 한다. 따라서, 국제민간항공기구는 수년간에 걸친 논의 끝에 '국제항공운송부문 탄소상쇄 및 감축체제(CORSIA : Carbon Offsetting and Reduction Scheme for International Aviation)'를 구축하여 2016년 제39차

총회에서 확정지었다. 다음 절에서는 CORSIA의 주요 내용에 대하여 상세히 소개하겠다. 왜냐하면, CORSIA에 의하여 국제민간항공기구 회원국 및 국제운송 항공사들의 대응책이 수립될 것이며 현 시점에 항공운송산업의 기후변화 대응이 어떻게 이루어질 것인지를 가늠하는 가장 중요한 근거가 될 것이기 때문이다.

3.4 CORSIA 소개

CORSIA는 국제민간항공운송분야가 취해야 할 기후변화 대응책 중 하나라고 할 수 있기 때문에 앞의 2절에서 기술한 국가이행계획의 일부가 된다고 할 수 있다. 즉, 국가이행계획은 국가 차원에서 국제항공운송부문 기후변화 대응조치이기 때문에 항공산업의 기술 및 운영 절차 개선에 의한 탄소 배출감축과 시장기반조치에 의한 배출 감축량 목표 달성을 포괄적으로 포함하기 때문이다. 또한, CORSIA 이행을 위해서도 항공사별 온실가스 배출량에 대한 국가 차원의 '감시 및 보고/확인(MRV : Monitoring, Reporting and Verifying)'체제 구축이 요구되기 때문이기도 하다.

CORSIA의 주요 내용에는 항공사별 탄소배출량을 측정하고 보고하며 확인하는 MRV체제 이외에 온실가스 측정의 단위, 등록방법 및 절차 등이 포함되어야 하는데, 국제표준으로서 효력을 발휘하기 위해서는 국제민간항공조약의 부속서로써 채택되어야 한다. 국제민간항공기구는 2018년 말까지 부속서의 내용을 확정지어 2019년부터 적용할 수 있도록 계획하고 있으며 모든 회원국들이 CORSIA 적용능력을 갖출 수 있도록 하기 위하여 세미나, 교육훈련, 국가지원 등의 활동을 수행하고 있다.

국제민간항공기구는 CORSIA 이행을 단계적으로 적용하기로 계획했다. 구체적으로 다음과 같은 3단계로 적용한다 :

예비적용단계(PILOT PHASE) : 2021-2023
1단계 적용(FIRST PHASE) : 2024-2026
2단계 적용(SECOND PHASE) : 2027-2035

국제민간항공기구는 예비단계와 1단계에는 자발적 지원국에게만 적용하고 2단계부터는 일부 면제국가를 제외한 모든 회원국이 참여하는 것을 목표로 하고 있으나, 가능하면 모든 회원국이 예비단계부터 참여할 것을 독려하고 있다. 실제로 2017년 5월 말 기준 70개국이 예비단계부터 자발적으로 참여하기로 했는데 이 국가 소속 항공사들의 온실가스 배출량은 항공운송 부문 전체 배출량의 87.68%를 차지하고 있으므로 참여도는 매우 높다고 볼 수 있다.

2단계부터는 면제국가들을 제외한 모든 회원국들이 의무적으로 CORSIA체제에 참여하도록 하고 있는데 면제국가에 포함되는 기준을 살펴보면 다음과 같다(ICAO는 면제국가도 자발적으로 참여하도록 권고하고 있다.) :

2018년 항공운송량(RTK 기준)이 세계 전체 항공운송량의 0.5% 이하인 국가
항공운송량 기준 서열상 누계량 90% 포함 이하 서열 국가
사회/경제적 지표상, LDC, SIDS, LLDC인 국가들

CORSIA체제에 포함되는 노선은 면제 국가 연결노선을 제외한 CORSIA체제에 포함되는 국가 간에 운항되는 비행편에서 배출되는 온실가스만 포함된다. 즉, 그림 4-2의 ✓로 표시된 노선은 CORSIA체제에 포함되고 ✕로 표시된 노선은 면제 노선이 된다.

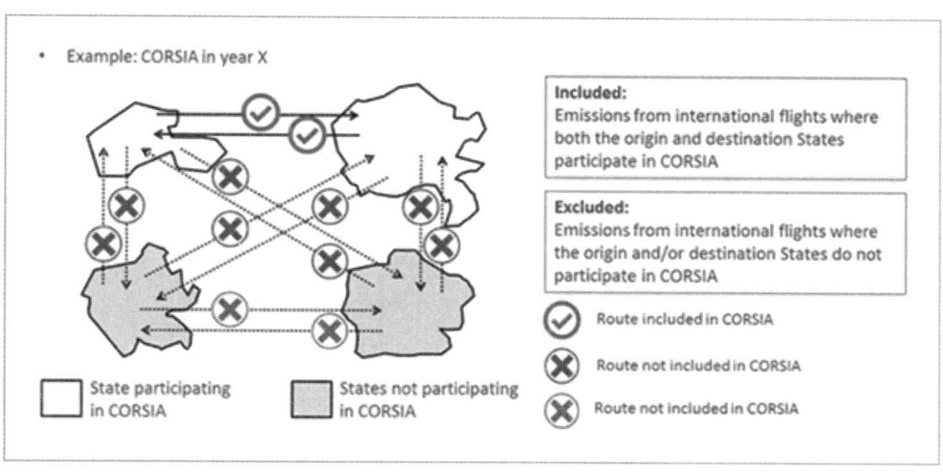

출처 : ICAO CORSIA 온라인 교육자료

[그림 4-2] CORSIA체제 포함 여부 판단

신규 진입 항공사의 경우는 연간 운송량이 세계 전체 운송량의 0.1% 이상이 되는 해부터, 또는, 신규 진입 후 3년 경과된 해 중 이른 시기부터 적용된다. 그 밖에 CORSIA체제에서 제외되는 운항이 있는데, 예를 들면, 연간 국제운송 노선에서의 이산화탄소 배출량이 10,000톤 이하인 영세항공사, 최대이륙중량 5,700kg 이하 소형 항공기의 배출량, 인도주의 목적의 운항, 병원목적 운항, 화재진압운항 등이 이에 포함된다.

3.5 국제 항공운송 부문 탄소배출 상쇄 소요량

가. 국제항공운송 부문 전체(SECTOR WIDE)의 상쇄 요구량

CORSIA체제는 2020년 이후 국제항공운송 부문 탄소배출량을 2020년 수준에서 동결하는 것을 목표로 하므로 2019년과 2020년 배출량의 평균값을 기준으로 하여 초과되는 배출을 상쇄하도록 계획하고 있다. 예를 들어 2021년의 상쇄 요구량은 그림 4-3과 같이 기준량 초과분을 국제항공운송 부문 전체(SECTOR WIDE)의

책임 상쇄량으로 설정한다. 구체적으로 설명하면 2019년과 2020년의 CORSIA 대상 노선에서 배출된 이산화탄소량의 평균값을 기준값으로 하고 2021년 CORSIA 대상 노선에서 배출된 이산화탄소량에서 기준값을 뺀 나머지 배출량이 상쇄 요구량이 되는 것이다.

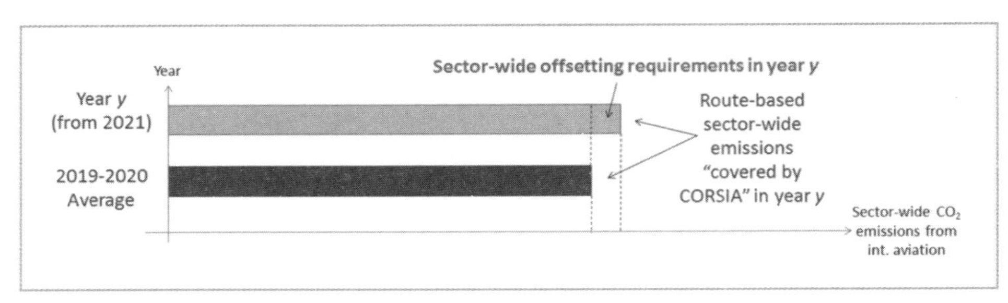

출처: Assembly Resolution A39-3, Paragraph 11

[그림 4-3] **상쇄 요구량의 산출방식**

여기서 주의해야 할 점은 해가 지남에 따라 기준값이 변할 수도 있다는 점이다. 즉, 면제국가가 처음에는 CORSIA에 가담하지 않다가 특정 시점부터 자발적 참여로 가담하게 되면 새로운 노선들이 CORSIA체제에 들어오게 되고 새로이 CORSIA에 편입된 새로운 노선의 기준연도 배출량(2019, 2020년 평균값)이 기준값에 추가되어야 한다는 점이다. 표 4-1은 이와 같은 사례를 잘 설명해 주고 있다.

표 4-1 새로운 국가가 CORSIA체제에 참여할 경우 값의 변화 예시

Pilot phase(2021~2023)			First Phase(2024~2026)		
Route Covered by CORSIA?	CO_2(2019)	CO_2(2020)	Route Covered by CORSIA?	CO_2(2019)	CO_2(2020)
Yes	52	54	Yes	52	54
No	52	54	No	52	54
Yes	52	54	Yes	52	54
No	53	56	No	53	56
No	53	56	Yes	53	56
No	53	56	Yes	53	56
No	54	59	No	54	59
Total	104	108	Total	210	220
Baseline	(104+108)/2=106		Baseline	(210+220)/2=215	

출처: Assembly Resolution A39-3, Paragraph 11(g)

나. 개별 항공사의 상쇄 요구량 산출

CORSIA에 참여하는 각 항공사의 상쇄요구량 산출방법은 연도별로 변화하도록 설계되었다. 초기 연도에는 국제항공운송 부문전체(SECTOR WIDE)의 초과 배출량에 대해 공동 책임지는 개념으로 항공사별 상쇄요구량을 산출하고 연도가 지남에 따라 개별 항공사의 초과 배출량에 직접적인 책임을 부과하는 방식으로 산출공식이 변화한다. 국제민간항공기구 제공 자료로 구체적으로 설명하면 다음과 같다. 상쇄 시작연도인 2021년부터 2029년까지는 부문전체(SECTOR WIDE) 초과 배출량을 공동책임방식으로 개별 항공사의 배출량에 비례하여 상쇄하도록 요구하고, 2030년부터 2032년까지는 부문전체 책임부분이 80% 개별 항공사 초과량 책임부분 20%로 하며 2033년부터는 개별 항공사 초과량 책임부분을 80%로 늘리도록 계획했다.(그림 4-4 참조)

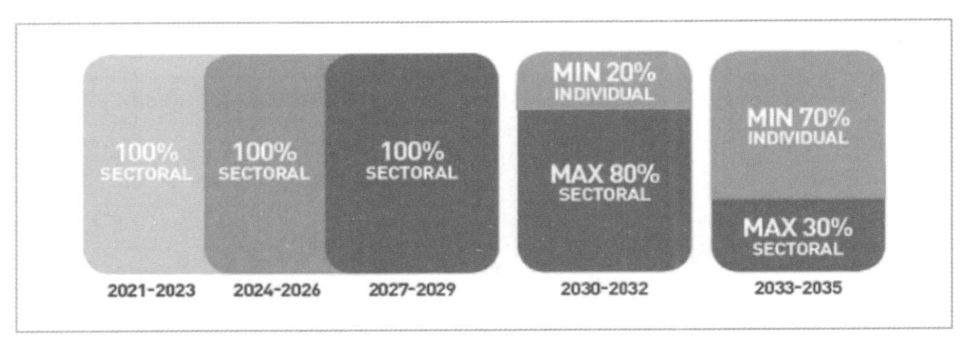

출처 : ICAO CORSIA 온라인 교육자료

[그림 4-4] **섹터별 항공사의 책임 비율**

위와 같은 개념에 의해 2029년까지 개별 항공사의 상쇄 요구량은 다음과 같이 산출한다 :

개별 항공사의 상쇄 요구량 = 해당 항공사의 연간 배출량 × 부문전체 성장률

구체적으로는 아래의 공식에 의해 산출할 수 있다.

$$OR_y = OE_y \times \underbrace{\frac{(SE_y - SE_B)}{SE_y}}$$

Sectoral growth factor in year y (from 2021)

OR_y : Operator's Requirements in year y (from 2021)
OE_y : Operator's Emissions covered by CORSIA in year y (from 2021)
SE_y : Sectoral Emissions, with the route-coverage by CORSIA in year y
SE_B : Sectoral Emissions in Baseline (average of 2019 and 2020) with route-coverage by CORSIA in year y

2030년부터는 개별 항공사의 초과 배출에 의한 효과가 반영된다. 즉, 2032년까지는 부문전체 성장률에 의한 가중치가 80%, 개별항공사 초과배출의 가중치가 20% 기준으로 적용되며, 2033년부터는 개별항공사 초과배출 성장률 가중치가 증가하여 2035년에는 부문전체 성장률 가중치 30%, 개별항공사 초과배출 성장률 가중치 70%로 배정하여 산출한다. 구체적인 산식은 아래와 같다.

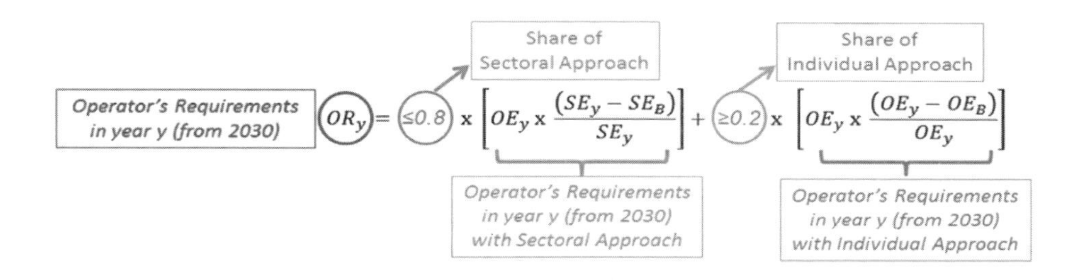

그림 4-5는 부문전체와 개별 항공사 초과 배출 성장률 가중치 변화에 따른 탄소배출량 고성장 항공사와 저성장 항공사의 상쇄 부담 산출결과를 보여주기 위한 것이다. 즉, 부문전체 성장률이 13%이고 고성장 항공사인 A항공사의 성장률은 20%이며 저성장 항공사인 B항공사의 성장률은 4.8%인 경우 부문전체 성장률에 100% 가중치를 두는 경우는 A항공사의 상쇄분담이 16톤, B항공사 상쇄분담이 14톤으로 큰 차이가 없으나 가중치를 부문전체 80%, 개별항공사 20%로 변화시키면 A항공사 18톤, B항공사 12톤으로 격차가 벌어지며 부문전체 30%, 개별항공사 70%로 적용하면 A항공사 22톤, B항공사 8톤으로 전체 상쇄량 30톤이 분담된다. 따라서, 2035년 이후는 개별 항공사들이 탄소배출량을 줄이는 노력이 상당 수준 가중될 것이며 항공사 운영에서 온실가스 배출 감축에 의한 비용 효율성 개선이 현저해질 것이다.

$\frac{(230-200)}{230} = 13\%$

$\frac{(125-100)}{125} = 20\%$

$30\% * \left[125 * \frac{(230-200)}{230}\right] + 70\% * \left[125 * \frac{(125-100)}{125}\right] = 22$

	CO_2 emissions [Million Tonnes]		Growth Factor Year X	Offsetting Requirements in Year X [Million Tonnes]		
	Baseline (Average 2019-2020)	Year X		0% Individual 100% Sectoral (years 2021-29)	(*)20% Individual 80% Sectoral (years 2030-32)	(*)70% Individual 30% Sectoral (years 2033-35)
Operator A - Fast Grower	100	125	20%	16	18	22
Operator B - Slow Grower	100	105	4.8%	14	12	8
International Aviation Sector	200	230	13%	30	30	30

(*) Values used are for representative purposes only; these values are subject to change

$125 * \frac{(230-200)}{230} = 16$

출처 : Assembly Resolution A39-3, Paragraph

[그림 4-5] **예시**

국제민간항공기구의 이사회는 상기와 같은 체제의 효과성을 3년마다 검토하여 적절한 조정을 수행할 것이다. 첫 번째 검토는 2022년에 할 것인데 특히 2032년 말에는 최종적으로 특별 점토를 실시하여 향후의 적용 방향을 개선하는 노력을 할 것이다. 즉, 현재의 계획대로 계속 진행할 것인지 폐기할 것인지, 적절한 개선을 적용할 것인지 등이 결정될 것이다.

3.6 탄소배출량 인증체제

CORSIA 이행의 효과를 적절하게 성취하려면 각 항공사들이 배출하는 이산화탄소량의 측정과 보고, 이에 대한 확인이 신뢰성 있게 이루어질 수 있는 체제가 필요하다. ICAO는 이 체제를 MRV(Monitoring, Reporting, Verification) SYSTEM이라 한다. MRV SYSTEM의 수립과 회원국들의 이행능력 확보를 위하여 국제민간항공기구는 2018년까지 국제표준(SARPs : standards and recommended practices)을 개발하고 회원국들은 2019년부터 MRV 이행을 개시하도록 독려하고 있다. MRV

는 CORSIA 성공의 열쇠가 되기 때문에 2019년 1월 1일부터 국제항공운송에 참여하는 모든 국가들이 MRV를 이행하도록 해야만 한다.

MRV의 목적은 국제항공운송부문에서 연간 배출하는 이산화탄소량을 집계하여 기준연도 배출량과 비교하는 데 있다. 이산화탄소 배출량은 연료소모량에 정확하게 비례하기 때문에(연료소모량의 3.16배) 결국은 항공사들이 각 비행편의 연료소모량을 정확하게 모니터하여 소속 국가에 보고하고 국가는 국제민간항공기구에 보고한다. 국제민간항공기구는 탄소배출 총량을 집계하여 성장률을 결정하고 이를 각 회원 국가 및 항공사들에게 알린다. 이때, 각 항공사가 보고하는 배출량을 인증(Verification)하는 단계가 추가되어 자료의 진실성을 확보하게 된다. 인증단계는 배출량 계측자료의 일관성을 유지하고 항공사들의 보고자료의 오류를 탐지하기 위한 절차이다. 인증단계는 다음과 같은 3가지 절차를 통하여 이루어진다;

첫째, 항공사에 의한 자체 사전 확인 절차
둘째, 국가 당국에 보고하기 전 제3자 확인 절차
셋째, 국가 당국에 의한 적법한 계측량 검토

외부 인증의 요구절차는 현행의 ISO표준에 근거하여 수행한다. 또한, 항공사가 대체연료(바이오연료 등)를 사용함으로써 탄소배출량을 줄이는 경우 감축 인증이 필요한데 이는 대체연료 구매기록을 활용하여 인정한다. 이때, 대체연료 재료 및 제조절차(feedstock/production pathway)에 따라 적용하는 탄소배출량 일반 값(default emission value)을 이용하여 배출량 감축을 인증한다.

MRV시스템의 항공사, 국가, 국제민간항공기구, 외부 인증자의 책임 및 역할, 업무 내용을 다이어그램으로 표시하면 다음과 같다.

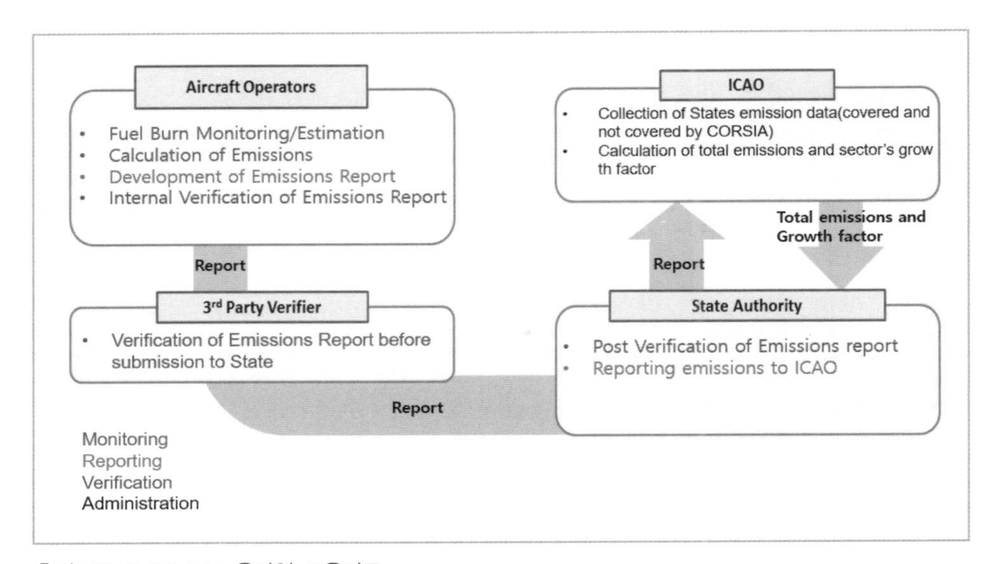

출처 : ICAO CORSIA 온라인 교육자료

[그림 4-6] MRV시스템에서의 책임과 역할

매 비행편의 연료 소모량을 모니터하기 위해서는 비행 전후의 연료량 계측 시스템이 갖추어져야 하는데 소형 항공사의 경우 계측 시스템 구비가 경제적 부담이 될 수 있으므로 국제민간항공기구는 소형 항공사들이 간단하게 연료소모량을 산출할 수 있는 절차를 개발할 것이다. 국제항공편의 탄소배출량 계측 및 보고는 CORSIA에 포함되는 노선과 포함되지 않는 노선의 비행편 모두에 적용된다. 즉, 탄소중립성장(CNG)을 실현하기 위하여 국제항공운송부문에서 상쇄해야 할 탄소량은 CORSIA에 무관하게 모든 국제항공노선의 탄소배출이 책임량이기 때문이다.

3.7 상쇄소요 탄소배출량 결정과 상쇄절차

우선, 항공사들이 상쇄해야 할 탄소배출량을 결정하는 개념을 개괄적으로 살펴보면 다음과 같다;

첫째, 항공사들은 상쇄해야 할 탄소배출량에 대한 인식을 한다.

둘째, 항공사들은 인증된 프로그램에 의해 확인된 배출권을 평가하여 요구량 만큼 구매한다.

셋째, 항공사는 상쇄량의 구매 증거를 국가에 제출한다.

넷째, 국가는 항공사가 상쇄한 탄소배출권을 확인하고 기록한 후 국제민간항공기구에 보고한다.

탄소배출권 구매는 국제항공운송 이외의 부문으로부터 하게 되는데 국내항공 부문을 포함하여, 다양한 체제, 프로그램, 프로젝트 등에서 창출된 탄소배출권이 대상이 된다. 이와 같은 상쇄활동 결과 항공사가 배출한 이산화탄소는 그림 4-7의 파란색 선으로 표시되는 양으로 줄어들게 되는 것이다.

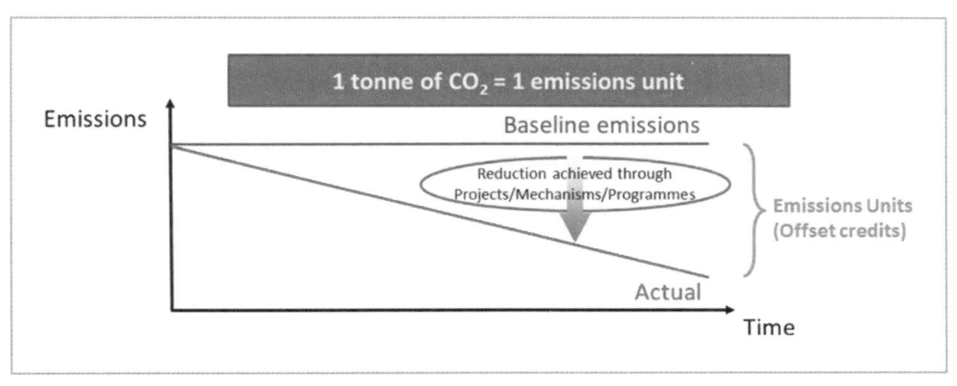

출처 : ICAO CORSIA 온라인 교육자료

[그림 4-7] 상쇄활동의 결과 감소되는 CO_2의 양

탄소배출권은 인정받은 감축사업 시행 이전 조건에서 배출되는 탄소량과 사업 시행으로 줄어든 배출량과의 차이를 배출권으로 인정하게 되는데, 감축사업의 예를 들어본다. 먼저, UNFCCC에 의해 개발된 개념인 CDM(Clean Development Mechanism)에 의해 배출권이 생성될 수 있다. 이 개념은 개발도상국에 탄소배출

감축사업을 제공하여 감축된 탄소배출량을 인증절차를 거쳐 CER(Certified Emission Reduction)이라는 단위로 배출권이 창출되는 체제인데 1 CER은 1톤의 이산화탄소 배출과 동량으로 인증한다. 그 밖의 자발적 사업의 예로는 인도의 한 시골지역에 바이오가스 공장을 건설하여 배출권을 생성한 사례 등이 있다. 이와 같이 생성된 배출권은 탄소배출권 거래시장에서 거래되는데 배출권 거래시장은 정부가 운영하는 'Compliance Markets'와 비정부가 운영하는 'Voluntary Markets'가 있다. 현재까지는 탄소시장에서 수요를 충분히 충족할 수 있는 공급량이 제공되어 왔고 탄소 거래가격은 시장별로, 시기별로 편차가 큰 편이었다. 배출권 구매자들은 환경보전과 사회적 편익을 모두 고려하여 시장에서 구매활동을 하기도 한다.

추가적으로, 국제민간항공기구는 CORSIA체제에서 인정하는(eligible) 배출권의 조건을 검토하여 CORSIA체제에서의 상쇄에 사용될 수 있는 배출권을 결정할 것이다. 다음은 국제민간항공기구가 권고하는 인정(eligible) 배출권의 기준조건을 보여주고 있다;

① 투명한 방법론과 계획 및 개발절차를 통한 탄소배출 감축사업
② 범위가 고려되어 있을 것(scope consideration)
③ 상쇄배출권 발급과 유효기간 절차가 있을 것
④ 식별과 추적이 가능할 것
⑤ 법적 조건과 이양단위(Legal Nature and Transfer of Units)
⑥ 확인과 인증절차(Validation and Verification Procedure)
⑦ 프로그램통제(Program Governance)
⑧ 투명성과 공공적 참여가능성
⑨ 사회적, 환경적 리스크를 고려한 안전성 확보 사업
⑩ 지속가능 발전 기준(Sustainable Development Criteria)

⑪ 배출권 발급과 요구량의 중복성 회피

3.8 탄소배출권 등록(registries)

항공사가 보고하는 탄소배출량을 기록하고 추적하는 시스템은 물론 전산시스템으로 구축된다. 국제민간항공기구는 중앙집중적인 통합적 등록(Central Consolidated Registry)체제를 수립해야 하고 각 국가도 국가단위 또는 몇 개 국가가 공동으로 참여하는 지역단위의 등록체제를 마련해야 한다.

CORSIA 등록체제의 기능은 다음 범위를 포괄해야 한다.

① 국제항공운송의 CO_2 배출량 기록

② 항공사들의 상쇄요구량 기록

③ 아래와 같은 배출권 단위 기록

- 구매한 배출권
- 배출권 소유권의 계정 이전
- 상쇄에 사용된 배출권의 취소(CANCELLING)

④ 항공사의 배출권 상쇄 요구량 충족관련 추적 가능성

⑤ 각 국가의 등록 시스템과 ICAO 중앙시스템의 소통 가능성

제 5 장

항공기 기술 개선과 온실가스 배출량 감축

제 5 장 항공기 기술 개선과 온실가스 배출량 감축

1 서언

항공기는 장거리 여행에 있어서 그 어떤 교통수단보다 속도가 빠르며 안전한 교통수단이다. 또한 운항비용 절감 요구에 따라 항공기와 항공기 엔진의 연료 효율성을 높이기 위한 기술연구와 개발도 꾸준히 진행되어 왔다. 이로 인해 오늘날의 항공기는 십여 년 전의 항공기에 비해 약 15% 이상의 높은 연료 효율성을 달성하도록 설계되었고, 40% 이상 낮은 수준으로 배출가스를 배출한다. 그림 5-1은 1980년대 이후로 발전한 항공기의 연료 효율성 향상을 보여준다. 또한 향후 2050년까지 항공기 기술 개발을 통해 100km의 비행거리당 승객 한 명이 얼마만큼의 연료를 절감할 수 있는지를 보여준다.

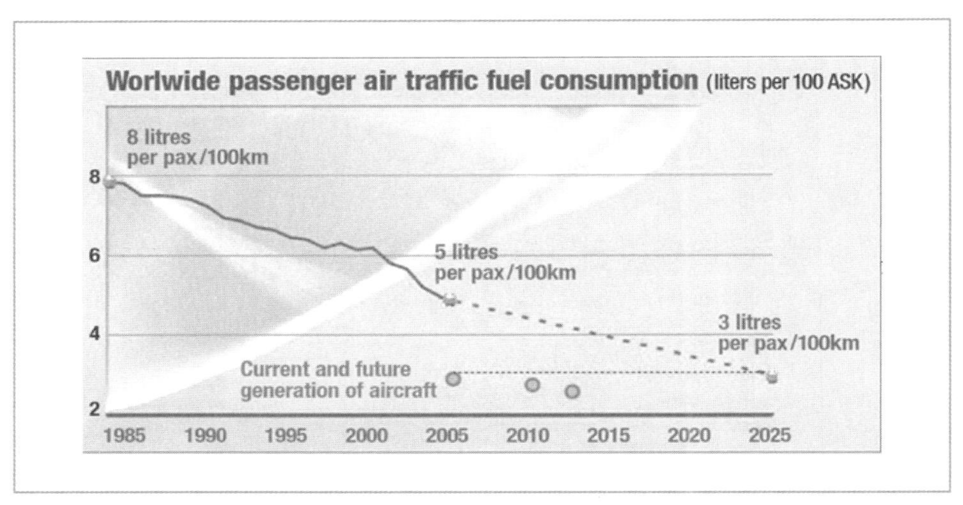

출처 : "국제민간항공기구", 환경보호위원회(CAEP), 보고서, 2010

[그림 5-1] **항공교통 연료효율 추세**

ICAO는 2036년까지 상업용 항공기가 47,500대까지 증가할 것으로 예측하고 있으며 이 중 94%인 44,000대의 항공기는 신기술을 적용하여 생산된 항공기가 될 것이라 예상하고 있다. 그러나 항공수요가 급증할 것으로 예상되기 때문에 가장 낙관적인 기술 개발 예상시나리오를 적용하더라도, 항공교통량 수요 증가에 따른 항공기 대수 증가가 항공기술 발달과 운영기법 개선으로 인한 온실가스 배출량 감축효과를 상쇄할 것으로 예측하고 있다. 즉, 항공교통 서비스의 수요 증가 속도가 현재의 항공기 효율성 증가 효과를 앞지를 것으로 예상하고 있다. 따라서 이러한 항공기 수요 증가에 따른 배출량을 상쇄시킬 수 있는 보다 획기적인 항공기 기술 및 운항기법의 개발이 요구된다.

항공기 연료 효율 개선은 항공기 엔진 효율성 향상, 운항기법 개선, 항공교통관리기법의 최적화와 같이 다양한 방법을 통해 이루어낼 수 있다. 이 중 엔진기술을 포함한 항공기 기술개발 분야에서 연료 효율을 가장 많이 높일 수 있었다. CO_2 배출은 항공기의 연료 소비량과 직접적인 연관이 있기 때문에, 항공업계에서 운항비용을 감축하기 위한 방안으로 연료 효율성을 개선하기 위한 노력은 CO_2 감축노력과 동일한 효과를 가지는 것이 사실이다. 지난 십여 년간 환경과 기후변화에 대한 전 세계적 관심과 대응정책이 요구됨에 따라 현재의 논점은 온실가스 배출 감소에 집중되고 있다.

ICAO는 2009년 Programme of Action on International Aviation and Climate Change를 채택하였고, 이 프로그램의 중점적 추진 요소 중 하나가 바로 항공기 기술 개발을 통한 CO_2 배출 감축이다. ICAO는 1980년대 초반 이후 꾸준히 항공기 배출가스인 NO_x, HC, CO, PM에 대한 규제 제도를 이행해 왔으며, 2013년부터는 CO_2 배출에 대한 규제도 적용하기로 결의하였다. 물론 CO_2 배출감축은 항공기의 기술 개발뿐 아니라 다른 유인책에 의해서도 이루어질 수 있으나 CAEP[40]는 개별 전문가로 이루어진 패널들에게 향후 10~20년 후 항공기 기술 개발만으로 달

40) Committee on Aviation Environmental Protection

성할 수 있는 CO_2 감축량에 대한 자문을 요청하여 연구가 진행 중이다. 그림 5-2는 항공기의 기술 개발을 위해 각국에서 진행 중인 연구사업들을 보여주고 있다.

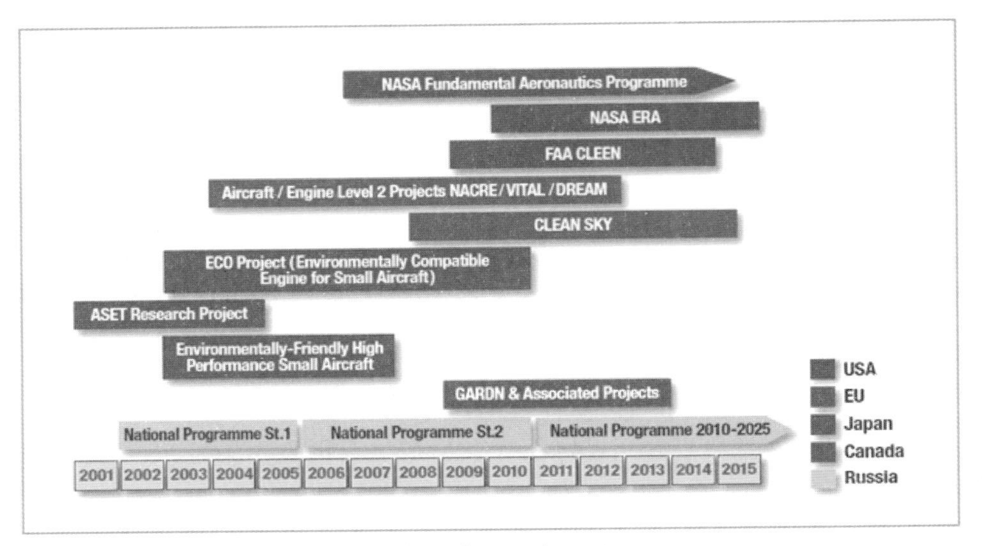

출처: "국제민간항공기구", 환경보호위원회(CAEP), 보고서, 2010

[그림 5-2] **국가별 항공기의 기술개발 연구사업 현황**

2 연료효율 증가와 항공기 기술발달

항공 운송수단의 목표는 출발지와 목적지를 비행함에 있어 최적화된 경로를 이용하여, 가장 안전하게, 환경적 영향을 최소화하며 비행하는 데 있다. 항공기 연료 소모량 절감은 항공사 경영과 직접적으로 연관되는 문제이기 때문에 고효율 항공기 개발에 대한 요구는 과거부터 계속되어 왔고, 이러한 요구는 새로운 기종의 항공기와 고효율 엔진을 개발하는 데 기여해 왔다. 그림 5-3을 보면 현재의 항공기는 과거 1960년대의 항공기에 비해 80%가량 높은 연료효율을 가지며, 항공기 엔진 성능 역시 과거 대비 50%가량 효율적인 것을 알 수 있다.

최근 항공산업은 지구 환경 및 온난화와 관련하여 환경적인 기대에 부응해야 하는 또 다른 과제를 안게 되었다. 항공기에서 배출되는 CO_2양을 감소시켜 기후변화 관련 환경문제에 대응해야 하는 요구는 항공기 및 엔진 제작 업체들에게 더 적게 연료를 소모하는 항공기를 제작·생산하도록 하는 유인책이 될 것이다. 이러한 노력의 일환으로 Advisory Council for Aeronautics Research in Europe(ACARE)은 Vision 2020을 수립하고 전체 CO_2 배출량과 항공기 소음을 50% 감축하고, NO_x 배출을 80% 감축하는 계획을 설정하였으며 Clean Sky Joint Technology Initiative(JTI), Single European Sky ATM Research Project(SESAR)와 같은 프로그램을 수행 중에 있다. 또한 북미에서는 US Federal Aviation Administration(FAA) CLEEN programme, NASA Environmentally Responsible Aviation Program 등을 통하여 항공환경에 대한 기대에 부응할 수 있는 기술 개발을 위해 노력하고 있다.

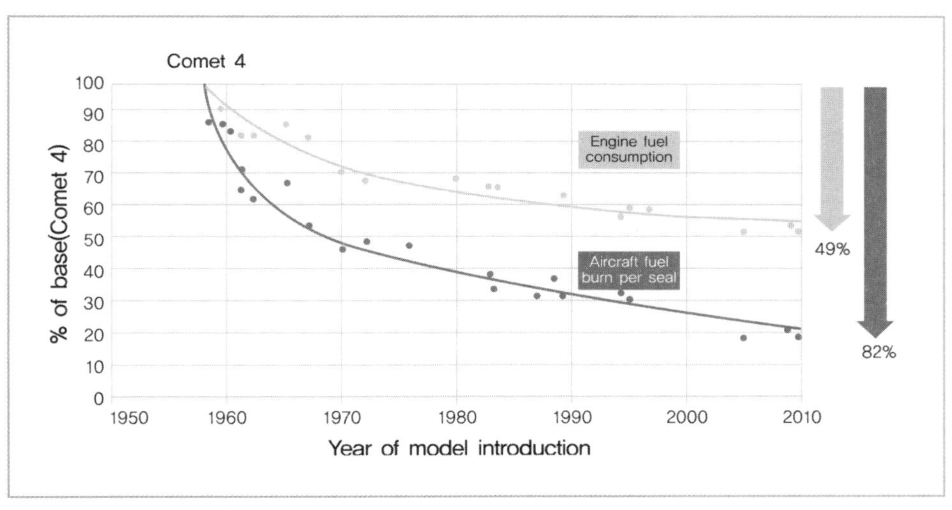

출처: "국제민간항공기구", 환경보호위원회(CAEP), 보고서, 2010

[그림 5-3] **민간항공기 연료효율 개선추이**

항공기 기술은 각 부분이 개별적으로 독립되어 있는 것이 아니라 기체 구조, 항공기 시스템, 공기역학적 특성, 추진시스템 등이 전체적으로 연관되는 것이기 때문에 어느 하나만을 개선하는 것은 어렵다. 그러나 다음과 같은 항공기 운항능력에 영향을 미치는 몇몇 중요한 요소들의 개선을 통해 항공기 운항효율을 높일 수 있을 것으로 기대된다.

2.1 항공기 중량 감소

항공기의 자체 중량 감소는 동일한 추력과 연료 소모 조건에서도 유상탑재량을 늘릴 수 있는 효과를 유발한다. 여러 세대를 거쳐 오면서 항공기 제작사들은 복합소재개발, 새로운 항공기 제작기술, Fly-by-Wire[41]와 같은 새로운 시스템을 이용한 기체 무게를 감소해 왔다. 2005년부터 운항을 시작한 A380의 경우 가벼운 무게의 복합소재를 25%가량 사용하여 비슷한 금속소재에 비해 무게를 약 8% 정도 줄일 수 있었다. Boeing의 B787, Airbus의 A350, Bombardier C-Series와 같은 새로운 세대의 항공기들은 날개와 동체의 일부를 포함하여 전체의 70%에 가벼운 복합소재를 사용하여 항공기 무게를 기존의 항공기에 비해 15% 이상 줄일 수 있을 것으로 예상된다.

---

41) Fly-by-Wire : 조종사의 조작을 전기적 신호로 바꿔서 와이어(전선)로 전기-유압서보 액추에이터(Actuator)에 입력하여, 전기적으로 조타하는 방식. 과거 항공기의 조종계통은 조종사가 조작하는 조종간이나 페달의 움직임을 케이블이나 로드 등의 기구를 통해 유압작동 기구(제어변과 액추에이터가 일체가 된 것)에 전달하여, 각 조종날개면을 움직이는 방식이었다.

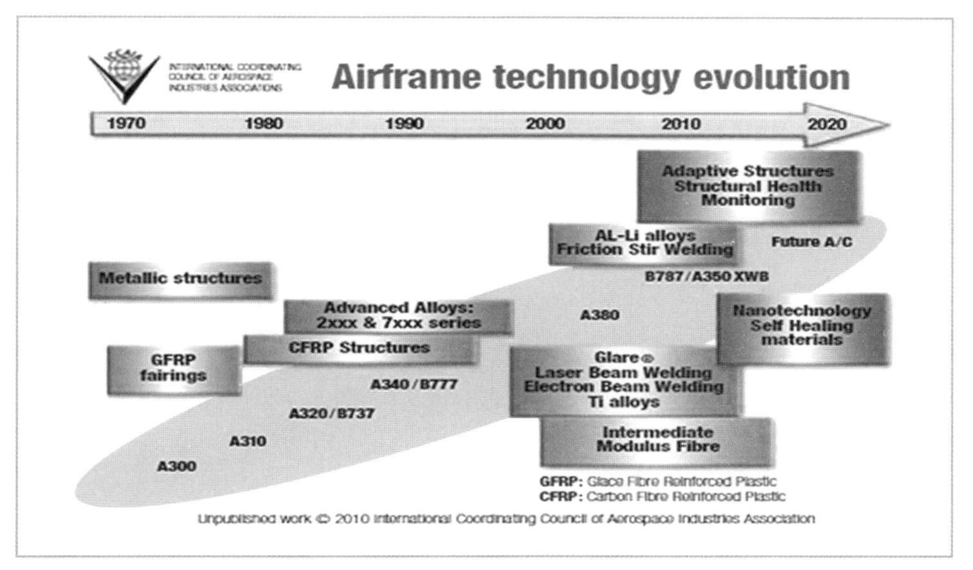

출처 : "국제민간항공기구", 환경보호위원회(CAEP), 보고서, 2010

[그림 5-4] Airframe 기술 발전과정

위 그림은 항공기 기체 기술 발달의 역사를 보여준다. 또한 항공기 제작에 있어 레이저 빔, 전자 빔, 마찰을 이용한 용접기술과 같은 혁신적인 기술들은 이미 항공기 제작에 이용되고 있다. 이러한 기술들은 기존 항공기에 사용되었던 리벳을 대신하여 비행 중인 항공기의 항력을 감소시키고, 생산단가를 낮추며 항공기 무게를 감소시키는 데 기여한다.

2.2 항공기의 공기역학적 특성 개선

항공기 공기역학적 특성 개선기술은 추력과 직접적인 관계를 갖는 항력을 최소화하는 것이다. 마찰력 및 양력에 수반하는 항력은 비행 중인 항공기의 공기역학적 특성에 가장 큰 영향을 준다. 현대 기술은 날개폭을 최대로 하는 방법을 통해 양력에 수반되는 항력을 감소시킨다. 그러나 활주로 및 유도로 폭, 격납고 크기와 같은 물리적인 제약 때문에 날개폭을 늘리는 방법에는 한계가 있다. 이러한

문제를 해결하기 위해 등장한 것이 Wing Tip 장치이다. Wing Tip은 항공기 날개의 길이를 늘리지 않으면서도 항공기의 공기역학적 효율을 향상시킬 수 있다.

다음으로 항공기 마찰항력 개선은 향후 10~20년간 가장 커다란 발전을 가져올 것으로 예측된다. 마찰항력을 감소시키기 위한 방법은 다음과 같다. 첫째로 Natural Laminar Flow(NLF)와 Hybrid Laminar Flow Control(HLFC)을 통해 층류를 유지하는 방법으로 부분적인 표면 마찰을 감소시키는 것이다. 두 번째는 항공기가 유체와 닿는 침수면적을 최소화하고, 항공기 동체 모양과 공기의 흐름이 닿는 부분을 최적화하는 것이다. 마지막으로는 항공기 표면의 돌출부를 제거하여 마찰력을 줄이는 방법이다.

또한, 미세한 리블렛(riblet) 표면 처리는 난기류 상황에서 항력을 줄이는 데 기여하는 것으로 밝혀져 응용되고 있다. 리블렛 표면은 자연적으로는 상어의 표피 등에서 발견되는데 유체 흐름의 방향에 따라 미세한 골이 형성되어 있어 항력을 감소시키는 역할을 한다. 그림 5-5는 리블렛 표면의 형태를 확대하여 보여주고 있다.

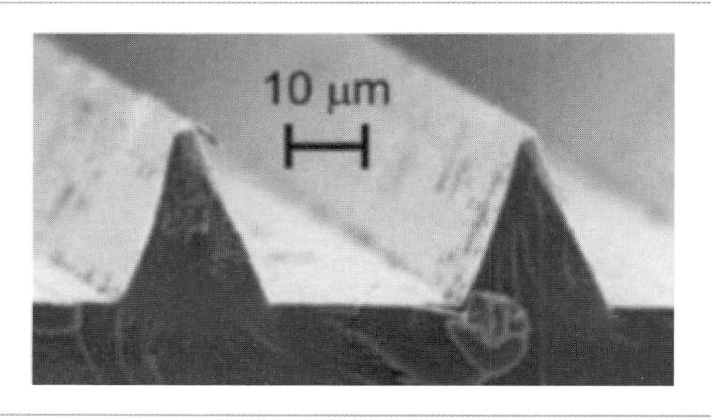

출처 : CAEP 2016 Report, p. 115, figure 1

[그림 5-5] **리블렛 표면**

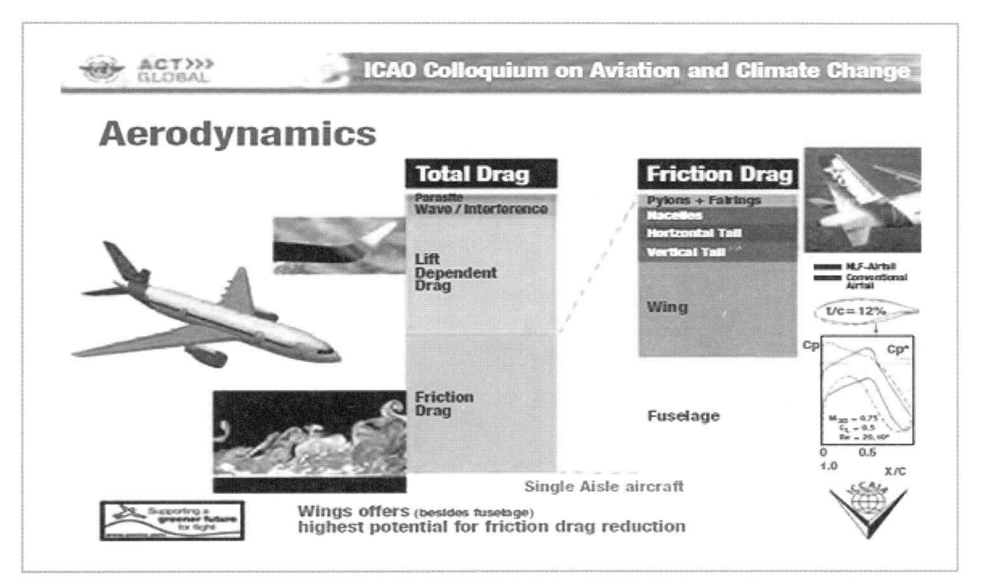

출처 : "국제민간항공기구", 환경보호위원회(CAEP), 보고서, 2010

[그림 5-6] **항공기의 추력발생 요인**

2.3 항공기 엔진성능 개선

항공기 엔진 제작자들은 배출가스를 덜 배출하고, 조용하며, 가격 경쟁력이 있고, 내구성이 강하며, 연료 효율적인 엔진을 개발하기 위해 노력하고 있다. 그 예로 다양한 엔진 업그레이드 프로그램을 통해 지난 10년 동안 항공기 엔진 효율을 2% 높이는 데 성공하였다. 또한 주기적인 항공기 엔진검사 및 데이터 수집, 분석을 통해 엔진이 최대의 효율을 낼 수 있도록 하였다. 더불어 항공기 대체연료를 사용하는 경우 엔진 효율성에 대해서도 테스트하고 대체연료 개발 및 바이오연료 개발을 위해서도 노력하고 있다. 이러한 노력으로 새로운 항공기 엔진과 APU는 최소 15% 이상의 연료를 절감할 수 있을 것으로 기대된다.

이러한 엔진기술의 발달은 더 높은 공기압력비율(Operating Pressure Ratios : OPR)로 연료의 연소율을 향상시키며, 엔진 사이클을 개선하여 열효율을 높이고,

새로운 소재의 부품과 구조를 통해 더 높은 전달 효율을 가져올 것이다. 또한 엔진구조를 획기적으로 개선하고 새로운 개념의 엔진을 등장시켜 추진 효율을 높이는 데도 기여할 것이다. 이러한 최적 기술향상을 위해서는 연구 분야에 대한 많은 투자가 이루어져야 할 것이고 여러 유관분야의 협력이 필수적으로 요구된다.

단기적으로 2020년대에 다양한 규모의 항공기에 열효율 성능이 개선된 엔진을 장착한 신형 항공기들이 시장에서 사용될 것이다. 지역항공용(Regional Jet) 항공기나 단거리 중심의 여객기로는 MRJ, E2jets, C series, A320neo, 737MAX, MC-21, C919와 같은 항공기들이 15% 정도의 획기적인 열효율 개선 기종으로 시장에 진입할 것이며, 장거리용 대형기종으로는 A330neo, B777-9이 10% 정도의 연료소모 감축기술 수준으로 운항될 것이다. 선진 각국들은 아래에서 보는 바와 같은 항공기 기술 개선 프로그램을 추진하고 있다.

또한, 항공기 자체 중량 감소가 엔진 효율 향상과 이산화탄소 배출 감축에 지대하게 기여하는데, 현재 시장에 신규 진입한 A350XWB, 보잉 787, 보잉 777-9, Bombardier의 C 시리즈 등은 초경량 복합소재를 사용하여 이산화탄소 배출을 획기적으로 감축할 수 있는 기종이다. ALM(Additive Layer Manufacturing) 기술이나 3D 프린터를 이용한 경량합금(alloy) 기술은 현재의 기술보다 효율적인 기하학적 구조와 가벼운 재질의 부품 생산을 가능하게 할 것이다.

가. 미국의 2단계 CLEEN 프로그램

미국은 연방항공청(FAA)과 민간이 공동으로 추진하는 항공기 연료소모량 감축 기술 프로그램으로 CLEEN(Continuous Lower Energy, Emissions, and Noise) 사업을 추진하고 있다. 이 사업은 40%까지 연료 소모량을 감축시킬 수 있는 기술개발을 목표로 하고 있는데, 이미 완료된 1단계 사업결과에 의해 다음과 같은 잠재적 성과가 확인되었다(그림 5-7 참조): (1) Ceramic Matrix Composite 재질의 엔진배기가스 노즐 개발에 의한 1% 연료소모 감축; (2) Impeller/Turbine 재질과 Seal 개선에 의해 5% 감축; (3) Ultra High Bypass Ratio 엔진기술에 의한 20% 감축, 또는 Open Rotor Engine Configuration에 의한 26% 감축. CLEEN 프로그램 이외에도 미국에서는 NASA의 ERA 프로그램도 항공기 엔진성능 개선 사업으로 추진되고 있다.

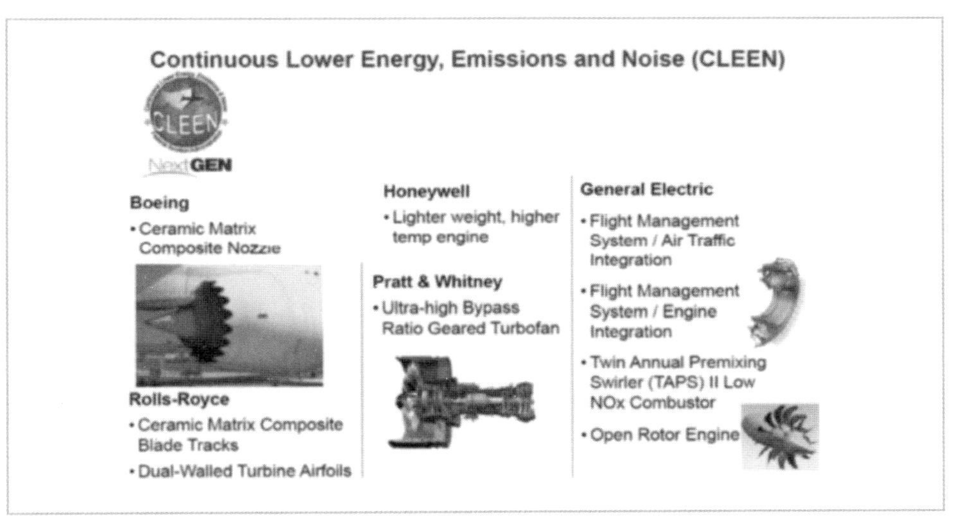

출처 : CAEP 2016 Report, p. 117, figure 4

[그림 5-7] CLEAN 프로그램

나. 캐나다의 GARDN사업

캐나다는 Green Aviation Research and Development Network(GARDN)사업명으로 정부와 항공우주산업이 공동 투자하여 에너지 효율성이 높은 항공기 구성(Aircraft Configuration)과 운영 및 엔진기술개발, UAV(Unmaned Aerial Vehicles) 개발사업을 추진하고 있다.

다. 유럽의 Clean Sky 2 공동기술개발사업

유럽은 현재의 항공기에 비해 이산화탄소 배출을 20%(2025년)에서 30%(2035년) 감축할 수 있는 항공기 기술개발을 목표로 Clean Sky 2 기술개발사업을 추진하고 있다. 이 사업은 성공적으로 시험을 마친 기술을 시장에 도입하는 시점을 앞당겨서 환경보존에 기여하도록 하는 한편, 성공적으로 진행해 온 SAGE(Sustainable and Green Engine) 프로그램에 이어 다음과 같은 획기적인 엔진 아키텍처 개발을 추진하고 있다:

- Open Rotor Configuration 연구(아래 그림 참조)
- 중단거리 항공기용 초고성능 추력기술 개발
- 단거리용 터보프롭 엔진기술 개발
- 대형기용의 첨단기술이 적용된 very high bypass ratio 터보팬 대형 엔진기술 개발

출처: CAEP 2016 Report, p. 117, figure 5

2.4 항공기 배출가스 종합감축효과

항공기는 여러 부분들이 복잡한 구조로 연결되어 있기 때문에 각 부분에서 얻어진 효율을 단순히 합산한다고 해서 전체적인 효율을 계산해 낼 수 없다. 따라서 보다 효율적인 항공기 기술 개발은 항공기 날개, 꼬리날개, 페어링, 파일러론, 엔진, 고양력 장치 등 부분으로 나누어진 구조 간의 통합적인 구조개선이 요구된다. 이를 통해 최종적으로 연료 효율성이 높고 소음 유발이 적은 항공기를 제작해 낼 수 있다. 그러나 이러한 구조적 개선에 있어 항공기의 운항성능, 내구성, 신뢰성, 경제성과 같은 측면들이 전체적으로 고려되어야 하며 가장 중요하게 고려되어야 할 점은 항공기의 안전성이다. 예를 들면 엔진의 팬 지름을 증가시키는 경우 일반적으로 소음 감소효과를 얻을 수 있지만 이것은 항공기 무게와 항력을 증가시켜 결과적으로는 항공기가 연료를 더 소모하게 만들 수 있다.

항공기 기술개선은 환경분야에 대한 영향을 감소시키기 위한 가장 중요한 요소이다. 앞으로 새롭게 등장할 항공기들은 환경영향을 경감시킬 수 있는 기술을 적용하여 생산될 것이다. 그러나 항공업계는 보다 장기적인 관점에서 이러한 문제를 개선해 나갈 필요가 있다. 현대의 항공기는 100km당 승객 한 명이 평균적으로 3ℓ 미만의 연료를 소비한다. 이러한 연료 소모율은 향후 20년 동안 계속될 것으로 예상된다. 왜냐하면 항공기술의 경우 그 기술의 발달과 상용화, 그리고 항공기 교체주기가 길기 때문이다. 실제로 새로운 항공기의 설계를 위해서는 10여 년의 시간이 필요하고, 항공기의 교체주기인 25~40년을 포함하여 상용화까지는 평균 20~30년이 걸린다. 따라서 오늘날 적용되고 있는 기술 수준에 의한 효과가 향후 수십 년 동안은 지속될 것이다. 미래 기술에 대한 투자와 의지를 더욱 효과적으로 하기 위해 항공기 제작사들은 과학기술에 근거하여 여러 기술 개발에 우선순위를 정하는 것이 필요하다. ICAO는 최근 '새로운 항공기에 대한 CO_2 기준' 측정방식을 개발하였다. 항공기와 항공기 엔진 제작사들은 국제사회에서 요구하고 있는 항공환경 이슈에 대한 대응으로 더욱 고효율의 항공기 개발 필요성에 동의하고 새로운 CO_2 기준에 부합하는 상품개발을 위해 다양한 노력을 기울이고 있다.

기후변화는 모든 이해관계자가 협력하여 풀어내야 할 과제이다. 국제민간항공기구는 항공기 제작사, 엔진 제작사, 항공사, 공항 관계자, 항공 당국이 참여하는 실효성 있는 노력이 필요할 것으로 보고, 다음과 같은 전략적 목표를 천명하였다.

- 항공기 연료 효율성 연간 1.5%씩 개선
- 2020년부터 탄소중립성장 추진
- 2050년 2005년과 비교하여 CO_2 배출량 50% 감축

상기와 같은 목표의 달성은 항공기술의 발달뿐 아니라 운항기법 개선 및 기반시설개선 등 복합적 방법의 종합적 효과를 통해서 가능할 것이다. 아래의 그림은 이와 같은 목표를 달성하기 위한 부문별 기여도를 보여주고 있다.

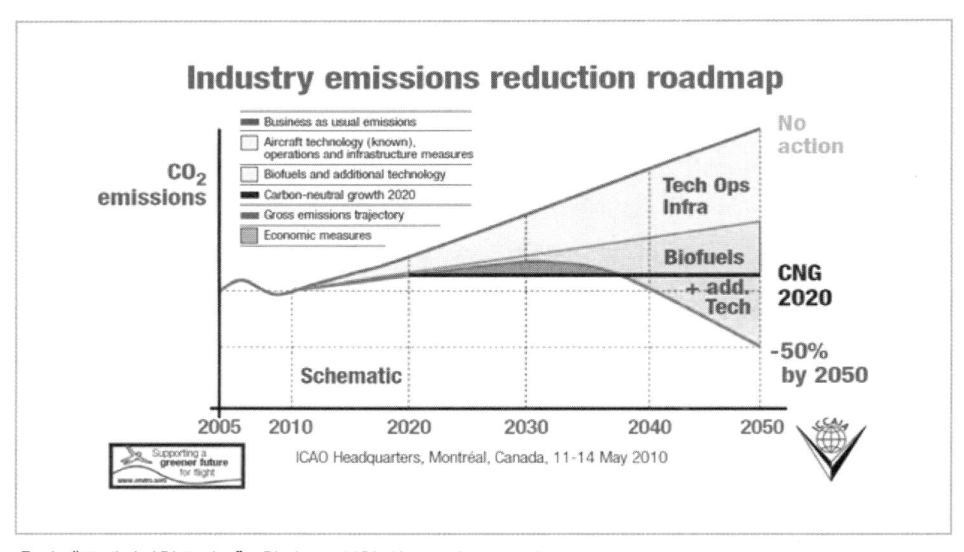

출처 : "국제민간항공기구", 환경보호위원회(CAEP), 보고서, 2010

[그림 5-8] CO_2 배출량 감축 부문별 기여도

3 지속가능한 대체연료 기술

3.1 국제민간항공 대체연료 개발 노력과 문제점

항공기의 기술 개발과 항공기 운항기법의 개선은 항공기의 연료소비량과 항공기 배출가스를 줄이는 데 중요한 역할을 하고 있다. 그러나 이러한 방법만으로는 지속적으로 증가하는 항공교통량에 따른 전체 항공기 배출가스량 절감에 한계가 있다. 이에 항공기 제작사, 항공사, 기술 개발사들은 주도적으로 항공산업 분야에서 탄소배출량을 감소시키기 위한 다양한 방법을 강구해 왔다. 아래 그림은 다양한 방법을 통해 향후 몇십 년간 항공기의 탄소배출량을 중립으로 유지하거나 절감할 수 있다는 것을 보여준다. 여기에서 주목해야 할 점은 대체연료로의 전환이 항공기나 운영기법 개선보다 탄소절감 효과가 크다는 점이다.

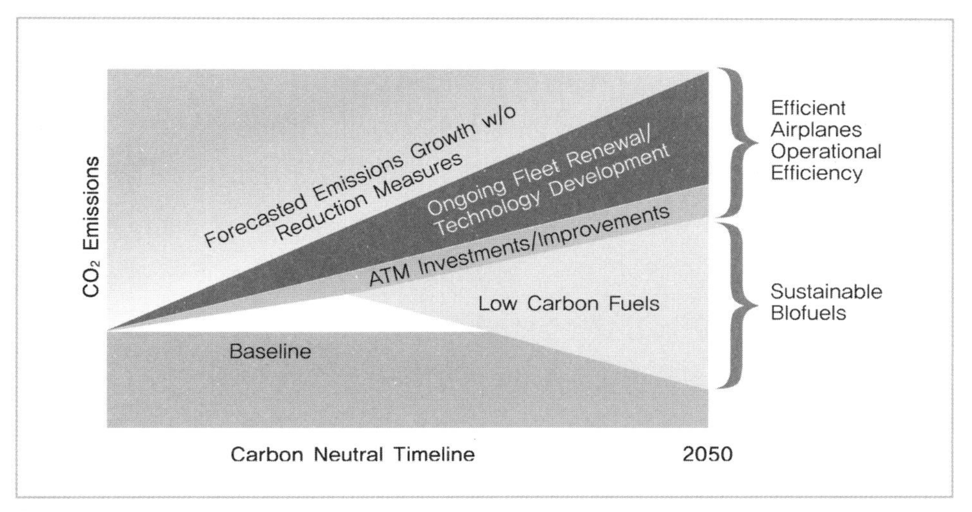

출처 : Boeing/ICAO

[그림 5-9] 항공산업의 탄소 배출 중립_2050년까지

따라서 지속 가능한 항공교통발전을 위해서는 항공기 효율성의 향상을 통해 얻어지는 배출가스 저감과는 별개로 지속 가능한 대체연료의 사용이 고려되어야 한다. 비록 현재 몇몇의 대체연료가 있지만 상업용 항공 운송수단에 사용되기에는 그 양이 부족하다. 지속가능한 연료 개발에 대한 국제사회의 관심은 계속되고 있으며 항공산업분야에서도 관심이 대두되었다. 오늘날 이러한 연료의 개발을 위해 다양한 협력단이 구성되었으며, 새로운 시도들이 계속되고 있다. 2009년 9월 ICAO는 최첨단의 항공 대체연료를 공개하기 위해 Conference on Aviation and Alternative Fuels(CAAF)를 개최하였다. 이 행사에서 체약국들은 항공기 배출가스의 감소를 위해 지속가능한 대체연료를 개발하여 효율적으로 사용할 것을 합의하였다. 또한 항공기 대체연료 개발의 국제적인 협력을 위해 ICAO Global Framework for Aviation Alternative Fuels을 설립하였다.

항공기 대체연료는 항공분야의 환경영향을 경감시킬 수 있는 잠재성을 가지고 있지만 생산비용과 생산량 문제 등으로 상용화 가능성이 아직은 없는 실정이다. 현재로서는 새로운 연료 생산을 위한 시설 확보와 새로운 연료 개발을 위한 시험에 자금을 투자할 필요가 있다. 또한 항공분야는 전 세계 액체 연료 소비의 5% 미만을 차지하고 있기 때문에 연료 생산자에게 매력적인 시장이 되지 못한다. 따라서 항공분야가 지구 온난화에 미치는 영향을 최소화하기 위한 종합대책으로 대체연료의 사용을 채택하려면, 항공산업분야에서 충분한 양의 대체연료가 공급될 수 있도록 제도적, 재정적인 뒷받침이 되어야 한다. 이러한 내용이 CAAF에서 요청됨에 따라, ICAO는 항공기 대체연료와 초기 시장진입 시 우려되는 장애요인 제거를 위한 기반시설 개발 자금조달을 위해 세계은행과 Inter-American Development Bank와 논의 중에 있다.

3.2 지속가능한 항공연료 연구

가. Masdar와 Honeywell의 연구

대체 항공연료 개발은 항공시장이 세계 경제에 미치는 긍정적 효과를 유지하면서 항공산업에서 발생하는 온실가스를 감축할 수 있는 가장 촉망받는 방법이다. 현대의 기술로 이미 바이오에너지를 인조 파라핀성 등유(Synthetic Paraffinic Kerosene : SPK)로 전환시킬 수 있으며, 최근 시험비행에서는 SPK와 제트유를 50%의 비율로 혼합하였을 때 항공기의 엔진 및 기체의 특별한 변경 없이도 기존 Jet A1의 성능에 상응하는 효과를 가져오는 것으로 밝혀졌다.

이러한 대체연료 개발을 위해서는 농업경제, 시장 규모, 상업적 실행가능성, 환경적 지속가능성 등이 고려되어야 한다. 전 세계적으로 배출가스 거래제도는 온실가스 저감을 위해 개발되고 있다. 이러한 거래제도에서 바이오연료는 연료 사용자가 탄소에 대한 부담을 가지지 않는 'Zero-Rated' 연료이다. 이러한 바이오연료의 특성은 적은 양의 탄소를 배출하는 연료 개발에 대한 인센티브를 증가시킬 수 있지만, 이러한 메커니즘만으로는 지속가능한 항공기 대체연료의 개발을 가속하기가 어렵다.

2006년 4월 아부다비 정부는 탄소 제로 도시의 개발에 중점을 둔 새로운 경제구역을 수립하는 계획을 발표하였다. Masdar Institute of Science and Technology[42]는 이러한 계획 중의 하나로 대체연료와 지속가능한 에너지 개발에 기여해 왔다. Masdar의 주요 연구분야는 다양한 파트너들과 함께 지속가능한 항공연료 및 바이오매스 기반의 전력을 개발하는 것이다. 이 연구소는 Salicornia bigelovii라는 식물을 원료로 하는 대체연료 개발을 추진하고 있다.

Salicornia bigelovii는 일년생의 염생식물로 염수와 최소한의 영양분으로 경작이 불가능한 사막지역에서도 자생할 수 있는 식물로 알려져 있다. 대체연료의 원

42) 아랍에미리트, 아부다비 Masdar City에 위치한 연구중심 대학교로서, 학부프로그램은 지원하지 않으며 대학원만 있다. 주로 대체에너지, 지속가능성, 환경과 관련된 연구를 진행한다.

료로서 Salicornia를 선택한 이유는 염수를 이용한 경작에서도 담수를 이용하여 생산하는 콩이나 유채씨와 같은 수확량을 달성할 수 있고, 해안연안의 사막지대나 불모지를 이용할 수 있기 때문이다. Integrated Seawater Agriculture System(ISAS)은 Salicornia가 재배되는 지역의 영양공급을 위해 농업용 폐수와 맹그로브 습지에 공급되고 남은 용수를 사용하였다. 또한 Salicornia가 재배되는 사막지역은 최소한의 탄소와 유기물을 저장하고 있다. 이러한 사실들은 기존의 식용작물과의 경쟁 없이 바이오매스 원료를 얻을 수 있다는 강점을 보여준다.

Honeywell's UOP는 프로젝트의 창립 및 재원 조달 멤버로서 Salicornia 공장으로부터 수확한 자연 오일을 Honeywell Green Diesel, Honeywell Green Jet Fuel로 전환하는 역할을 했다. Honeywell Green Jet Fuel은 Camelina, Jatropha, Algae와 같은 식물들이 식용으로 사용이 불가능한 오일을 포함하고 있어서 항공 대체연료의 원료로서의 사용이 가능함을 증명하였다. 특히, 최근의 연구 결과는 Green Jet Fuel의 특성이 상업용 및 군용 항공연료에 부합하거나 그것을 능가하는 경우도 있다는 것을 보여주었으며 Green Jet Fuel은 이미 몇몇 상업용 항공사와 미군의 시험비행에서 그 효과를 충분히 입증하였다.

표 5-1 Green Jet Fuel의 주요 특성

Description		Jet A-1 Specs	Jatropha Derived HRJ	Camelina Derived HRJ	Jatropha/ Algae Derived HRJ
Flash Point, ℃		Min 38	46.5	42.0	41.0
Freezing Point, ℃		Max −47	−57.0	−63.5	−54.5
JFT0T@ 300℃	Filter dP, mmHg	Max 25	0.0	0.0	0.2
	Tube Deposit Less Than	<3	1.0	<1	1.0
Net heat of combustion, MJ/kg		Min 42.8	44.3	44.0	44.2
Viscosity, −20 deg C, mm^2/sec		Max 8.0	3.66	3.33	3.51
Sulfur, ppm		Max 15	<0.0	<0.0	<0.0

출처 : Honeywell-UOP

위와 같은 지속가능한 바이오 에너지에 대한 연구 프로젝트는 배출가스 비용을 효과적으로 감소시키고 장래의 규제와 탄소비용을 경감시키기 위해 대체 항공연료를 바탕으로 하는 기초작업이 될 것이다. 또한 이 프로젝트는 건조지와 염수를 이용할 수 있는 장소에서 바이오매스를 이용하여 전력을 생산하고, 항공 대체연료산업의 가치사슬 파트너십의 모델을 구축하는 좋은 예가 될 것이다.

나. 항공연료로서 수소연료의 잠재성

육상교통 및 다른 교통수단과 관련한 R&D에서는 수소연료를 대체연료로써 이용하는 방법에 대해 많이 거론되어 왔다. 수소를 이용한 항공연료는 수년 동안 연구되어 왔으며 제트 연료와 비교해 보았을 때 다음과 같은 장단점을 갖는다.

표 5-2 수소연료의 장단점

장점	단점
• 무게단위당 높은 에너지 함량(3배) • 이산화탄소 배출 제로 • 낮은 NO_x 배출 • 가연성 가스로서 다루기 용이함	• 부피당 낮은 에너지 함량(1/4배) • 저장, 보관이 어려움(저온성 연료) • 불안정한 원료의 특성 • 공항과 같은 인프라 시설 요구 • 수증기 배출 영향(2배)

위와 같이 항공연료로서 수소는 명백한 장단점을 가지고 있다. 수소연료는 항공기가 비행 중일 때는 동체의 부피 제한 때문에 액체형태로 저장되어 있어야 한다. 비록 연료의 저장과 연료 공급 시스템과 같은 불확실성을 가지고 있지만 최근 몇몇 연구는 액체 수소연료를 이용하는 아음속 항공기 운항이 가능함을 보여주고 있다. 실제로 수소연료를 이용한 소형 항공기의 이착륙 및 중형 항공기의 순항단계와 관련된 연구는 이미 수행되었다. 또한 수소연료 전지를 이용한 소형 항공기의 동력 공급에 대한 연구도 수행되었다. 이러한 사실들은 수소연료를 이용한 항공기와 수소연료 전지를 이용한 항공기가 소규모로 이용될 수 있음을 증

명한다. 그러나 수소연료 항공기의 상용화와 관련해서는 아직 해결해야 할 과제가 많다. 구체적으로 액체 수소연료를 이용한 아음속 항공기를 이용하기 위해서는 다음과 같은 추가적인 노력이 필요하다.

- 연료의 공급 관리
- 연료 공급 시스템으로서의 연료탱크의 구조
- 환경적 측면에서 수증기가 미치는 영향 평가

수소연료를 사용하기 위해서는 연료를 다루는 데도 매우 깊은 주의를 요하는데, 항공산업은 연료의 공급 및 관리를 위한 제한된 구역에서 훈련된 전문가들에 의해 연료관리가 이루어지고 있으므로 이러한 측면에서 매우 이상적이라고 할 수 있다. 수소연료를 상용화하기 위해서는 수소연료의 공급·관리와 저장기법 역시 중요한 과제로 남아 있다. 예를 들어 액체 수소연료를 사용하는 초음속 터보제트 엔진은 연료 탱크, 연료 공급 관리 시스템을 포함한 통합적인 지원체계를 필요로 한다. 초음속 항공기의 경우는 액체 수소연료가 갖는 장점도 있다. 즉, 수소연료의 높은 에너지 밀도와 냉각능력은 가장 큰 장점이 될 수 있다. 또한 큰 연료탱크는 초음속 항공기가 낮은 충격파를 발생하도록 한다.

수소연료의 또 다른 이점은 가스 터빈 엔진과 결합하여 하이브리드 엔진을 구성하였을 때 기존의 가스 터빈 엔진에 비해서 효율이 높을 수 있다는 점이다. 그러나 현재의 기술로는 항공기에 탑재될 만큼의 가벼운 전기 장치와 모터를 개발할 수 없기 때문에 추가적인 기술 개발이 요구된다. 또한 수소연료 전지를 이용한 APU 개발 연구도 현재 진행 중에 있다. 이러한 다양한 측면의 연구 개발 노력들은 수소연료를 상업용 항공기에 이용할 수 있는 시대를 더욱 앞당겨줄 것이다.

기술적 측면에서만 보았을 때, 수소 항공연료는 2030년까지 실현가능할 것으로 예상된다. 그러나 이러한 연료의 상용화는 수소연료 가격, 석유시장, 저탄소

배출연료에 대한 대중들의 관심, 수소 기반의 사회시스템 구축 등에 따라 그 도입시기가 달라질 것으로 예측된다.

3.3 바이오연료 원료 생산의 지속가능성

항공산업에서 바이오연료는 연료의 이용단계뿐만 아니라 생산단계에 이르기까지 온실가스 배출 감축효과가 있어야 한다. 또한 식량안보, 토지 사용, 생태계의 상호작용, 토양과 용수 사용과 같이 상호 연관된 부분까지도 고려될 필요가 있다. 특히 바이오연료의 원료로 사용되는 식물의 공급과 관련해서는 다음 기준을 준수해야 한다.

- 식량분야에 영향을 주지 말 것
- 식량 생산이 불가능한 토지나 불모지에서 생산될 수 있을 것
- 자연 생태계를 변화시키지 않을 것
- 토지와 용수를 오염시키거나 과소비하지 않을 것
- 초과적 농업 투입요소를 요구하지 않을 것
- 전통적인 제트 연료와 비교하여 총괄적인 탄소 배출 절감 효과가 있을 것
- 제트 연료에 상응하거나 더 높은 에너지를 포함할 것
- 생물의 다양성을 위협하지 말 것
- 지역사회에 사회 경제적 가치를 제공할 수 있을 것

위와 같은 요구조건을 만족시키면서 지속가능한 항공 대체연료의 재료로 사용될 수 있는 식물들이 다양하게 제안되고 있다. 다음은 현재 항공 대체연료 원료로 사용이 유력한 네 가지 후보 작물들이다.

- Camelina : Camelina는 순환 수확이 가능한 일년생 식물로서 불모지에서 재배 가능하다. 동물의 사료로 사용이 승인되어 있기 때문에 작물 활용의 경

제성을 고려해야 한다.

- Jatropha : Jatropha는 다년생 식물로 지속적으로 높은 오일 수확량을 보장한다. 또한 불모지에서 경작이 가능하며 식량으로 사용되지 않기 때문에 경제성 논의가 쉽다.
- Algae : Algae는 성장속도가 빠르고 오일함량이 많으며 황무지에서 경작이 가능하지만 단기적으로 봤을 때 필요한 토지 면적에 비해 오일 수확량이 낮은 편이다. 장기적인 측면에서는 매우 촉망받는 작물이지만 단기적 측면에서 상업적으로 이용 가능하려면 기반 시설 투자와 같은 문제를 해결해야 한다.
- Halophytes : Halophytes는 황무지뿐만 아니라 염분을 함유하고 있는 습지에서 경작이 가능하며 염수로도 경작이 가능하다. Halophytes는 건조지대에서 경작이 가능한 식물이지만 농장을 이루어 경작한 사례는 적다.

3.4 대체 항공유로서의 문제점

바이오연료를 항공연료로 사용하기 위해서 고려해야 할 요소들과 요소들 간의 상호관계를 다음 그림과 같이 제시할 수 있다.

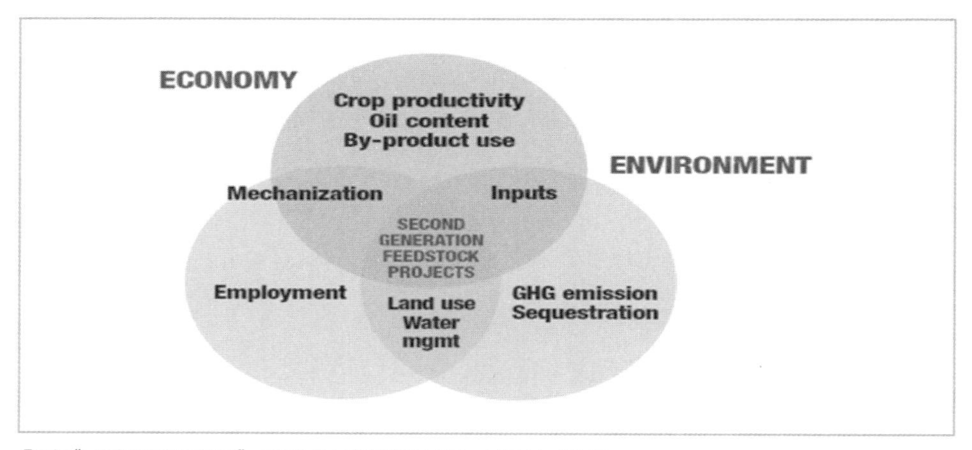

출처 : "국제민간항공기구", 환경보호위원회(CAEP), 보고서, 2010

[그림 5-10] 바이오연료 이용을 위한 고려요인

위와 같은 요소들을 고려했을 때 바이오 제트연료의 사용을 위해서는 다음과 같은 네 가지 주요 쟁점에 대한 해결이 필요하다.

- 공급원료 수확 : 항공기의 바이오연료로 이용되는 공급원료는 식량 생산 산업과 경쟁하지 않기 위해 식량으로 이용할 수 없는 공급원료여야 한다. 다음은 공급원료를 결정할 때 고려해야 하는 기술사항이다.

표 5-3 공급원료 결정 시 고려되는 기술사항

Technical Criteria	Requirement
HARDINESS	Low agricultural inputs
TERM	Annual crop
CYCLE	Short
RISK	Extensive crop know-how
TECHNOLOGY	Mechanized crop
INVESTMENT	Low implantation inventment
LAND	Rotational crops
EMISSIONS	Significant GHG emission reduction

출처 : "국제민간항공기구", 환경보호위원회(CAEP), 보고서, 2010

- 농업투입요소 : 농업투입요소의 주요 쟁점은 화학비료, 살충제와 같이 수확량에 직접적인 영향을 주는 투입요소를 최소화하는 것이다.
- 경작 관리 : 경작 관리는 농업요소의 투입 · 관리뿐만 아니라 다른 모든 요소들을 통합하여 투입요소를 최소화하고 생산물의 산출량을 극대화하여 효율적인 경작을 달성할 수 있어야 한다.
- 생산 지역 : 바이오 제트 연료의 생산에 이용될 수 있는 지역을 세 가지로 구분하면 다음 표 5-4와 같다.

표 5-4 바이오 제트 연료생산 후보지역

황무지	순환경작 및 휴경지	이모작 지역
최소한의 물 공급량과 척박한 기후환경에서도 생명력이 강한 작물이 재배될 수 있다. 이 지역에서는 식용 작물 재배가 불가능하다.	다음 작물의 생산성을 높이고 토양의 침식을 방지하기 위해 일년생의 2차 작물 경작이 가능하다.	이모작을 통해 짧은 주기에 생명력이 강한 식물을 경작할 수 있다.

항공산업 분야에서 대체연료에 대한 관심은 오랫동안 계속되어 왔고 대체연료 사용의 필요성이 제기되어 왔다. 또한 많은 이해관계자들과 단체 및 기구들은 대체연료 사용의 필요성과 그 사용에 대해서 논의해 왔다. 그러나 대체연료를 상용화함에 있어 다음과 같은 요소들이 반드시 고려되어야 할 것이다. 첫째, 대체연료는 기존의 항공기에 이용되었던 석유 연료만큼 안전해야 하며, 둘째, 연료 수급이 안정적이며 공급가격이 경쟁력을 가져야 하는 것이다. 마지막으로 대체연료는 현재 사용하는 연료보다 친환경적이어야 한다.

제 6 장

온실가스 감축을 위한 운항기법 개선

1. 서언
2. 국제민간항공기구의 노력
3. 미국의 항공교통관리 개선 노력
4. 유럽의 항공교통관리 개선 노력
5. 미국과 유럽의 공동노력
6. 아태지역의 항공교통관리 개선 노력
7. 기타 국가의 항공교통관리 개선 노력

제6장 온실가스 감축을 위한 운항기법 개선

1 서언

항공운송산업에서 항공기 운항(Operation)이란 항공사가 주도하는 항공기의 비행 활동뿐만 아니라 항공기에 대한 관제 및 감시, 공항에서 이루어지는 다양한 활동을 모두 포함하는 넓은 의미로 사용되고 있다. 항공기 운항은 승객과 화물이 탑승 및 탑재되기 이전의 계획 단계부터 승객과 화물이 하기될 때까지의 모든 단계를 의미한다. 항공기 배출가스의 감소는 항공기 기술 개발, 대체연료의 사용, 경제적 인센티브제도뿐 아니라 항공기 운항기법의 개선으로도 달성될 수 있다. 항공기 기술 개선은 기술 논리로 설정된 환경에서 항공기의 성능 측정으로 평가되지만, 실제 항공기의 성능은 항공기가 운영되는 환경의 항공교통서비스나 기반시설에 많은 영향을 받는다. 이 장에서는 항공기의 운항 안전성을 저해하지 않는 조건 아래 지상과 공중에서 항공기 운항 효율성을 극대화하여 항공기 배출가스를 감소시킬 수 있는 방법에 대해 알아본다. 다음에 소개될 내용들은 항공기의 배출가스를 최소화하는 것은 '항공기 연료 소비량을 최소화하는 것'이라는 전제 아래 항공기의 연료 절감을 위한 운항기법 개선방안들로 구성된다.

본 장에서 논의하는 항공기 운항기법의 개선방법은 새로운 장비나 고비용이 수반되는 신기술을 반드시 필요로 하지 않으며 대신에 실제 적용되고 있는 다양한 방법의 운항과 절차 등을 바탕으로 한다. 운항기법 개선노력은 국제민간항공기구의 정책과 미국과 유럽 등 선진국의 연구 및 정책 수행을 중심으로 살펴보겠다.

2 국제민간항공기구의 노력 - Global Air Traffic Management(ATM)

ICAO는 Global ATM Operational Concept를 정의하고 ATM 시스템 개선에 지속적으로 노력을 다해왔다. 이 운영 개념의 목표는 항공기가 모든 비행단계에서 합의된 수준의 안전을 확보하고, 경제적인 최적 운항 실현, 환경적 측면의 지속가능성을 유지하면서, 국가 안보 요건에 부합할 수 있도록 하는 전 세계적인 항공교통 관리 시스템을 구현하는 것이다. 최근 항공산업계의 환경에 대한 관심 증대와 함께 글로벌 ATM의 운영 개념은 항공기 소음 저감, 배출가스 저감 및 기타 환경적 이슈에 관련된 주요 요소에 영향을 받아왔다. 항공기 운영기법 개선에서의 글로벌 ATM 시스템은 항공기가 비행하고자 하는 구간과 시간에 4차원의 최적 항적에 가장 가깝게 비행할 수 있도록 하는 것이며 동시에 이것은 ATM과 관련된 모든 장애물을 지속적으로 제거해 나가는 것을 필요로 한다.

2.1 국제민간항공기구의 항공기 운항기법 개선의 예

가. Reduced Vertical Separation Minimum(RVSM)

RVSM은 항공기들이 비행하려는 고도에 더욱 가깝게 비행하도록 하여 공역 사용의 효율성을 높이고, 항공기의 연료 소모량과 배출가스를 줄여 경제적인 운항을 할 수 있도록 해주는 개념이다. RVSM은 1997년 North Atlantic 공역에서 운영된 것을 처음 시작으로, ICAO에서 제공된 가이드에 따라 2011년까지 완전히 운영될 것으로 예상되었다. 다양한 지역에서의 RVSM 운영에 대한 연구 결과, RVSM 공역에서는 항공기 총 연료 소비량, NO_x 배출량, CO_2 배출량, H_2O 배출량이 감소하는 것을 확인할 수 있었으며 이것은 항공사의 운영비용 감소로도 해석된다. 특히, 환경 편익은 권계면 및 권계면 이상의 고도 즉, 8km~10km의 고고도에서 더

욱 효과적인 것으로 보고되고 있다.

나. 성능기반항행(Performance Based Navigation)

성능기반항행(PBN)은 항공기가 최적의 효율로 비행하고자 하는 사차원(4D) 항적에 가깝게 운항할 수 있도록 하는 시스템으로 RVSM과 같은 수직적인 측면에서의 항행 성능의 개선 이후 항공기의 수평적 성능의 효율성을 달성하기 위해 개발되었다. PBN 개념의 도입은 항공기가 공역을 유연하게 사용하고 항공기의 안전성, 효율성, 예측성 측면에서 최적화된 운항을 할 수 있게 해준다. 이것은 기존의 지상 항행안전시설을 기반으로 하는 항행 시스템과 비교해 항공기의 비행시간과 비행거리를 줄일 수 있으므로 직접적으로 환경적인 효익이 발생한다.

다. 연속강하운항기법(Continuous Descent Operations)

연속강하운항기법은 항공기의 도착, 접근, 착륙 단계에서 효과적인 강하 프로파일을 적용함으로써 항공기의 연료 사용을 줄이는 운항기법이다. 전통적인 도착 단계 절차는 강하비행과 수평비행을 반복하면서 착륙지점에 접근하도록 설계된 반면 연속강하접근법은 강하 시작점에서 착륙지점까지를 일직선으로 연속적으로 강하하면서 접근할 수 있도록 설계한 도착 절차이다. 이러한 운항 절차는 항공기의 연료 소비량과 동시에 항공기 배출가스를 줄일 수 있기 때문에 앞으로 더욱 확대될 것으로 예상된다. 다양한 형태의 운항기법 개선과 시도들을 통해 연속강하운항기법을 더 많이 사용할 수 있도록 ATM 시스템은 지속적으로 개선되고 있다.

라. 연속강하운항(CDO) 사례

영국은 2005년에 관제당국과 공항 및 항공사가 참여하는 SA(Sustainable Aviation)

협의체를 결성했고 SA는 2014년에 CDO 운항을 영국 전역 공항에서 5%까지 적용하여 비행편당 250kg의 연료소모를 감축하고 연간 10,000톤의 이산화탄소 배출 감소와 2백만 파운드의 연료비용 감소 효과를 목표로 추진했다. CDO 운항은 동시에, 30,000회의 비행편에서 소음 영향 저감 목표도 달성할 수 있을 것으로 추산했다. 영국은 이전부터 6,000피트 이하 상공에서 접근 비행을 CDO 기법으로 운항함으로써 항공기가 보다 높은 고도에서 보다 오랫동안 비행하도록 함으로써 소음문제를 해결하는 사업을 추진해 왔다.(아래 그림 참조)

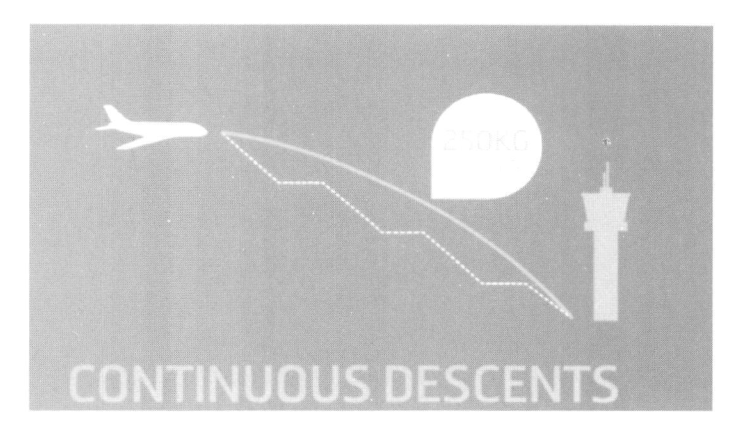

출처 : CAEP 2016 Report, p. 136

이 사업의 목표 달성을 위하여 정부, 항공사, 공항이 참여하는 Sustainable Aviation 협의체를 결성하고 영국의 항공교통관제 서비스 당국인 NATS(National Air Traffic Service)를 중심으로 대대적인 홍보 및 교육 활동을 실시했다. 비디오, 책자, 홍보포스터 등을 제작하여 배포하고 접근관제사, 조종사, 공항당국의 환경담당자에게 교육/훈련을 수행했다. CDO 접근 비행의 실현을 위해서는 공역과 절차 설계뿐만 아니라 운항환경(바람, 항로요건 등)에 맞는 항공기의 속도, 추력, 착륙준비 등을 위해 조종사와 관제사의 추가적인 노력에 의한 긴밀한 협업이 필요하므로, 교육 훈련이 요구되는 것이다. (전국 23개 공항과 15개의 관제기구, 8개의 항공사가 CDO운항에 참여했고, 6,000피트 상공뿐만 아니라 10,000피트,

20,000피트에서부터 CDO접근을 적용하는 방법도 시험했다.)

조종사/관제사 협업의 사례로서, 영국항공(BA)의 한 조종사가 맨체스터공항에서 CDO 비행의 어려움을 보고했을 때, 다음 비행 때 관제사가 동승하여 접근절차의 모순성을 발견하고 접근절차 및 항공사의 표준운항절차를 수정하여 문제를 해결한 사건을 들 수 있다.

2.2 국제민간항공기구의 운항기법 개선의 중 · 장기 운영 목표

Committee on Aviation Environmental Protection(CAEP) 프로그램의 일환으로 개별 전문가(IE)들로 구성된 패널들은 중기(10년), 장기(20년)간의 NO_x 조정에 대한 조언을 수록한 NO_x 기술보고서를 발행하였다. 2007년 CAEP/7은 이 NO_x 기술보고서가 소음과 항공기 연료 소비, 항공기 운영 목표와 검토를 요구하는 타 분야에서도 참고적으로 사용될 수 있음에 동의하였고, CAEP/8 기간 동안 NO_x, 소음, 항공기 운영목표에 대한 검토를 수행하여 2010년 2월 보고서를 발표하였다.

Independent Expert Operational Goals Group(IEOGG)은 2006년을 기준연도로 삼고 중기를 2016년, 장기를 2026년으로 설정하여 항공교통 운영목표와 관련된 소음, NO_x, 항공기 연료소비량에 대한 검토 및 조언 업무를 수행하였다. IEOGG는 ATM 운영에 대한 환경적 목표에 대한 보고서를 발행하였으며 이 보고서는 2026년까지 ATM이 완전하게 이행된다는 가정 아래 운항 효율성과 소음 경감목표추정치를 제공하고 있다. IEOGG는 항공기 운항, 기술 지식을 가지고 있는 10명의 전문가로 구성되어 있다. IEOGG는 설정한 목표의 범위 내에서 전체적인 운항 효율성을 측정하기 위해 탑다운 방식[43]의 접근을 수행하였다. 전문가들은 항공기 운항에 있어 소음경로, 공역 제한사항, 계획되지 않은 군사훈련과 같은 이유 때문에 발행하는 측정이 어려운 운영상의 비효율성이 증가할 수 있음에 동의하

43) 탑다운 방식: 전체적인 그림을 먼저 그린 후에 세부적인 요인을 구체화하는 방식

였다. 이러한 탑다운 접근방식은 단순히 계획된 운영기법 개선으로부터 기대되는 효용들을 취합하는 것보다 더욱 강력할 것으로 예상되었다. 왜냐하면 계획된 운영기법의 효용을 취합하는 것은 단순히 계획된 것을 시험하는 수준에 불과하며 새로운 도전을 필요로 하지 않기 때문이다.

IEOGG는 운영상의 효용은 실제 항공기의 수평 항적을 비교하는 것으로 측정될 수 있다고 하였다. 그러나 전문가들은 이것이 Auxiliary Power Unit(APU), 수직적 비효율성, 스피드 컨트롤, 바람에 의한 효율 개선, 예측 가능성의 부족으로 인한 추가 Contingency 연료[44] 탑재 등과 같은 다른 항공기 운영 효율을 나타내는 파라미터들을 대표하지는 않는다고 하였다. 전문가들은 전체 운항 성능에 대한 정보가 세계적인 수준은 아니지만 이러한 정보가 효용성 평가를 위한 시나리오 모델에 영향을 줄 수 있다고 하였다. 시나리오 모델에 알려진 데이터의 부족은 2026년까지 95%의 운항 효율성을 달성하는 호전적인 목표를 설정하게 하였다. 이 목표치의 범위를 명확하게 하기 위해서 100%의 운항 효율성은 항공기의 전체 비행단계에 걸쳐서 완벽한 연료 효율성을 갖는 비행을 했을 때 이루어진다고 설정하였다.

IEOGG가 이들의 업무를 위해 주로 이용한 내용들은 ICAO Global Air Navigation Plan, SESAR와 NextGen의 문서, IATA 운항 리포트, CANSO의 'ATM Global Environment Efficiency Goals for 2050'이다. CANSO[45] 리포트는 비효율성을 측정하기 위해 탑다운 접근방식을 사용하고 있기 때문에 이 분석의 시작점으로 사용되었다.

전체 비행 연료 효율성에 영향을 주는 핵심요소들은 다음의 그림과 같다.

---

44) Contingency Fuel : 비행계획 대비 실제 운항 시 예상되는 악기상이나 항공교통 혼잡으로 인하여 발생할 수 있는 항로에서의 이탈, 고도변경, 속도조정 등을 보정하기 위하여 실리는 연료이다.("운항관리 실무론", 윤신 · 장효석 공저, p. 269)

45) Civil Air Navigation Service Organization : 민간항행서비스기구. CANSO는 관제서비스를 제공하는 기업들의 목소리를 대표하는 기구로서, Air Navigation Service Providers(ANSPs)들의 이익을 대변한다.

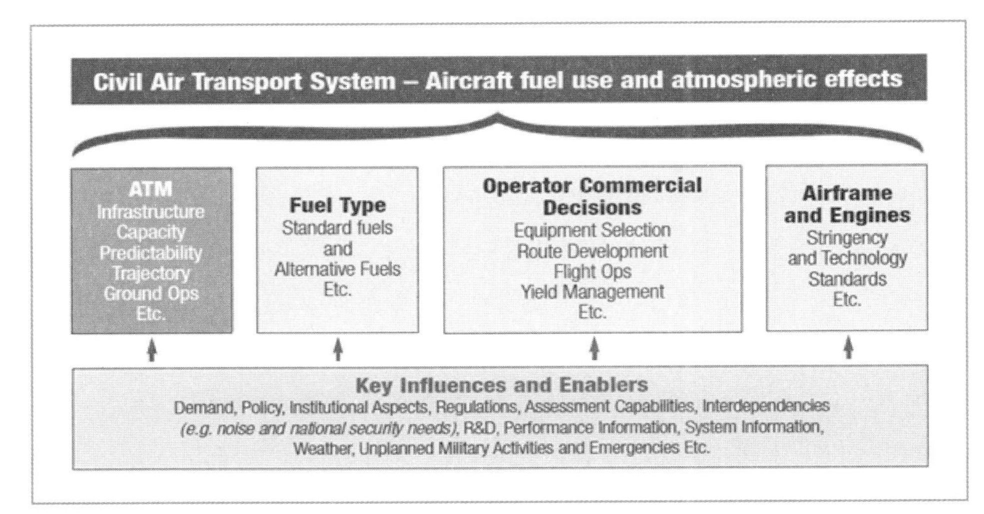

출처 : "국제민간항공기구", 환경보호위원회(CAEP), 보고서, 2010

[그림 6-1] **비행연료 효율성의 영향요인**

ATM 운영과 항공기 기체 및 엔진 기술, 이 두 부분은 CAEP의 전문가 그룹에 의해서 이미 논의된 바 있지만 IEOGG는 항공기 연료 타입과 같은 CAEP에서 논의되지 않은 부분과 운영자의 상업적 결정과 같은 ICAO의 범위 밖에 있는 요소들에 대해서도 규정하였다. IEOGG는 운항목표를 기술적 목표와 일치하도록 조정하기 위해 노력하였지만 여기에는 한 가지 중요한 차이점이 있다. 항공산업의 성장은 새로운 항공기에 대한 추가수요를 유발할 뿐 아니라 새로운 기술 채택을 가속화한다. 즉 산업의 성장은 신기술을 통해 항공기당 운항 효율성을 증가시킨다. 반면 항공기 운항 측면에서 산업의 성장은 공역에 대한 수요를 증가시키고 이것은 효율성에 반하는 것이다. 이 때문에 기술목표는 운항목표와 완전히 일치할 수 없다.

다음 그림은 호전적인 ATM 개선을 위한 노력 없이는 운항 효율성을 개선할 수 없음을 보여준다. 즉, 운항 개선을 위한 노력 없이는 산업 성장에 따라 효율성이 낮아질 수밖에 없다는 것을 의미한다. 그리고 이것은 항공기의 지연과 그로 인한 연료 소비 비용의 증가와 같은 경제적 역효과를 가져와 더 높은 비용을 부담해야 하는 결과를 초래할 수 있다.

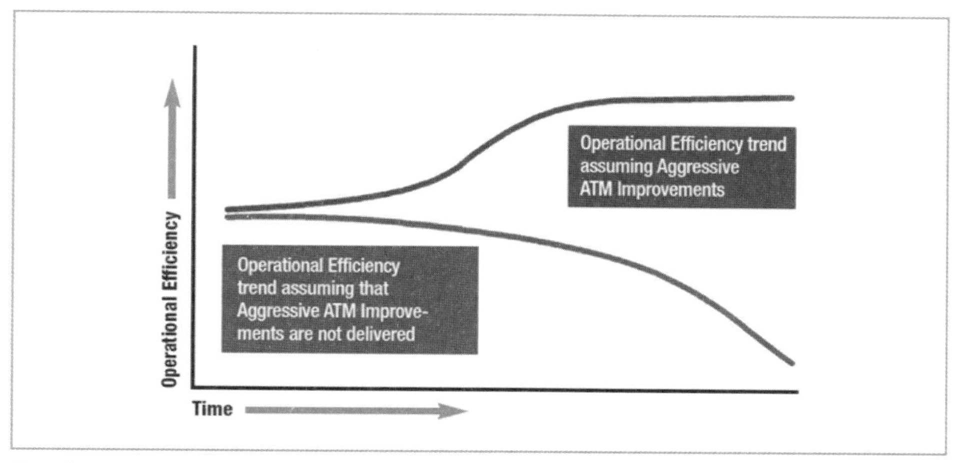

출처 : "국제민간항공기구", 환경보호위원회(CAEP), 보고서, 2010

[그림 6-2] ATM 개선의 동반 유무에 따른 운항효율성 개선 정도

미래에는 제안평가서에 제안사항을 시행한 경우와 그렇지 않은 경우를 비교하여 평가해 볼 수 있는데, IEOGG는 가장 호전적인 항공기 운영기법 개선 시나리오를 유일한 비교 대상으로 설정하였다. 이는 ICAO Global Air Navigation Plan을 비롯한 다른 문서들 역시 가장 호전적인 시나리오를 비교 대상으로 채택하였기 때문에 운영기법 개선 목표 또한 이러한 내용과 일치해야 했기 때문이다. 다음 표를 보면 CANSO 리포트에서 제시한 구역과 ICAO의 지역구분을 CAEP의 요구와 일치하게 조정하였다. 이것은 CANSO US ATM 효율성 추정치와 같은 값도 포함되어 있다. 재미있는 것은 현재 ATM 시스템의 효율 측면에서 지역별로 큰 차이가 존재한다는 것이다. 예를 들면 오스트리아 공역의 경우 단편화 현상이 없기 때문에 이미 운항 효율성을 98%나 달성한 것으로 나타난다. 이 경우 95%의 목표치를 적용할 수 없다. 이것은 각 지역마다 상황이 다르기 때문에 모든 지역에서 동일하게 목표치를 적용할 수 없다는 것을 보여준다.

표 6-1 운항효율성 개선목표

Canso Region	ICAO Region	% of global aircraft movement in 2006	Basis of Goal Setting(Sources of inefficiency covered)						Estimated Base Level efficiency	Operational Efficiency Goals	
			Great Circle Route	Delays and Flow	Vertical Flight	Airport & Terminal Area	Wind Assisted Routes	Contingency Fuel Predictavility	2006	2016	2026
World		100%	assessed	assessed	assessed	assessed	not assessed	not assessed	92-94%	92-95%	93-96%
US		35%	assessed	assessed	assessed	assessed	not assessed	not assessed	92-93%	92-94%	96-96%
	North America		assessed	assessed	assessed	assessed	not assessed	not assessed	92-93%[1]	92-94%	93-96%
ECAC		28%	assessed	assessed	assessed	assessed	not assessed	not assessed	89-93%[2]	91-95%	92-96%
	Europe		assessed	assessed	assessed	assessed	not assessed	not assessed	89-93%	91-95%	92-96%[3]
Other Regions		37%	estimated	estimated	estimated	estimated	not estimated	not estimated	91-94%	94-97%	95-98%
	Central America Caribbean		estimated	estimated	estimated	estimated	not estimated	not estimated	93-96%	94-97%	95-98%
	South America		estimated	estimated	estimated	estimated	not estimated	not estimated	93-96%	94-97%	95-98%
	Middle East		estimated	estimated	estimated	estimated	not estimated	not estimated	92-94%	94-97%	95-98%
	Africa		estimated	estimated	estimated	estimated	not estimated	not estimated	90-93%	94-97%	95-98%
	Asia/Pacific		estimated	estimated	estimated	aestimated	not estimated	not estimated	91-94?%	94-97?%	95-98?%

출처 : 국제민간항공기구, 환경보호위원회(CAEP), 보고서, 2010

앞서 설명된 것과 같이, 항공수요의 성장에 따른 항공기 운항 효율성의 감소와 측정이 불가능한 운영상의 비효율성 때문에 IEOGG는 미래 시나리오의 효율성 수준 및 운항 효율성 증가분을 설정할 수 없었다.

표 6-2 ATM 시스템 글로벌 운항효율 목표

ATM system Global Operational Efficiency Goal 'That the global civil ATM system shall achieve an average of 95% operational efficiency by 2026 subject to the following notes':	
Note 1	This goal should not be applied uniformly to Regions or States;
Note 2	This is to be achieved subject to first maintaining high levels of safety and accommodating anticipated levels of growth in movement numbers in the same period;
Note 3	This ATM relevant goal does not cover air transport system efficiency factors that depend on airspace user commercial decisions(e.g. aircraft selection and yield management parameters etc.);
Note 4	This operational efficiency goal can be used to indicate fuel and carbon dioxide reductions provided fuel type and standards remain the same as in 2008, the goal does not indicate changes in emissions that do not have a linear relationship to Fuel use(such as NO_x); and
Note 5	This assumes the timely achievement of planned air and ground infrastructure and operational improvements, together with the supporting funding, institutional and political enablers.

출처: "국제민간항공기구", 환경보호위원회(CAEP), 보고서, 2010

위의 표에 언급된 95%의 운항 효율성은 주의사항을 포함하고 있으며, CAEP/8은 이 목표치의 주기적인 업데이트에 관한 요건을 비준하였다. 향후 새로운 목표치의 설정에서는 앞서 언급되지 않은 부족한 정보의 추가적 제공이 필요하며, 운영 효

율성의 바텀업(Bottom-up) 평가, 시나리오 비교 측정기법과 성능에 대한 평가 방식의 개발도 필요하다.

3 미국의 항공교통관리 개선 노력-NextGen사업

미국에서는 향상된 항공기 기술과 새로운 형태의 항공기 운영기법을 위한 프로그램을 Next Generation Air Transportation, 즉 NextGen이라 일컫는다. NextGen은 항공기의 GPS를 이용한 항공기 감시, 음성 교신으로 이루어지던 공대지 통신의 데이터화, 동일한 정보를 동시에 이해당사자들에게 전달할 수 있도록 하는 체제이다. 새로운 기술에는 온실가스를 감축할 수 있는 새로운 항공기 엔진 및 기체, 대체연료의 개발도 포함되어 있으며 운항기법의 개선을 통해 환경적 이점을 가져올 수 있다.

FAA는 항공기 연료의 절감을 위해 항공기 운항 효율성을 증대시키고 지연을 감소시키기 위해 노력하고 있으며 이것은 항공사 및 사용자들에게 운영비용을 감소시켜 주는 결과를 가져온다. 그러나 더욱 중요한 사실은 항공기의 연료 절감이 이산화탄소 배출 절감 및 다른 온실가스 배출 절감에도 효과적이라는 것이다. NextGen 시스템하에서 항공기들은 모든 비행단계에서 비행하고자 하는 항적으로 보다 가깝게 운항할 수 있으며, 전 단계에 걸친 관리와 정보 공유는 항공기 감시, 교신, 기상 보고 및 예보의 정확성을 향상시킨다.

출발 및 도착 단계에서는 항공기의 비행거리 및 비행시간, 연료 소비량을 감소시킬 수 있는 다양한 비행경로를 제공하며 동시에 더욱 정밀하게 항공기를 감시할 수 있는 성능기반항행(PBN)을 이용한다. 접근단계에서 PBN 항법은 강하단계에서 조종사가 항공기 엔진 사용을 낮춰 배출가스 감소뿐 아니라 소음을 절감시키는 효과를 얻을 수 있다. 또한 PBN 절차는 인접 공항으로 접근하는 항공기들에게 분산된 항적과 이륙 상승을 위한 새로운 경로를 제공함으로써 항공기의 지연을 감소시키고 충돌 위험성을 경감시킨다. NextGen 시스템은 Automatic Dependent Surveillance-Broadcast(ADS-B)를 이용하여 레이더보다 정확한 항공기 감시가 가능하며, 조종사의 상황인식을 향상시킨다. 실제로 ADS-B는 Louisville, Kentucky, Juneau 공항에서 이용 중이며 레이더 이용이 불가능한 Mexico Gulf지역에서도 사용되기 시작했다.

FAA와 항공사회는 공항 내에서의 항공기 흐름 관리, PBN을 이용한 출·도착 절차, In-trail 분리 간격의 감소, 항공로상에서 항공기 연료 절감, 데이터 커뮤니케이션 수행과 같은 다양한 항공기 운항기법에 대한 시도 및 검증 노력을 다하고 있다. 이러한 검증을 통해서 계획단계에 있던 시스템과 절차의 검증은 물론 이용자와 이해 당사자들에게는 객관적인 증거를 제시해 줌으로써 그들을 이해시키고 새로운 시스템으로의 전환을 유도할 수 있을 것이다. 또한 이러한 시도들은 NextGen을 수행함에 있어 필요한 항공기의 장비 장착에 대한 투자도 가능하게 한다. 이것의 대표적인 예는 NextGen과 SESAR 프로그램의 하나로 수행된 AIRE 프로그램이다.

FAA는 NexGen 시스템이 향후 항공교통운항 수요에 따른 항공기 배출가스를 상쇄할 수 있다고 기대하고 있다. 2000년도 미국의 운송용 항공기의 출·도착은 약 1,520만 회였으나 2030년에는 1,950만 회로 28.5% 이상 증가할 것으로 예측된다. 이러한 수요 증가에 따른 배출가스의 감소를 위해서는 추가적인 운항기법의 개선과 이러한 기법을 수행하도록 하려는 FAA의 의지가 필요하다.

FAA에서는 에너지 효율성과 배출가스를 측정하기 위해 현재 항공연료 효율 측정법을 사용하고 있다. 또한 기후, 에너지, 공기 질, 소음 측면에서 향후 NextGen의 환경 평가를 위한 측정기법을 개발하기 위해 연구를 수행 중이다. 이러한 통합적인 환경적 측면의 성과 측정을 위해 FAA에서는 Environmental Management System(EMS) 접근방식을 사용하려 한다. EMS는 관련 기관이 단기 및 장기 계획을 위해 모든 환경적 고려사항들을 통합 적용할 수 있게 한다.

항공기 운항기법의 개선 이외에도 항공기 엔진 및 기체의 새로운 기술 개발,

대체연료의 개발을 통해 환경 개선목표를 달성할 수 있다. 역사적으로 볼 때, 이 중 새로운 기술을 적용했을 때 가장 효과가 좋았다. 미국은 항공환경에 대한 영향을 줄이기 위해 2009년 시작된 Continuous Lower Energy, Emissions and Noise(CLEEN)를 통해 새로운 기술 개발을 위해 노력해 왔다. FAA는 항공업계와 제휴를 맺고 상용화가 가능한 향상된 아음속 제트 항공기와 엔진 개발을 추진해 왔다. 이 개발사업에는 복합구조, Ultra–high–Bypass-ratio, 개방형 로터엔진(Open Rotor Engines), Advanced Aerodynamics, 비행관리시스템(Flight Management Systems)이 포함되어 있다. 이 사업의 목적은 이러한 높은 수준의 기술 적용이 가능함을 증명하고 이것을 5~8년 사이에 상용화하는 것이다.

재생 가능한 에너지를 이용한 항공연료의 개발은 항공분야에서 CO_2를 줄일 수 있는 가장 주목받는 방법 중 하나이다. 이러한 연료는 환경분야뿐만 아니라 에너지 안보와 경제 발전에도 이점을 가져다준다. CLEEN은 이러한 지속가능한 연료의 개발을 위한 연구도 수행해 왔다. 2006년부터 FAA는 항공사, 항공기 제작사, 에너지 제작사, 연구기관, 미국 정부와 함께 항공산업의 대체연료 개발을 위한 Commercial Aviation Alternative Fuels Initiative(CAAFI)를 수행해 오고 있다. 2009년 9월 그 첫 번째 대체연료로 인조 파라핀성 등유를 기존의 석유 및 석탄 연료인 Jet A와 50% 혼합하여 사용할 수 있는 승인을 얻었다. CAAFI는 ASTM International과 함께 2011년까지 수소재생에너지를 이용하여 대체연료를 개발하는 연구를 수행한다.

CLEEN과 CAAFI 연구 프로그램은 NextGen 운항 개선을 보완해 주는 중요한 역할을 해주었다. NextGen 시스템과 운영 절차를 지속적으로 수행해 간다면 NextGen 사업의 중기인 2018년에는 14억 갤런[46]의 항공연료 절감과 동시에 1,400만 톤의 CO_2 절감을 달성할 수 있을 것으로 예측된다. 더불어 친환경적인 항공기 기술과 대체연료 사용으로 연간 2%의 연료 효율성 달성이라는 ICAO의

46) 1gal = 약 3.8리터

목표와 2020년까지 항공산업의 탄소 중립 성장이라는 미국의 목표에 한 발 더 가까워질 수 있을 것이다.

4 유럽의 항공교통관리 개선 노력-SESAR 사업

Single European Sky는 유럽 영공의 새로운 ATM 시스템으로의 전환을 위해 2004년 European Commission(EC)[47]에 의해 시작되었다. Single European Sky는 향후 유럽의 ATM 시스템에 대한 전 유럽적 규제와 같은 정책적 분야에 대한 근간을 규정한다. 반면 SESAR[48]는 Single European Sky의 기술적 · 운영적 측면을 담당하고 있다. 이것은 분산되어 있는 새로운 기술을 하나로 통합하고 최신 기술의 개발을 통해 패러다임의 전환을 모색한다. 유럽의 ATM 마스터플랜은 EU 의회에서 합의된 다음의 사항을 구현해 내는 것을 목표로 한다. 2005년을 기준연도로 하여 2020년까지 항공편당 10%의 CO_2 배출 감소, ATM 비용의 50% 감소, ATM 수용량 3배 증가, 안전도 향상이 그 내용이다. 또한 유럽 ATM 마스터플랜은 안전평가계획, 비용편익 분석계획과 함께 ICAO의 규정에 부합하도록 운영 및 기술상의 규정들을 개정하는 것도 포함하고 있다.

SESAR Joint Undertaking(SJU)은 2007년 EC와 Eurocontrol에 의해 EU 기구로 설립되었다. SJU는 유럽 ATM 마스터플랜의 이행과 유럽 내 R&D의 통합을 주 목적으로 한다. 2011년 말까지 SESAR 프로그램은 모든 SESAR R&D 활동의 환경적 이슈와 관련된 사항에 대해서 향상된 검증 수행을 목표로 하고 있으며 동시에 SESAR는 항공분야의 새로운 친환경적인 방안의 통합을 위해 유럽뿐 아니라 국제사회와 협력할 것이다. 이러한 프로젝트의 하나가 항공기의 환경

---

47) EC : 유럽연합 진행위원회(European Commission)는 유럽 통합과 관련된 조약을 수호하고, 유럽연합(EU, European Union)의 행정부 역할을 담당한다. 유럽연합 관련 각종 정책을 입안하고 유럽연합의 이익을 수호하는 유럽 통합의 중심 기구이다.(유럽연합 개황, 2010. 9, 외교부)

48) SESAR : Single European Sky ATM Research

적 영향 개선 기술개발을 위한 European Union's Clean Sky Joint Technology Initiative이다.

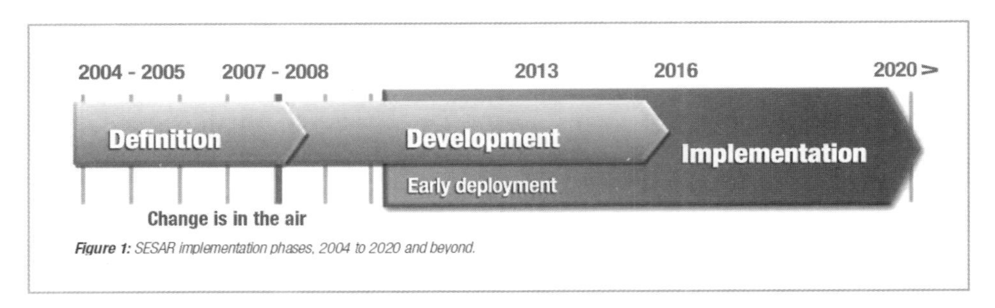

[그림 6-3] 2004~2020년 SESAR 이행단계

SESAR ATM 마스터플랜은 2011년 이후에는 항공기 소음 경감을 위한 항공로 설정과 상승 및 하강 기법의 개발, 항공기 소음 유발 기종 제한 야간 운항금지, 소음 경로, 소음 할당과 같은 지역적 특징을 준수할 수 있는 ATM, ATM 경계 내에서의 생태학적 영향 평가와 최적의 대안을 채택할 수 있는 ATM 기법 개발들을 포함하고 있다.

SESAR R&D에는 전 유럽적인 조화와 기술 개발을 위해 공항운영자, 항행서비스제공자, 항공기 제작사를 포함하여 현재까지 18개국 70여 개의 항공 관련 이해관계사들이 참여하고 있다. SJU 프로그램은 공역 사용자 및 전문기관, 행정 및 규제기관 및 군과 같은 직접적인 이해 관계자들이 참여하였으며 2009년 6월 전체의 80%인 300개의 프로젝트가 수행되고 있었다. 17개의 나라에서 1,500명의 기술자와 전문가들이 공동으로 참여하여 연구가 진행 중이었으며 SESAR 프로그램은 첫 번째 솔루션 셋을 검증하여 2013년까지 이행 준비를 완료하는 것을 목표로 하였다. 이 기간 동안에는 보다 빠른 효과 검증을 위해 현재 항공기가 수행 가능한 기술을 이용하도록 하였다. 이러한 측면에서 AIRE[49] 연구 결과는 이러한 프로그

49) AIRE : Atlantic Interoperability Initiative to Reduce Emissions

램이 확장되어 운영할 만한 가치가 있음을 보여준다.

또한 SESAR는 글로벌 ATM의 구현을 위해 ICAO의 SARPs[50]와 각 산업 규정을 준수하며 진행될 것이다. 현재 운영되고 있는 SESAR 프로그램은 ICAO의 전략과 일치하도록 설정되어 있으며 이를 달성하기 위해 수행 중이다.

5 미국과 유럽의 공동노력-AIRE

EC와 미국의 FAA는 지속가능한 항공산업의 성장을 위한 연구의 하나로 2007년 6월 AIRE(Atlantic Interoperability Initiative to Reduce Emissions) 사업 추진을 합의하였다. AIRE는 NextGen과 SESAR의 한 부분으로 전 비행단계에서 환경친화적인 경로를 설정하여 항공기의 연료 효율성을 높이고 소음을 절감시키며 동시에 ATM의 공동 운영능력을 시험한 프로젝트이다. 이러한 시도는 항공교통수단의 지속가능성을 증명하였을 뿐만 아니라 배출가스 감소 사업에 참여하고 있는 구성원들에게 지속적인 노력을 다할 수 있도록 격려하였다.

5.1 공항 내 시험결과

항공기의 지상 운영과 관련하여 AIRE에서는 세 가지 형태의 운항기법을 평가하였다. 첫째는 연료 절감을 위해 항공기가 하나 또는 두 개의 엔진을 끈 상태로 이륙 활주를 하는 것이다. 이러한 시도는 4엔진 항공기의 경우 분당 20kg, 2엔진 항공기의 경우 분당 10kg의 연료 절감 효과가 있는 것으로 나타났다. 두 번째는 도착 활주 시간을 최소화하는 것이다. 이 결과 항공기당 평균 1분 30초의 택시 시간이 줄어들었고 비행 중인 항공기에는 30초(2마일) 정도의 비행시간을 감소시켰으

50) SARPs : Standards and Recommended Practices의 약자로 ICAO의 국제표준 및 권고사항을 말함

며 A320를 기준으로 편당 50kg의 연료 절감, 160kg의 CO_2 절감 효과를 가져왔다. 세 번째는 출발 항공기의 활주로 대기시간을 줄이고 항공기 우선순위를 최적화하기 위한 이륙 활주시간의 최소화이다. 이 경우 평균 45초~1분의 비행시간 절감효과가 있다. 이러한 시도는 총 6톤의 연료 절감과 19톤의 이산화탄소 절감을 가져온 것으로 추정된다.

5.2 터미널 구역에서의 시험결과

터미널 구역에서는 CO_2양을 최소화하기 위한 기법으로 RNP 성능과 CDA, CCD,[51] Tailored Arrivals[52]를 이용하였다. 이 결과 스웨덴 Stockholm 공항에서는 CDA를 이용하여 항공편당 140~165kg의 연료 절감 효과를 볼 수 있었으며 RNP 절차를 이용한 결과 항공기들의 수평 운항 안전성이 증가했으며 소음 분산이 줄어드는 결과를 나타냈다. 파리의 Charles de Gaulle 공항에서는 CCD를 이용하여 편당 30~100kg의 연료 절감 효과를 볼 수 있었으며 TA를 통해 100~400kg의 연료 절감 효과와 CDA를 이용하여 편당 평균 175kg의 연료 절감 효과를 볼 수 있었다. 스페인 Madrid 공항에서는 CDA를 이용한 항공기가 CDA를 이용하지 않은 항공기에 비해 강하 단계에서 연료를 25% 덜 사용하는 것을 알 수 있었다.

5.3 대양 상공에서의 시험결과

대양 상공을 비행하는 항공기들에게 수직적 최적화를 위해 100ft 단위의 상승률을 적용했으며, 편당 29kg의 연료 절감 효과가 있었다. 항공기의 횡적 최적화를 위해서는 최신의 기상청 자료 업데이트를 통해 조종사가 비행경로를 최적화

51) CCD : Continuous Climb Departure

52) Tailored Arrivals : NASA에 의해 개발된 NEXTGEN 항공교통관제 기법으로, 항공기의 연속비행을 가능하게 하며 순항고도에서부터 활주로에서까지 엔진출력을 매우 낮게 하여 연료소모, 환경영향, 소음공해를 최소화하기 위해 고안되었다.(NASA Ames Research Center)

할 수 있도록 하였다. 새로운 기상정보를 통해 비행 중인 항공기에게 새로운 비행계획서가 작성되었는데 몇몇의 경우에는 계획과 완전히 다른 새로운 항로가 생성되기도 하였다. 이러한 기법을 통해서 리스본에서 카라카스로 비행하는 A330항공기는 90kg의 연료를 절감할 수 있었다. 항공기의 종적 최적화에 대한 연구는 비행계획서상에 계산되어 나온 Constant Mach Number와 실제 Cost Index의 비교를 통해 이루어졌다. 이 결과 총비용을 감소시킬 수 있는 경제속도를 유지하며 비행하였을 때 항공기는 130~210kg의 연료를 절감할 수 있는 것으로 계산되었다.

이러한 개별 비행단계의 연구뿐만 아니라 위에서 제시된 공항 내, 터미널, 대양 상공에서의 모든 최적화 기법을 비행의 전 단계에 적용한 연구 역시 수행되었다. 이 결과 CDG(Charles de Gaulle)에서 MIA(Miami)까지의 비행편의 경우 43,000톤의 연료를 절감할 수 있으며 135,000톤의 CO_2 배출량을 감소시킬 수 있는 것으로 나타났다.

5.4 영국의 항공교통체계 운영 효율화 사업

영국의 항공교통관제기관인 NATS(National Air Traffic Service)는 항공교통관제 업무 개선으로 2006년 기준으로 2020년까지 10%의 이산화탄소 배출을 줄이기로 목표를 설정하고 영국 민간항공청(CAA : Civl Aviation Authority)과 공역효율성 측정방법에 대해서 합의했다. 이들 기관은 공역효율성 측정을 위한 성과지표로서 3Di를 사용하기로 합의했는데 3Di는 항공사의 연료소모를 대표하는 값으로 인식할 수 있다.

3Di 성과지표의 값은 다음과 같이 산출된다. 레이더자료에 근거하여 각 비행편의 실제항적(actual trajectory)을 획득한 후 실제항적과 대권항적 또는 최단거리항적과 비교하거나 항공사가 요청했던 비행고도와 비교한다. 즉, 실제 항적과 최적효율 항적을 비교하여 실제 비행한 항적의 효율성을 평가하는 것이다. 평가 결과

는 실제 항적이 최적항적에 일치되는 최고의 효율성이 달성되면 "0"으로 하고 최악의 상황을 "100+"로 설정하여 매 비행편에 대하여 평가를 한다(그림 6-4 참조). 이러한 방식으로 산출하게 되는 3Di 값의 목표치를 설정하고 연간 모든 비행편에 대한 평균치를 산출하여 목표치와 비교하여 총수입의 1%를 보너스로 얻거나 1%를 패널티로 잃을 수 있도록 항공사 및 CAA와 합의했다.

3Di 평가는 각 비행편을 다음과 같은 6개의 범주로 나누어 수행함으로써 어떤 단계에서 비효율이 발생하는지 확인할 수 있도록 했다 ; (1) 상승, (2) 순항, (3) 하강, (4) 홀딩, (5) 영국 내 수평비행, (6) 전체 수평비행. 결국, 항공기는 항공사가 요청한 항적대로 비행할 수 있도록 관제를 해주어야 좋은 점수를 얻을 수 있는데, 다음과 같은 방법으로 목표 달성을 할 수 있을 것이다;

* 보다 많은 연속하강/상승(Continuous Decent/Climb Operation)
* 보다 많은 직선항로 유도
* 목적지 공항에서의 대기(holding) 감소
* 전체 항적이 직선이 되도록 인접 관제기구나 군 관제 당국과 긴밀한 협조
* 항공사가 요청한 순항고도의 배정
* 전년도 항적의 비효율성을 검토하여 개선점 파악

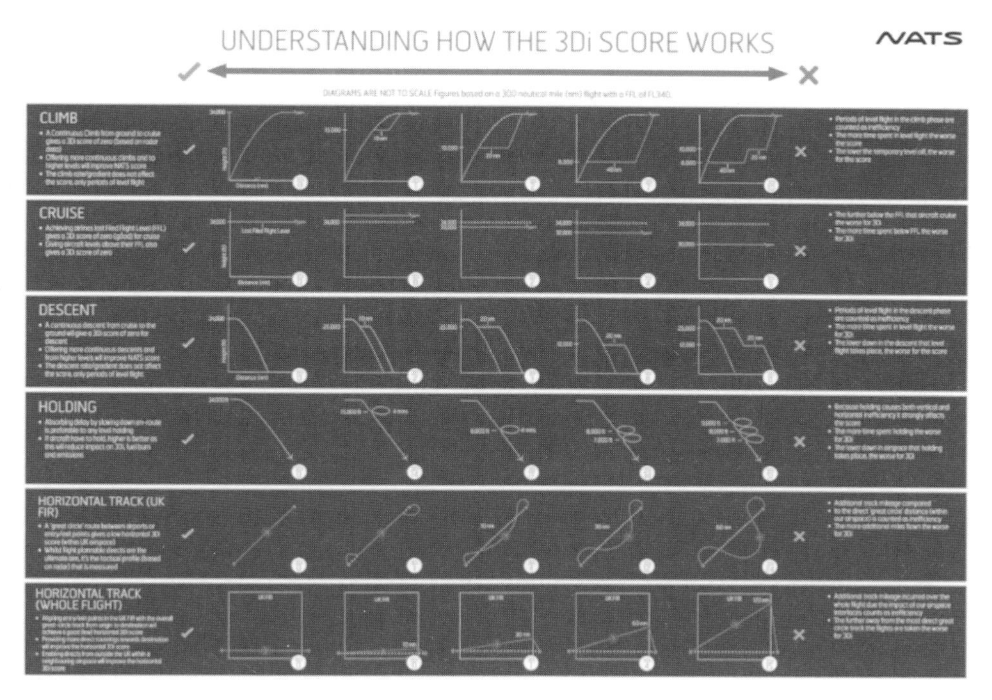

출처: ICAO Report, p. 139

[그림 6-4] **6가지의 3Di 평가**

2010년에 NATS는 영국항공, 히드로 공항, 에든버러 공항 등과 협업하여 "Perfect Flight" 개념을 시험했었다. 즉, 히드로 공항을 출발하여 에든버러 공항으로 향하는 비행편에 대하여 출발부터 도착까지 모든 비행과정을 최적화하여 이산화탄소 배출을 최소화했으나 3Di 점수는 1.4점이었다. 수직적 기동에서는 아무런 비효율성이 없었으나 히드로 공항 출발 때와 에든버러 공항 도착절차에서 소음 회피절차를 이행함으로써 비효율이 발생한 것이 주요 원인이었다. 결국, 어떤 비행편도 "0" 스코어를 기록한 경우는 없어서 비효율의 원인을 완전히 제거할 수는 없다고 판단했다. 활주로 방향이나 기상조건, 항공기 안전 분리간격 유지 등의 원인 때문에 비효율의 소지는 항상 존재할 수밖에 없었던 것이다. 하지만 NATS는 상당한 양의 항적 자료 분석을 통하여 비효율의 현상과 원인을 이해할 수 있었고 효

율성 개선의 기회를 탐색할 수 있었다.

영국 민간항공청(CAA)은 NATS에게 통제센터별, 공항별로 구분하여 3Di 스코어의 목표치를 부여하여 분석을 지속하고 있다. 또한, 관제사들은 모든 비행편의 실제상황 레이더 항적을 3분마다 업데이트한 후 3Di 효율 항적과 비교하여 그래프로 보여주는 "FLOSYS(Flight Optimization System)"를 활용함으로써 자신들이 현재 수행하는 관제업무의 효율성을 거의 실시간으로 부문별로 확인할 수도 있다. 이 자료는 12개월간 보관되므로 동일한 항로의 비행편들끼리 비교할 수도 있어서 효율성 개선의 기회를 보다 효과적으로 파악할 수 있게 되었다.

6 아태지역의 항공교통관리 개선 노력-ASPIRE 사업

ASPIRE(ASia Pacific Initiative to Reduce Emissions) 프로젝트는 아시아와 남태평양지역의 항공환경 영향을 평가하고 항공환경과 관련된 표준과 운항 절차를 개선하기 위해 수행된 프로젝트이다. ASPIRE는 2008년 Air services Australia, Airways New Zealand, FAA의 참여로 시작되었으며 이후 Japan Civil Aviation Bureau(JCAB)와 Civil Aviation Authority of Singapore(CAAS)가 차례로 참가하였다. 이 프로젝트는 아시아와 남태평양지역에서 항공환경과 관련한 기준을 마련하고 효율적인 운항 개선방법을 개발하는 데 중점을 두었다. ASPIRE는 항공편의 출발부터 도착까지 매 단계에서의 효율성을 측정하며 다음과 같은 목적을 갖는다.

- 항공기의 모든 비행단계에서 배출가스 저감을 위한 운영기법 개발
- 전 세계적인 규정에 부합하는 친환경 절차의 사용
- 현존하는 기술을 이용한 최상의 운항기법 이용
- 항공교통 시스템에서 환경영향평가를 위한 성능측정방법의 개발
- 단기 · 중기 · 장기에 적용가능한 적절한 경감방법 제시

• 국제 항공사회에 ASPIRE 프로젝트의 목적과 시도, 진행사항을 널리 알림

ASPIRE 절차는 항공기의 전 비행단계에서 수행되며 12시간을 초과하여 장거리 비행하는 아시아 태평양 지역의 항공환경을 반영하여 설계되었다.

비행 전 단계에서는 항공기 탑재 연료보다 정확한 예측, 항공기에 탑재되는 화물 컨테이너의 무게 감소, 지상 발전 전기의 사용, 엔진 세척과 같은 방법을 통해 항공기의 운항 효율성을 높였으며, 지상에서는 적당량의 용수 탑재, 적시 연료 주입, 지상 교통 관리의 최적화 방법을 사용하였다. 항공기가 이륙 후 최적의 고도까지 도달하는 거리를 단축시키고, 대양 상공의 항공기는 User Preferred Routes, Dynamic Airborne Reroute Procedures, Performance Based Navigation(PBN) Separation Reductions, Reduced Vertical Separation Minima(RVSM) 기법을 이용하여 운항 효율성을 높일 수 있게 하였다. 도착단계의 항공기는 연속 강하 도착(Continuous Descent Arrivals), Tailored Arrivals, PBN Separation, Required Time of Arrival management가 사용되어 항공기 운항을 최적화하였다. 이 프로젝트에는 대양 간 비행이 가능한 장거리용 B777, B747-400, A380 기종이 사용되었는데, 이 결과 총 17,200kg의 연료를 절감하고 54,200kg의 배출가스 감소를 달성할 수 있었다.

7 기타 국가의 항공교통관리 개선 노력

7.1 뉴질랜드

뉴질랜드에서는 Airways New Zealand와 뉴질랜드 항공 당국의 참여로 PBN을 비롯하여 항공기 배출가스를 저감하기 위한 여러 방법을 시도해 보았다. 먼저 항공사와 관제기관과의 Collaborative Flow Manager(CFM)를 통해 악기상이나

첨두 시에 불필요한 항공기 지연과, 체공을 줄이는 방법을 시도했다. CFM은 Collaborative Arrivals Manager(CAM)로 항공사와 관제기관이 실시간으로 항공기 관련정보를 공유하여 비행 중인 항공기의 체공이나 벡터 대신에 지상에서 대기할 수 있도록 도와주는 시스템이다. 이러한 기법을 Auckland와 Wellington 공항에서 적용하여 운영한 결과 CFM 시행 이전 총 28,000분이던 공중 지연시간이 CFM 시행 이후 5,000분으로 감소하였으며, 항공사는 2009년 한 해 동안 Auckland와 Wellington 공항에 도착하는 국내선 항공편에 대해서 25,000톤의 CO_2를 줄일 수 있었다.

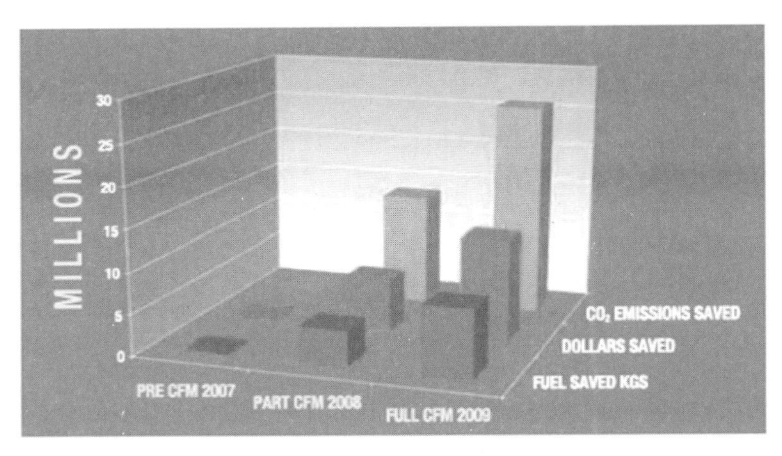

출처 : "국제민간항공기구", 환경보호위원회(CAEP), 보고서, 2010

[그림 6-5] 2007~2009년 CFM 적용 후 연료 및 CO_2 배출 절감효과

대양상공에서는 Auckland Oceanic FIR을 비행하는 항공기들에게 항공기 분리기준을 종적, 횡적으로 30NM로 감소시켜 운항할 수 있게 하였으며, 항공기들이 Flexible Track Systems, Dynamic Airborne Reroute Procedures(DARPs), User-Preferred Routes(UPRs)를 적용하여 비행할 수 있도록 하였다. 그 결과 UPR을 이용하여 일본과 상해로 비행한 항공기들은 편당 평균 616kg의 연료를 절감하였고, 연간 약 백만kg 이상의 연료가 절약되었다.

항공기 배출가스 감소를 위해 항공사도 다양한 노력을 기울였다. Air New Zealand는 배출가스 감소를 위한 40~50개의 프로젝트를 수행하고 있는데 2005년 이후 신형 항공기 구입을 제외하고도 전체 연료 소비량의 4.5%를 절감하였다. 이것은 130,000톤의 CO_2를 절감하는 것과 동일한 효과이다. Air New Zealand는 CDA, RNP AR 접근방법, 운항 중 플랩 사용 지연, 단일 엔진을 이용한 지상활주, APU 사용 절감, Just in time 급유와 같은 운항 및 운영기법 개선방식을 사용하였으며 항공기의 공기역학적 특성을 개선할 수 있도록 Winglet과 Sharklet을 장착한 항공기를 이용하여 항공기의 연료 효율성을 높이고 배출가스를 감소하기 위해 노력했다.

공항 당국에서도 온실가스 배출을 감축하기 위한 다양한 시도를 하였는데 Christchurch 국제공항에서는 공항 터미널 빌딩의 에너지 비효율성 검토, 냉난방 시스템 열 흡수원으로 지하수 사용, 활주로 보수작업 시 아스팔트 재활용과 같은 방법을 사용하였다. Auckland 국제공항에서는 배출가스가 적은 이동 수단의 사용, 공항 종사자들의 카풀 시스템 이용, 태양 전지판 설치, 물 집열방식 적용, 에너지 사용 회계와 같은 방법을 사용하였다.

터미널 공역에서는 PBN을 이용하여 RNAV STAR를 설계하였고, Wellington 공항에서는 2009년 9개월간 RNAV STAR를 운영하여 1,170톤의 CO_2를 절감하는 효과를 달성하였다. 또한 산악 지형에 있는 Queenstown 공항에 RNP-AR 접근방식을 설계하여 운영한 결과 1년 동안 46회의 목적지 변경과, 40회의 비행 취소를 방지할 수 있었다.

7.2 브라질

Brasília 공항의 항공교통 수요는 나날이 증가하고 있으며 이에 따라 여러 가지 환경 문제가 수반되고 있다. 첫 번째 문제는 항공기 운항에 따른 소음문제이며 최근 항공기 엔진 배출가스에 대한 관심도 대두되고 있다. 이를 해결하기 위해 공항과 터미널 공역에서 기술적, 운영적인 새로운 기법을 적용하였는데, 첫 번째는 성

능기반항행에 입각한 터미널 공역을 새롭게 설계한 것이고 두 번째는 공항 내의 활주로와 유도로 관리 기법을 수정하여 적용해 본 것이다.

가. 터미널 공역 개선

항공기 기술의 발달과 항행 시설의 향상, 보다 정확한 위성 시스템은 항행 시설에 큰 변화를 가져왔고 이에 따라 브라질은 현재 기존의 지상시설 기반의 항법에서 PBN 항법으로 전환하는 중기 과정에 있다. PBN 항법은 지역항법을 바탕으로 하며 신형 항공기는 감시 및 경보 기능을 항공기에 장착하고 있다. PBN 항법은 기존의 지상시설에 의존하는 항법에 비해 항로를 유연하게 설계할 수 있기 때문에 이러한 특성은 공역 수용능력, 안전 수준, 연료 효율성을 높여준다. 이러한 개념 아래 2010년 Brasília 공항과 Recife 터미널 공역에 PBN을 바탕으로 하는 새로운 항로를 설계하고 그 효과를 비교해 보았다. 시뮬레이션을 통한 비교 검증 결과 하루 평균 75,500kg의 CO_2를 절감할 수 있으며 이것은 하루 평균 터미널 구역에서 발행하는 이산화탄소의 0.11%인 것으로 나타났다. 비록 이 과정을 통해 절감할 수 있는 항공기 연료와 이산화탄소의 양은 적지만 이것은 상파울루 공항에서 브라질리아 공항까지 B737항공기가 10회 운항할 수 있는 양이다.

나. 활주로 및 유도로 사용법 개선

Brasília 공항은 증가하는 교통량을 처리하기 위해 2005년 제2 활주로를 건설하였다. 새로 건설된 활주로는 항공기 소음 저감을 위한 특별 절차를 적용하여 운영되고 있었다. 그러나 항공기 소음 저감을 위한 특별 절차는 항공기의 활주 거리를 증가시켜 결과적으로 항공기의 연료 소비량이 늘어났다. 이러한 문제를 해결하기 위해서 ATC는 활주로 운영방법을 바꾸기로 하였다. 6:00~22:00시에는 항공기의 지상활주거리를 감소시키기 위해 항공기를 11L 방향으로 이륙시키고 항공기는 공항 주변 거주지역을 가능한 빨리 벗어날 수 있도록 6,000피트까지 빠르게 상승하는 것이다. 22:01~05:59시까지는 야간시간대의 소음 영향을 줄이기 위해 활주로 11R을 이륙용, 11L을 착륙용으로 사용하였다. 새로운 운영절차에 대한 시뮬레이션을 통한 검증 결과 새로운 운영절차는 항공기의 지상활주거리를 2.5km 감소시켰으며 이는 하루 평균 63,000kg의 항공기 연료 절감과 198,000kg의 이산화탄소 배출을 절감할 수 있는 양이다.

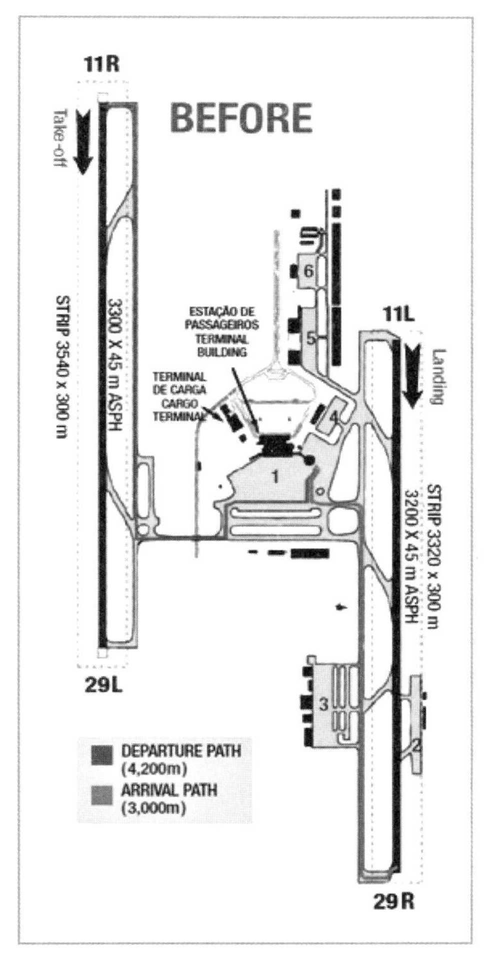

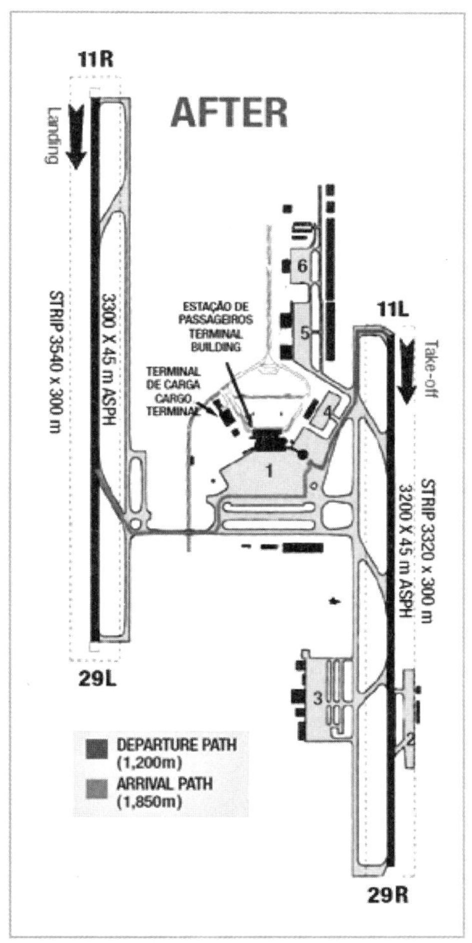

출처 : "국제민간항공기구", 환경보호위원회(CAEP), 보고서, 2010

[그림 6-6] Brasília 국제공항 활주로 운영변화 전후

부록

연료 소모 최소화를 위한 항공기 운항기법

ICAO, Cir 303 AN/176, Operational Opportunities to Minimize Fuel Use and Reduce Emissions의 내용 중에서 제1장과 제2장을 제외하고 발췌하여 해석 편집했음. 또한 각 장 말미의 "요약(SUMMARY)" 부분 역시 제외하였음.

제3장 항공기 환경 성능

도입

3.1 연료 사용량과 배출량을 최소화하기 위해서는 처음부터 이를 고려하여 기체와 엔진을 설계하는 것이 가장 중요하다. 이전부터 시장은 명백히 경제적 이유로 가능한 연료를 적게 소비하는 것을 권장해 왔고, 배기가스를 줄이기 위한 이유로 엔진을 설계하는 것은 최근에서야 그 중요성이 대두되었다. 최근 몇 년 동안 발전해 왔으며 설계자의 노력 역시 지속될 것이지만, 그럴 수 있는 기회는 불가피하게도 줄어들고 있다.

항공기 및 엔진 설계를 통한 연료 효율 상승

3.2 전체 상업 항공산업은 에너지 효율을 개선하기 위해 지속적으로 노력해 왔다. 항공 운송 서비스 산업에 종사하는 모든 당사자들에게 있어 효율성 개선 문제는 경제성에 입각하기도 하지만 동시에 환경에 대한 책임으로 인식되기도 한다. 40년 이상의 상업용 제트기 운영 기간 동안, 항공기 연료 효율은 약 70% 향상되었으며 이는 지속적으로 향상되어 온 경제 및 환경적 성과이다. 1970년 이후의 개선 사항과 2020년까지 예상되는 개선 사항을 요약한 내용은 그림 3-1을 통해 알 수 있다. 1950년대 초, 제트 서비스 도입에서 오늘날까지 행해진 개선 사항의 절반 이상이 엔진 기술과 설계의 발전이 차지한다. 균형은 혁신적인 기체 설계를 통해 달성되었다. 항공산업이 발달해 온 과정에서의 가장 중요한 기술적 설계 고려사항은 비행의 안전이었으며, 지금도 그러하다. 그러나 현재 항공산업에서 안전과 더불어 에너지 효율에 대해서도 고려되고 있다.

비행기 구성과 활용

3.3 2000년에는 전 세계 상용 제트 운송 항공기 비행대가 약 14,000대에 달했다. 가장 작은 제트기의 좌석 수는 50석 미만이고, 가장 큰 여객기는 국내선을 기준으로 500개 이상의 좌석을 가지고 있다. 그림 3-2는 1999년에 항공기 크기에 따라 분류된 전 세계 분포도이며, 평균 항공기 크기는 약 197석(최근 몇 년 동안 도입된 지역 제트기를 제외하면 209석)이다. 지난 20년 동안 대형 제트기의 평균 크기가 느리게 증가한 것은 그림 3-3(지역 제트기 제외)에 나타나 있다. 마찬가지로, 다양한 상용 제트기의 종류 중 그 범위는 일부 소형 제트기의 경우 1,500해리 미만에서 대륙 간 가능 넓은 기체의 경우 8,000해리 이상까지 다양하다.

3.4 자본 비용을 충당하기 위해서는 상업용 항공기를 수년간 매일 여러 시간씩 사용하여 수익을 창출하여야 한다. 100석 이상의 여객용 제트기의 전 세계적 평균치는 30년 이상의 운항 기간 동안 매일 거의 10블록 시간씩 운용된다. 항공 화물 사업의 특성에 기반하여, 항공 화물 운송기의 경우 동등 크기로 비교하였을 때 여객기보다 하루별 이용시간이 적다.

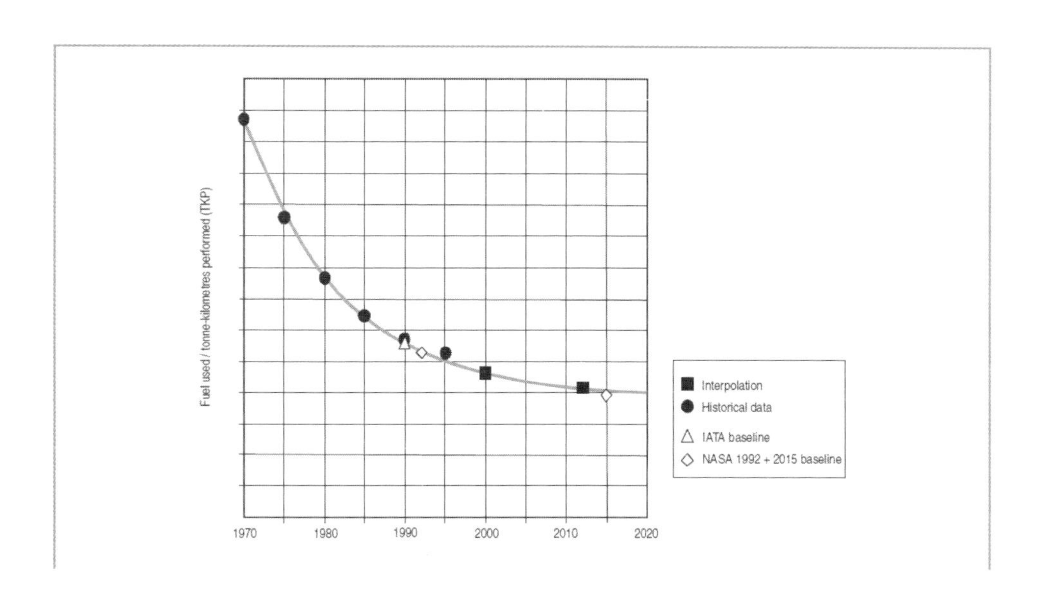

Relative fuel efficiency improvement

	1990–2000	2000–2012	1990–2012
Total	17%	10%	26%
Per year	1.6%	0.5%	1.1%

NASA inventory	(ASK/kg)	(1/100 RPK)	(1/100 TKP)
Baseline 1992	31	5.8	52.9
Baseline 2015	41.8	4.3	39.2

[그림 3-1] IPCC/NASA 2015 재고 및 자료에 기초한 IATA 산업 비행 연료 효율

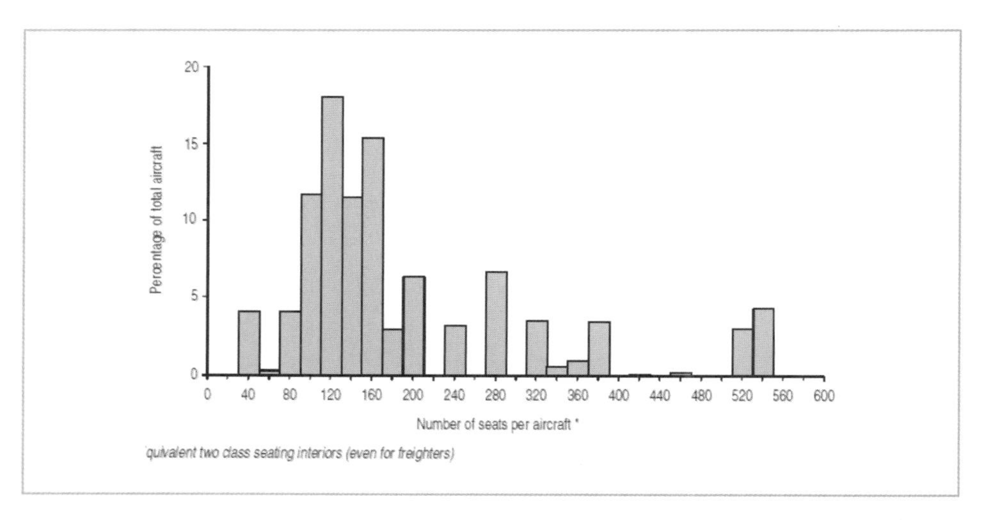

[그림 3-2] 1999년 전 세계의 상업용 제트 운송 비행기(화물기 포함)

3.5 항공 운송 서비스에 대한 수요는 전 세계적인 경제 활동과 전 세계 많은 사람들의 삶의 질 향상을 위한 욕구와 깊은 연관성을 가진다. 상용 제트기 운송의 규모, 범위 및 용도의 광범위한 스펙트럼은 승객 및 화물 항공 운송 수요와

효율적으로 일치시키기 위해 항공 운송 설계자, 제작자, 금융 기관 및 항공사의 기타 협력을 통해 만들어진 것이다. 이 수요는 시간에 매우 민감하며 각각의 출발지 및 목적지 운송 시장의 요구에 따라 달라진다. 연간 성장률, 계절 변동, 요일, 시간 등 다양한 중요 변수들이 수요에 영향을 미친다. 따라서 항공 운송 서비스 공급의 효율적인 제공은 언제나 변화할 수 있다. 공급–수요 일치의 성공은 항공 운송 시스템의 총 경제 및 에너지 효율을 결정하는 주요 요인이 된다. 항공 운송 서비스는 수요에 대응하여 제공되기 때문에, 항공 서비스의 지리적 분포는 주로 사람들이 사는 곳과 사업 활동이 가장 높은 곳에서 존재한다. 그래서 항공 교통은 특히 서부 유럽, 베네룩스 지역, 미국의 북동부 메트로폴리탄 회랑, 그리고 일본의 많은 지역에서 밀집되어 있다. 항공 교통량이 매우 밀집되어 있는 몇몇 연결 허브 공항도 있다. 주요 대륙 간 교통 흐름은 북대서양, 북태평양, 유럽과 아시아 사이에 존재한다. 지역적 분포도와 대륙 간 흐름을 살펴보았을 때 항공 운송 서비스의 대부분이 북반구의 중–고위도에서 발생함을 알 수 있다. 물론 모든 곳에서 중요한 교통 서비스를 제공하고 사업 활동을 하고는 있지만, 상대적으로 남반구 내에서나 남반구로 오가는 항공 교통은 적다.

동향

3.6 항공 운송 사업의 규모와 기술 발전 및 현실적인 경제상황을 비추어보았을 때, 기존의 모든 항공기를 새롭고 개선된 유형으로 대체하는 것은 상당한 시간이 필요하다.

3.7 총 시간은

a) 경제적으로 효과적인 새로운 기술을 연구하고 개발하는 것

b) 신기술을 효율적으로 새로운 항공기 설계에 적용시키는 것

c) 수천 대의 최신 기술을 판매, 구매하고 제조하는 것

d) 경제성을 위해 항공사 서비스에 최신 기술을 운용하는 것

을 포함하여 총 60년 혹은 그 이상일 수 있다.

3.8 그럼에도 불구하고, 항공 운송 시스템의 경제성과 그 에너지 효율의 개선을 목표로 한 기술 연구 및 개발에는 여전히 많은 기회가 존재한다. 본 회람의 다른 곳에서 논의된 바와 같이 모든 노력이 항공기 자체에 초점을 맞추고 있는 것은 아니다. 하중 비율이 높은 항공기를 운용하기 위한 항공 예약 시스템의 개선은 현재 중요한 추세 중 하나이며 항공 교통 관리(공항 주변뿐만 아니라 항로 상에서도)의 새로운 개발과 절차 또한 안전 수용량과 효율성 향상을 목표로 한다. 공항 운영 방식 자체로도 더 나은 에너지 효율을 제공할 수 있다.

3.9 상업용 항공기 디자인의 예술과 과학에는 규모의 경제가 있다. 즉, 동일한 기술 수준에서 대형 항공기는 보통 좌석당 더 낮은 비용을 제공할 수 있으며 소형 항공기보다 좌석당 더 연료 효율이 높을 것이다. 그러나 앞서 논의한 바와 12장에서의 내용과 같이, 항공 운송 효율성을 판단하는 적절한 척도는 좌석에 대한 수요와 실제 제공되는 좌석의 수가 얼마나 잘 일치하는가이다. 따라서 효율적인 항공 운송 시스템을 구축하기 위해서는 계속해서 다양한 크기와 범위의 효율적인 항공기 유형이 필요할 것이다.

3.10 지난 20년간 항공기당 평균 좌석 수 증가(그림 3-3 참조)는 여러 업계의 동향에 대한 결과로, 그중 일부는 다음과 같다.

a) 1983년부터 1999년까지의 매년 5.5%의 항공 여행 성장률
b) 더 적은 수의, 그러나 규모가 더 큰 대기업 및 제휴업체로의 항공사 통합
c) 특정 주요 공항 및 항로의 정체 증가
d) "허브 앤 스포크" 경로 패턴의 사용 증가
e) 신규 틈새 항공사의 추가 서비스
f) 더 긴 범위의 소형 항공기 개발 및 사용
g) 기존 경로에서 더 높은 빈도의 서비스 제공
h) 새로운 경로에서의 서비스 도입

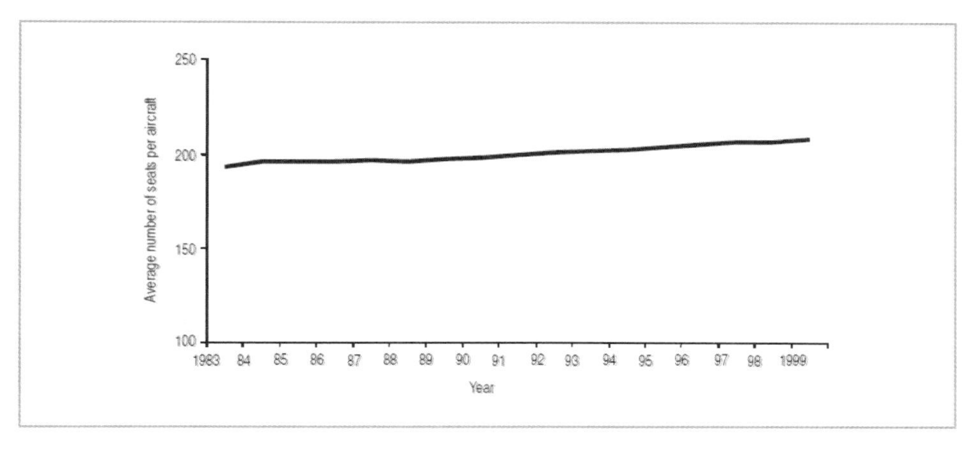

[그림 3-3] **지난 20년간 항공기 평균 좌석 수**

3.11 향후 몇 십 년 동안 아마 이런 산업 추세가 지속될 것이다. 전체 시장 예상 성장률과 상반되는 제한된 기반 시설은 평균 항공기 크기를 증가시키는 결과를 가져온다. 시장 파편화, 정부 제한의 자유화, 항공사의 민영화, 그리고 다른 서비스 제공업자들은 소형 항공기 사용을 장려하는 경향이 있다. 100석 미만의 좌석의 지역 제트기들의 확장은 평균 항공기 크기의 성장을 저해하는 경향이 있다. 그럼에도 모든 요인을 고려해 보았을 때는 평균 항공기 크기가 지속적으로 성장하고 있음을 알 수 있다.

3.12 전 세계적으로 상업용 제트기는 매우 많다. 따라서 새로운 항공기가 성장과 교체를 위해 도입됨에 따라 항공기의 전체 연료 효율은 상대적으로 느릴 것으로 예상된다. 평균적으로 매년 7%의 좌석은 신규로 생성되며, 4-5%는 성장을 위한 것이며 2-3%는 퇴역 항공기를 교체한다. 연료 효율이 높은 신규 항공기가 도입되고, 동시에 효율성이 떨어지는 노후 항공기가 폐기됨에 따라, 총 비행기당 연료 효율은 향후 20년간 매년 약 1%의 개선율을 보일 것이다.(그림 3-1 참조)

3.13 항공사 배출량을 줄이기 위한 신기술의 연구, 조사, 개발은 어려운 일이다. 예상하지 못한 부정적인 결과를 피할 수 있도록 관련 당사자들이 노력해야 하기 때문이다. 특히 대립되는 환경 목표(즉, 항공기 소음 감소 대 다양한 엔진 배출 감소)의 경우 이에 해당된다. 예를 들어, 높은 가연기 온도에서 엔진을 작동하면 연료소모량(그리고 CO_2)을 줄일 수 있지만 NOx 생성을 증가시키는 경향이 있다. 개선사항으로 낸 방안이 한 가지 또는 소수의 환경 목표만 충족하지만 다른 목적에 반할 수 있다. 소음 감소와 개선된 연료 효율 사이의 갈등은 8장에서 다룬다.

미래 기술 발전

3.14 사실 항공 전자 기기 및 조종실 자동화에 있어 아직 활용되고 있지 않은 기술이 있다. 대부분의 최신 제트기와 현재 생산되고 있는 항공기들은 항공 교통 관리 시스템의 용량과 효율성을 개선하는 데 사용될 수 있는 전자 기기 및 조종실 자동화 기능을 가지고 있다. 하지만 많은 항공기에 내재된 기술적 능력을 활용할 수 있는 통일되고 호환되는 지상 기반 시설과 허용되는 항공 교통 운영 절차의 한계점이 존재한다. 전 세계적으로 이러한 부족한 부분을 해결하기 위해 여러 연구가 진행 중이며, 향후 몇 년 동안 많은 진전이 있을 것으로 예상된다(제6장 참조).

3.15 CAEP의 항공기 및 엔진 제작자의 대표는 1997년과 2015년 사이에 항공기 연료 효율의 20%가 개선될 것이라는 IPCC의 예측에 대해 동의한다. 현재 진행 중인 연구의 결과는 이를 뒷받침하고 있다. 하지만 제작자들은 향후 진행률에 대한 우려를 표명하고 있다. 불확실한 연구 자금과 NOx 감소 기술을 생산 하드웨어로 전환하는 것이 점점 어려워짐에 따라 이러한 문제들은 지금까지 이루어진 현저한 발전과 함께, 현재의 기술을 개선하는 것이 점점 더 어렵고 비용이 많이 들기 때문이다.

3.16 IPCC 특별 보고서에 의하면 1997년부터 2015년까지 10%의 엔진 연료 효율 개선을 계획하였다. 개별 엔진 제작자는 이 예측에 대해 동의를 하였다.

a) Pratt & Whitney는 오늘날의 PW4084 엔진에 비해 B777-200 항공기의 경우 승객-킬로미터당 연료 소비량이 19% 감소할 것으로 예상한다.

b) Snecma는 2010년까지 4-7%, 2020년에는 8-10%의 연료 효율 개선을 예상한다.

c) General Electric은 2010년까지 연료 효율을 10% 개선할 것으로 예상한다. 이 예상치는 4.5%의 열 및 추진 효율성 개선에 따라 달라질 수 있으며, 나머지 5.5%는 개선된 추력/가중비에서 개선된다.

d) Rolls-Royce는 2010년까지 10% 연료 효율 개선을 목표로 하고 있다.

3.17 Snecma가 제시한 CO_2 목표(표 3-1)는 각 제작자가 전형적으로 제시한 목표다. 연구 목표는 유럽위원회의 5차 프레임워크 프로그램과 미국 항공우주국(NASA)의 Three Pillars for Success Program과 같은 정부 계획이 완전히 지원되고 어떠한 근본적인 기술적 장벽도 직면하지 않는다고 가정한다. 생산 목표는 아래에서 논의한 바와 같이 초기 기술 시연과 제품 도입 사이의 예상되는 격차가 해결되었다고 가정한다. 모든 목표는 현재의 제트 연료를 계속 사용하는 것으로 가정한다. 2020년을 초과하는 CO_2 목표는 해당 기간 동안 발전된 형태의 새로운 항공기에 의해 크게 영향을 받을 것이라는 점 역시 유의해야 한다. 또한, NOx 목표 충족 능력은 연소 압력 및 온도 수준이 증가하여 감소할 것으로 예상된다.

표 3-1 CO_2 목표

	1990	2010	2020
Research targets	Base	-7/-10%	-12/-20%
New production engine targets	+3/+5%	-4/-7%	-8/-10%

3.18 기술을 생산 하드웨어로 변환하기 위해서는 몇 가지 핵심 조건이 충족되어야 한다. 실제 운용 가능한 기술이 있어야 하고, 시장 요건은 명확해야 하며,

새로운 항공기가 재정적 문제 없이 운항 가능해야 한다. 엔진과 기체의 제조사는 별도로 기술을 발전시키지만, 엔진과 기체 통합 기술을 발전시키기 위해서 협력한다. 이는 점진적으로 그리고 대규모적으로 발전되어 왔고, 수십 년에 걸쳐 보았을 때 상대적으로 안정적이고 지속적인 발전율을 기록해 왔다. 미래 시장 수요의 불확실성으로 인해 2010년 기간에 도입될 수 있는 특정 항공기의 세부사항을 정확하게 예측할 수는 없지만 신규 생산 항공기에 대한 평균적인 지속적 효율성 개정 사항은 필요하다.

3.19 신기술을 생산에 도입하는 과정에는 두 부분이 있다. 첫 번째 부분은 기술 개념을 실제 환경에서 입증할 수 있을 정도로 개발하는 것이다. 두 번째는 이 개념을 시연 단계에서 허용 가능 위험 범위 내의 실행 가능한 제품으로 전환하는 것이다.

3.20 새로운 엔진을 설계하고 인증하는 시간이 줄어들었기 때문에 최근 몇 년 동안 기술을 생산 하드웨어로 전환하는 것이 어려워졌다. 반면에 신제품은 생산 시작부터 효율성, 신뢰성 및 내구성의 예외적인 기준을 충족할 것으로 예상된다. 과거에는 엔진 개발 주기가 몇 년 동안 지속되는 등 엔진 개발 프로세스와 병행하여 기술 개발을 완료하기 위해 필요한 시간을 충분히 제공하였다. 하지만 최근 몇 년 동안, 새로운 엔진 개발 프로그램하에서 최초의 인증 엔진을 설계하고 건설하는 데 이용 가능한 시간이 12개월에서 6개월로 단축되었다. 엔진 개발 주기는 항공기가 운항을 시작할 때까지 2년 반 정도만 허용한 기체 개발 주기에 의해 구동된다. 이러한 일정을 충족하려면 항공기 개발 주기가 시작되기 전에 엔진 기술을 매우 높은 수준으로 준비해야 한다.

제 4 장 항공기 정비

도입

4.1 이 장은 크게 두 부분으로 나뉜다.

a) 항공기 기체 정비 및 공기역학적 손상

b) 엔진 정비 및 성능 저하

4.2 기준 항공기로부터의 편차에 대한 연료 손실은 예시로 제시되어 있다. 해당 항공기는 1,000해리(NM) 길이의 평균 단계에서의 3,500시간 연간 비행을 가정한다. A300 항공기에 대한 예시로, 실제 연료 손실은 항공기 유형, 항공기 운영 방식 및 실제 정비 차이 등을 포함한 요인에 따라 달라진다. 이에 항공기 제작자는 특정 항공기 유형과 모델에 대한 가이드 자료를 생산한다.

기체 정비 및 공기역학적 손상

기체의 중요 영역

4.3 과잉 연료소비 측면에서 가장 큰 손실의 일부는 기체의 불량으로 인한 항력증가에 기인한다. 과도한 갭 허용오차, 잘 맞지 않는 해치 및 커버, 페어징 열화 및 이동 표면의 불완전한 접힘은 모두 잠재적 연료 손실의 원인이다. 공기역학적 cleanliness를 고려할 때, 범프, 찌그러짐 및 긁힘도 고려해야 한다. 왜냐하면 기체 표면이 매끄럽지 못하면 항력을 크게 증가시키기 때문이다. 항력유도제에서 발생하는 연료 소모로 인한 손실은 주로 그 위치와 정도에 따라 결정된다.

기체의 다른 영역은 최적의 공기역학적 매끄러운 상태의 변화에 더 민감하다. 항력 감도에 대한 zone별 분류는 전체 항공기를 기준으로 총 구역으로 나뉜다.

a) Zone 1: 높은 수준의 공기역학적 매끄러움 필요. 이 구역은 전방 기체, 엔진 카울 및 주탑, 상부 날개 표면의 앞부분부터 스포일러까지, 그리고 하부 날개 전체 슬랫 표면 그리고 방향타와 승강타로 확장되는 수직안정판 및 수평안정판의 양쪽 표면을 각각 아우르는 것을 포함한다. 표면 편차 및 구역의 연결 허용오차 편차는 상당한 항력 증가를 초래할 뿐만 아니라 항공기의 안정성, 제어 가능성 및 안전에 부정적인 영향을 미칠 수 있다.

b) Zone 2: 양호한 수준의 공기역학적 매끄러움 필요. 이 구역에서는 중앙 기체와 날개, 꼬리날개 및 Zone 1에 해당하지 않는 엔진으로 구성된다.

c) Zone 3: 보통 수준의 공기역학적 매끄러움 필요. 후방 기체를 포함한다. 표면 편차는 항력을 증가시키고, 후 연료 소비를 증가시키지만 실제 증가량은 덜 중요하다.

문

4.4 상당한 연료 손실이 발생할 수 있으므로 문의 연결 및 실링(sealing)에 주의해야 한다. 제대로 연결되지 않은 문은 기체 표면에 분리되어 매끄러운 공기 흐름을 방해할 뿐 아니라, 또한 잘못 장착되는 압력 실(seals), 그리고 그로 인한 공기 누출이 발생할 수 있다. 두 경우 모두 발생한 난류가 항력을 증가시킨다.

4.5 표 4-1은 제대로 접합되지 않은 문이 어떻게 되는지에 대한 예시이다. 1시간의 시정조치를 통해 항공기당 연간 500리터의 연료에 상당하는 경제적 이익을 얻을 수 있다. 공기 누출이 실내 소음을 증가시킴과 도시에 문 근처 실내 온도를 낮추기 때문에 승객이 느끼는 쾌적함이 또한 향상된다. 표 4-2는 문의 실 누락 또는 손상 현상을 보여준다.

제어 표면

4.6 비록 제어면 연결부가 검사 해치 및 덮개판보다 더 깊은 주의가 필요하지만, 대부분 개선 가능하다. 항공기 취급 특성에 미치는 영향과는 별개로 제어 표면을 고정하는 정확도의 정도는 항공기의 최종 효율에 상당한 기여를 할 수 있다. 제어 표면 오차의 일부 예와 그 결과는 표 4-3에 나와 있다.

표피 긁힘(덴츠)과 표면 거칠기

4.7 기체 표면의 일정 손상은 정상 작동 시에 발행한다. 버드 스트라이크, 마모, 정비, 작은 화물 핸들링 사고 등은 모두 흔적을 남긴다. 그런 손상은 특히 엔진 나셀 및 연료소모에 치명적이다. 긁힘 및 표면 거칠기를 고려할 때 페인트 기포도 고려해야 한다. 각각의 결함만으로는 그다지 큰 의미를 지니지는 않지만, 전체적으로 판단하면 그 금액은 상당하다. 발생 효과의 예시는 표 4-4 및 4-5를 통해 참조 가능하다.

기체 부품 누락

4.8 항공기 구조물에서 누락되는 품목은 고무 밀봉재 및 피복재, 커버플레이트 및 소형 검사 해치를 포함한다. 그러나 가끔 대형 품목이 전혀 설치되지 않은 경우도 존재한다. 항공기 최소 장비 목록(MEL)과 외형 변경 목록(CDL)은 항공기의 안전에 영향을 미치지 않으므로 이러한 부품을 설치하지 않아도 운항할 수 있다. 그러나 이러한 부품을 설치하지 않으면 잘못된 제어 표면과 같은 방식으로 연료소모량이 증가할 것이다. 표 4-6은 관련 손실의 예를 제공한다.

표 4-1 특정 단계 및 밀리리터당 미스매치 항공기당 연간 리터 단위 추정 연료 손실

Item	5mm step	10mm step
Passenger front door	9,100	21,100
Passenger rear door	2,950	6,750
Emergency exit, aft of wing	3,800	8,900
Cargo door forward	8,900	20,800
Cargo door aft	4,850	11,300
Main landing gear door	5,200	14,000
Nose landing gear door	8,450	19,200

표 4-2 문(door) 실 누락에 대한 항공기당 연간 리터 단위 추정 연료 손실

Item	Values for each 5cm missing	
	Sides	Top or bottom
Passenger front door	1,550	800
Passenger rear door	1,000	550
Cargo door forward	1,500	800
Cargo door aft	1,100	550

표 4-3 제어 표면 오작동에 대한 항공기당 연간 리터 단위 추정 연료 손실

Control surface	Height		
	5mm	10mm	15mm
Slat	12,300	28,200	40,500
Flap	6,050	10,500	13,500
Spoiler	14,000	32,300	50,200
Aileron	6,050	10,500	13,700
Rudder	7,450	12,900	16,700

표 4-4 Zone 1의 단일 덴트 또는 기포에 대한 항공기당 연간 리터 단위 추정 손실

Item	Surface area damaged	Depth	
		5mm	10mm
Fuselage	20cm²	72	72
	80cm²	274	304
Wing	20cm²	87	95
	80cm²	372	407
Tail	20cm²	46	99
	80cm²	95	186

표 4-5 1㎡ 이상의 표면 거칠기 0.3mm에 대한 항공기당 연간 리터 단위 추정 연료 손실

Affected area	Fuel penalty
Fuselage	3,350
Wing skin(upper)	12,400
Wing skin(lower)	5,950
Tail	5,800

표 4-6 기체 누락 부품에 대한 추정 연료 손실

Type of deterioration	Fuel penalty(litres per year)
Absence of seal on movable surfaces :	(per metre of missing seal)
Slats(span-wise seal)	14,000
Flaps and ailerons(chord-wise seal)	9,500
Elevator	6,300
Engine cowl : One pressure relief door missing	134,000
	269,000
	364,000
Spoiler or airbrake : Trailing edge missing from one	5,950
Cargo door : Lock cover plate missing	1,000
Fin/fuselage junction : Fairing and rubber seal missing	39,500
Elevator : Bearing access cover missing	19,700

표피 접합

4.9 표피 패널이 만나는 곳마다 공기역학적으로 매끄러운 정도를 방해할 수 있다. 이러한 표피 조인트 사이의 간격은 완충 화합물로 다듬거나 다듬어야 한다. 그렇게 하지 않으면 공기가 조인트 위로 흐를 때 연료에 작은 손실이 생긴다.

4.10 층계와 평행하게 공기가 흐르는 틈 접합 부분(랩 조인트)에 의해 발생하는 손실은 미미하다. 그러나 랩 조인트가 활주로와 직각인 경우 손실 값에서 100에서 200 정도 더 곱한다.

계기의 정확도

4.11 부정확한 계기가 연료소모량 증가의 또 다른 원인이 될 수 있다. 계기의 미미하지만 잘못된 판독은 항공기가 최적의 성능을 달성하지 못하였음을 의미한다. 연료 절약 측면에서 가장 중요한 두 가지 계기는 마하계와 고도계다. 0.01의 단일 마하계 오차는 불필요한 연료소모량에서 연간 170,000리터의 비용이 들 수 있다. 불과 100ft의 고도계 오차는 불필요한 연료소모량에서 연간 100,000리터의 비용이 들 수 있다.

엔진 정비 및 성능 저하

일반

4.12 오늘날의 엔진은 장시간의 조정 제어, 누출 제어 및 침식에 대한 내성을 가진다는 특징이 있다.

4.13 현재 터보팬 엔진의 특정 연료 소비량(SFC)이 저하되는 주요 원인은 에어포일 등고선과 표면 마감의 변화를 가져오는 '침식'이다. 날개와 베인과 각각의 밀봉 표면 사이의 반경 간극 증가 및 회전/정지 실의 반경 간극 증가도 성능 저하의 원인이 된다. 이러한 요소들의 엔진 손상 정도는 그림 4-1과 같다.

4.14 추가적으로 SFC의 1% 악화는 엔진 비행 시간당 약 10달러의 비용을 발생시킨다(연료 비용은 리터당 0.26달러로 가정한다). 다만 엔진 설계의 종류는 다양하기 때문에 주어진 예를 모든 엔진에 적용할 수는 없다.

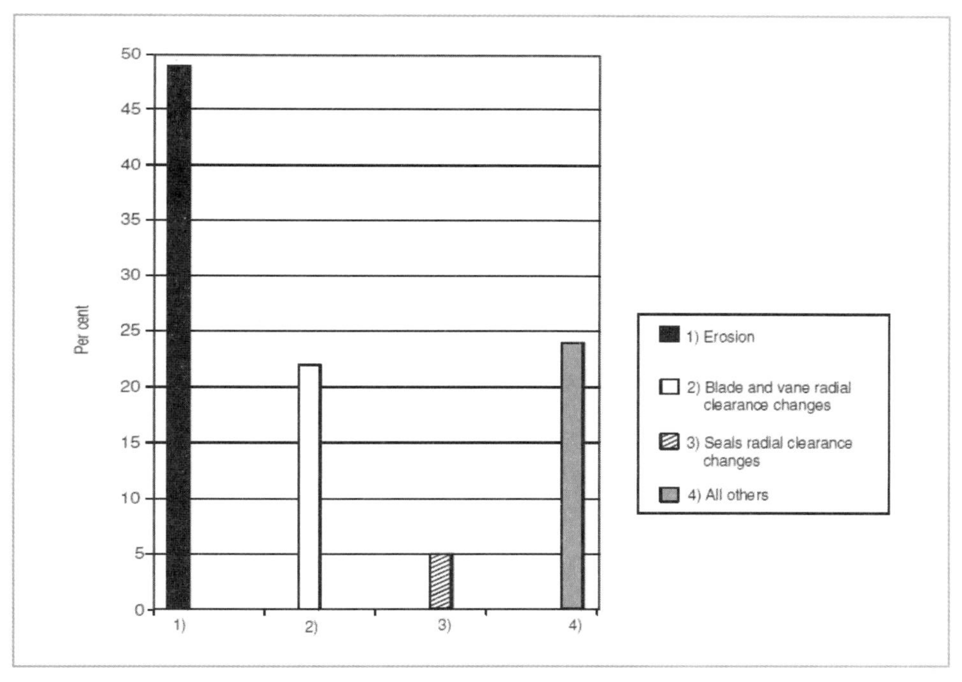

[그림 4-1] **최신 터보팬 엔진에서의 SFC 악화의 주요 원인**

엔진 가스 경로

4.15 엔진 가스 경로는 엔진 성능 유지 또는 개선에 영향을 미칠 수 있는 주요 영역이다. 가장 중요한 공기역학적 및 열역학적 열화가 발생하고 가장 큰 성능 복원이 이루어질 수 있는 영역이다. 성능 저하를 일으킬 수 있는 팬 섹션의 감퇴는 종종 인식되지 않는다. 항공기의 엔진을 분리하지 않고 정기적인 유지보수 조치를 통해 복구할 수 있는 몇 가지 방법이 있다. 표 4-7은 특정 엔진에 대한 이러한 예시를 열거하며, 회복되지 않은 경우 그에 상응하는 추정 패널티와 함께 표시된다.

4.16 오염물질과 고무줄 잔해가 누적되면 오염물질 양에 따라 성능이 저하된다. 이러한 손실 중 일부는 정기 연료 노즐 청소(일부 엔진만 해당) 또는 물세척을 통해 복구할 수 있다. 정기적으로 엔진을 세척하는 것은 성능을 유지하는 데 도움이 되며, 엔진을 분리하지 않고도 쉽게 수행할 수 있다. 가스 경로 오염의 정도와 유형에 따라 다르지만 결과적으로 성능이 개선된다. 가장 접근하기 쉽고 연료 소비에 큰 영향을 미치는 엔진 가스 경로의 부분은 팬이다. 팬 블레이드는 첨단 부식, 팬 고무 스트립의 열화 및 팬 블레이드, 고무 스트립 또는 저압 컴프레서 입구의 손상을 육안으로 검사하면 쉽게 감지된다. 이러한 구성 요소 중 다수는 필요한 경우 엔진 탈거 없이 수리 또는 교체할 수 있다.

표 4-7 **엔진 성능 저하의 예**

Item	Condition	Cruise TSFC	Estimated fuel penalty (litres pre engine pre year)
Fan blades	Leading edge erosion Foreign object damaged/blended blades	Up to 0.6 pre cent Up to 0.3 pre cent	86,500 43,300
Fan rubstrip	Wear resulting in increased tip clearance	0.2 per cent for a 12.5mm increment	30,000

Fan flow path fairing	Leading edge erosion	Up to 0.7 per cent	11,700
Fan/compressor airfoils	Accumulation of dirt	Up to 1.0 per cent	146,000
Compressor airfoils	Foreign object damage observed at low compressor inlet guide vanes	Up to 0.3 per cent	43,000
Engine core	High time/cycles	Up to 2 per cent	293,000
First stator	Anti-ice failed "on"	1.7 per cent	246,000
Idle trim	Trim 1 per cent high		7,200

엔진 시스템

4.17 연료 제어 시스템, 서지 블리딩(surge bleed) 시스템, 공압 시스템 및 터빈 케이스 냉각 시스템과 같은 엔진 시스템은 out of trim 상태나 오작동할 경우 연료 소비에 부정적인 영향을 미칠 수 있다. 어떤 경우에는 높은 배기가스 온도(EGT) 및/또는 추력장치에 즉시 조치가 필요하다는 것을 나타낸다. 하지만 작은 결함은 일정 기간 동안 발견되지 않을 수 있다. 조종실의 지시계는 특정 시스템 오작동을 동반한다. 다른 것들은 검사, 트림 작동 또는 문제 해결 절차를 필요로 할 수 있다. 표 4-8에는 연료 소비에 가장 부정적인 영향을 미칠 가능성이 높은 시스템의 예가 수록되어 있다.

4.18 고압 압축기(HPC) 가변 스테이터 베인 시스템을 갖춘 엔진의 경우 엔진 제작자의 테스트 결과, 스톨과 특정 연료 소비(SFC) 관점 모두에서 일정이 중요하다는 것이 입증되었다. 일반적으로 최적의 상태보다 더 개방된 상태로 작동할 경우 SFC를 증가시키고 정지 마진을 감소시킨다. 예를 들어, 순항 중 SFC가 약 0.3% 악화하는 것을 볼 수 있다.

4.19 엔진 공압 덕트 및/또는 항공기 환경 제어 시스템 덕트에서 고압 공기가 누출되어 상당한 성능 저하가 발생할 수 있다. 뚜껑 밑 온도가 높으면 그러한 누출을 나타낼 수 있으며, 잠재적 벌금은 나셀에 위치한 다른 구성 요소의 수명 단축뿐만 아니라 SFC의 1%만큼 높을 수 있다.

표 4-8 엔진 시스템 저하의 예

Item	Condition	Cruise TSFC	Estimated fuel penalty (litres pre engine pre year)
Turbine case cooling system	Fully or partially inoperative (mechanical system)	0.9 to 1.9 per cent(penalty depends on engine configuration and altitude)	133,000 279,000
	Fan air leakage (supply system)	Up to 0.5 per cent	73,200
	Turbine cooling air supply leakage	Up to 1.4 per cent	206,000
Buffer air supply	Air leakage	Up to 0.3 per cent	43,300
Stator anti-ice plumbing	Air leakage	Up to 1.7 per cent	246,000

나셀 및 카울링

4.20 엔진 나셀과 카울링은 성능 저하의 측면에서 세심한 주의를 요한다. 표 4-9는 잠재적으로 발생 가능한 성능 저하에 대해 보여준다.

4.21 카울 하중공유는 추력 및/또는 g 로드에 의한 엔진의 굴절을 감소시키며, 보다 좁은 주행 간격을 유지하는 역할을 한다. 밀봉 기능이 저하되어 팬 공기가 나셀로 유입되거나 나셀의 공기가 팬의 기류에 고갈된다면 이는 연료소비를 증가시킨다. Lessthan-optimum Nacelle 표면 조건(즉, 표면 거칠기, 덴트 및 불치 패널)은 다른 Zone 1에서와 같이 항력이 증가함에 따라 역효과를 낸다.

4.22 Nacelle/Reverser 시스템에서 팬 기류가 누출되면 SFC 손실이 발생할 수 있다. 엔진 제작자에 의한 시험에서 65평방센티미터의 누출 구역은 크루즈 SFC의 0.6%의 손실을 초래할 수 있다는 것을 보여주었다. 또한 테스트 결과 135평방센티미터의 누출 부위가 사용 중 발생할 수 있는 것으로 나타났다.

표 4-9 나셀 및 카울링 손상에 따른 성능 저하의 예

Item	Condition	Cruise TSFC	Estimated fuel penalty (litres pre engine pre year)
Fan duct and thrust reverser seals	Deteriorated seals due to age and door opening and closing	Up to 0.2 per cent	30,000
Cowl load sharing system	Misadjustment/wear in thrust reverser cowl load sharing system	Up to 1 per cent	146,000
Pre-cooler system	Fan air leakage	Up to 0.5 per cent	73,200
Service bleed system	Bleed air leakage	Up to 1.3 per cent	193,000
Service bleed system/ reverser activator air supply	Bleed air leakage	Up to 1.8 per cent	266,000
Translating cowl seals	Poor fit	Up to 0.35 per cent	58,200
Fan reverser static structure seals	Poor fit	Up to 0.28 per cent	46,600
ECS duct	Poor bellow fit	Up to 0.13 per cent	21,700
Fan frame	Deteriorated seals and strut end leaks	Up to 0.04 per cent	6,650
Fan frame to reverser seals	Deteriorated seals	Up to 0.05 per cent	8,350

지상 운영 방식

4.23 정비 요원들이 지상 주행 중에 엔진을 작동할 때 따르는 관행은 성능 유지에 큰 영향을 미칠 수 있다. 정비 매뉴얼은 급격한 추력 장치의 기동을 지양한

다. 가장 비이상적인 추력 장치 움직임은 엔진 추력을 장시간 고출력에서 공회전 근처 속도로 줄인 다음 적절한 재사용 대기 시간이 부족할 때까지 저속을 유지한 다음 다시 고출력 상태로 돌아가는 동작이다. 계산과 엔진 경험에 따르면, 예를 들어 공회전 시 2분 동안만 대기하는 스로틀 시퀀스는 이륙 시 EGT에서 12°C의 변화 및 순항 시 0.5% SFC 저하와 같은 규모의 고압 터빈(HPT) 블레이드 및 장막 사이의 상당한 마찰로 이어질 수 있다.

4.24 앞서 언급한 바와 같이 침식은 엔진 성능 저하의 원인이다. 대부분의 침식은 운항 중에 발생하지만, 그중 일부는 추진 시스템 정비를 위한 지상 운용 중에 발생할 수 있다. 해당 손실은 물질이 느슨하거나 벗겨지는 표면 또는 표면 근처에서 엔진 정지를 방지하기 위해 충분한 주의를 기울인다면 감소될 수 있다.

4.25 정비 요원들은 비정상적인 작동 상태를 탐지하고 시정 조치가 가능하다. 시트 얼음을 대량으로 주입하면 팬 스테이터 루브 표면으로부터 비정상적으로 많은 양의 연마재가 손실되고 그에 따라 큰 성능 저하가 예상된다. 이처럼 다른 많은 비정상 조건 역시 정비 담당자가 감지하고 사전에 적절하게 행동할 수 있음을 알 수 있다.

제5장 항공기 질량 감소

도입

5.1 질량 감소는 두 가지 주요 영역으로 나뉜다.

a) 빈 항공기 질량(중량)을 감축하는 것

b) 비행 시 사용되지 않는 연료의 운반을 최소화하는 것

5.2 질량 감소에 따른 이익은 표 5-1에서 볼 수 있다.

표 5-1 2550kg 질량 감소에 따른 결과

	Fuel saving	
Aircraft type	Litres per year per aircraft	Percentage
B707	614,000	0.5
B727	422,000	2.4
B737	198,000	5.0
B747	1,310,000	0.6
DC-9	243,000	3.5
DC-10	272,000	0.9
MD-11	253,000	0.8

빈 항공기 질량 감축

5.3 빈 항공기 질량을 줄일 수 있는 두 가지 주요 영역이 존재한다. 기내 엔터테인먼트 시스템과 같은 안전 및 상업 장비들이 그 예이다. 일반적으로 특정 안전 장비 항목의 필요성은 전 세계적으로 표준화되어 있다(부속서 6 - 항공기

운항). 하지만 가능한 감축과 관련해서는 규제 당국과 그 정도를 논의 가능하다. 특히 필요한 비상 산소의 양과 같이 특정 상태에 매우 특이한 경우가 포함된다. 상용 또는 안전상의 이유로 운송된 품목이 여전히 필요한지 확인하고 필요하지 않은 비행(예 : 수면 상공 비행에만 필요한 안전 장비)에서 제거되는 것은 신중히 고려할 가치가 있다. 이는 법적으로 수면 상공 비행 장비가 필요하지 않은 비행에서, 육지에 매우 가깝게 비상 착륙의 상당 부분이 이루어졌기 때문에 신중한 결정이 필요함을 알 수 있다.

5.4 질량 감축이 가능한 구체적 예는 다음과 같다.

a) *먹는 물 양의 감소.* 탱크를 최대로 채우는 것 대신, 적합한 양만을 적재 가능하다.

b) *워터쿨러의 제거.* 사용하지 않는 냉각기를 제거함으로써 18kg의 감소가 발생한다.

c) *항공기 도장.* 페인팅은 마케팅의 일환이기도 하고 부식 방지와 표면 마감 처리를 보존하기 위해 사용된다. 그러나 페인트 사용량을 최소화하면 질량이 크게 줄어든다.

d) *구역 건조기 설치.* 일부 항공기에 구역 건조기를 설치하면 기체와 측면 벽 패널 사이의 수분 누적을 줄일 수 있다.

e) *fly away kit 내용물 감소.* FAK의 내용을 검토해야 한다.

f) *브레이크 냉각 팬 탈거.* 그러나 탈거 시 턴어라운드 시간을 증가시킬 수 있다.

g) *windshield rain repellent 시스템 탈거.* 현재 더 이상 사용되지 않는다.

h) *두 번째 APU 발전기의 제거.* 국내선은 하나의 발전기로 충분하며, 이는 45kg를 감소시킨다.

i) *경량 화물 컨테이너.* 경량 알루미늄 컨테이너 및 탄소 섬유로 만들어진 컨테이너를 이용 가능하다.

j) *경량 안전 장비.* 더 가벼운 종류의 구명 뗏목이나 구명조끼를 이용 가능하다.

무게 중심

5.5 질량 문제는 무게 중심 위치와 깊은 연관성이 있으며, 각 비행별 하중 분포에 따라 달라진다. 무게 중심이 최적 위치에서 멀어질수록 항공기는 공기역학적 수준이 낮아지고 트림 항력이 늘어남에 따라 주어진 비행 조건에서 더 많은 연료가 연소된다. 가용 무게중심은 안정성 고려사항에 의해 제한되지만, 무게중심을 최적 위치로 더 가까이 이동시키기 위해 화물이나 승객을 재분배할 수 있다. 일부 항공기는 보다 효율적인 무게중심을 달성할 수 있도록 꼬리 날개에 연료 탱크를 가지고 있다.

5.6 무게 중심 위치가 이동하는 각 1%에 대해 0.05%까지 연료 절약이 가능하지만, 이는 비행 조건 및 항공기 종류에 따라 다르다.

연료 탱커링

5.7 연료 탱커링은 여러 가지 이유로 실행된다. 그리고 탱커링의 양을 줄일 수 있는 가능성의 여지가 존재한다. 하지만 공항 간 연료 가격 격차가 크기 때문에 일부는 국가 정부가 설정하거나 통제하고, 장려하기도 한다. 심지어 주 내에서도 연료 가격은 매우 다양하다. 예를 들어, 한 유럽 국가에서는 최대 15%의 연료 가격 차이가 있다. 추가 연료를 운반하는 데 소비되는 연료의 비용과 적재물의 손실은 출발지와 적재될 수 있는 목적지 사이의 연료 가격 차이로 상쇄될 수 있다. 항공사들은 연료비 차이에 의한 탱커링이 여전히 합리적인지 확인하기 위해 연료 가격을 자주 점검해야 한다. 연료 비용에 영향을 미칠 수 있는 요인 및 탱커링 결정에는 다음이 포함된다.

a) 목적지 공항에서는 연료 품질이 보장되지 않는다.

b) 적절한 연료를 사용할 수 없다.

c) 빠른 턴어라운드 시간이 요구된다. 슬랏 손실 위험을 최소화하기 위해, 탱커링

은 선택 사항이다. 매우 혼잡한 공항에서 연료 재급유를 위한 충분한 시간이 주어지지 않거나, 제한된 턴어라운드 시간만이 주어진다면 탱커링은 우려하여 결정해야 한다.

5.8 단거리 항로에 있는 소형 항공기는 중간 공항(예 : 셔틀 서비스 운영, 중요한 일정 및 통행금지 문제를 가진 운영 및/또는 최소 또는 신뢰도가 낮은 원격 공항)에서 보내는 시간을 최소화하기 위해 연료를 재급유하지 않고 여러 비행 구간을 완료하기에 충분한 연료를 싣고 운항한다.

5.9 추가적인 탱커링 연료를 운반하는 데 필요한 추가 연료는 항공기의 특성 및 기타 요인에 따라 달라지지만, 비행 시간당 총 연료 상승의 2-4%에 해당하는 순서로 되어 있다. 연료 탱커링 필요 이상의 추가 연료가 실린 장거리 비행에서 제한될 수 있다. 한 항공사가 단거리 비행의 경우 톤당 12달러에서 15달러, 장거리 비행의 경우 톤당 25달러까지의 연료 비용 차이에 대한 탱커링 기준치를 마련했다. 유럽에는 주요 공항들 간의 톤당 120달러 정도의 연료 가격 차이를 보여주는 경우가 많다. 한 항공사가 연간 90,000톤의 연료를 탱커하고 있는데, 이것은 연간 6,500톤의 연료소비를 증가시키지만 4백만 달러를 절약한다.

추가 연료

5.10 과잉 연료를 싣게 되는 또 다른 이유는 페이로드를 과대 평가하기 때문이다. 예를 들어, 평균 승객을 95kg에서 105kg로 증가시켜 가정한다면 계획된 비행에서의 블록 연료는 1% 증가된 수치가 나온다.

5.11 연료 감축 정책에 대한 설명은 8장을 참조한다.

제 6 장 항공교통관리

도입

6.1 통신, 항법, 감시 및 항공 교통 관리(CNS/ATM) 시스템은 비행 안전을 개선하고 전 세계 공역 및 공항 수용량의 사용을 최적화하기 위해 항공운항 서비스에 의해 사용된다. 이 시스템은 항공기와 항공 교통 관리자 간의 통신을 향상 시키고 항공기의 항법을 개선하며 비행 관제 시스템의 비행을 보다 효율적으로 모니터하고 제어하는 능력을 향상시킨다. 이러한 시스템은 또한 보다 직접적이고 효율적인 항공기 경로 지정을 제공함으로써 지연을 줄인다. 공역 및 공항 용량의 사용을 최적화하면 더 많은 직항로를 운행함으로써 비행, 홀딩 및 택시, 거리 비행 및 관련 연료 소비량을 줄일 수 있다.

6.2 이 장에서는 항공기의 운항 단계와 관련해 기존의 ATM 시스템을 세계적 관점에서 설명하고 불필요한 연료 연소 및 과도한 배출을 포함하여 공항 및 항공기 운영에 대한 현재의 제약 및 제한 사항과 부작용에 대해 논한다. 또한 현재의 ATM 시스템의 한계와 미래에 예상되는 변경 사항을 새로운 기술 및 개선된 절차를 기반으로 해결함으로써 보다 효율적이고 통합 ATM 시스템. 또한 연료 연소 및 관련 배출물을 줄일 수 있는 ATM 개념 및 조치 목록을 제공한다.

6.3 초기에는 주요 글로벌 ATM 문제를 강조하면서 일반적인 방식으로 다루어졌다. 이후 유럽, 미국 및 기타 지역의 현재 지역 상황 및 미래 계획의 측면이 다루어졌다.

CNS/ATM 구성 요소

6.4 CNS/ATM 시스템의 실행은 택시, 이륙, 상승, 순항, 하강 및 착륙의 6단계에 영향을 미친다. ICAO를 포함하여, 미국연방항공청(FAA)과 유럽항행안전기구(EUROCONTROL)는 출발 게이트에서 출발하는 항공기의 안전하고 질서 정연하며 효율적인 이동과 관련하여 새로운 CNS/ATM 시스템의 이점을 평가하고자 한다. 궁극적인 목표는 상업용 항공기의 안전하고 질서 정연하며 효율적인 이동을 촉진하면서 연료 사용 및 관련 배출량을 줄이는 완벽한 글로벌 항공 운송 관리 시스템을 개발 및 구현하는 것이다.

6.5 ATM 시스템은 항공 교통 관제(ATC) 기능의 조합으로, 택시하는 항공기와 항공기 사이의 적절한 분리를 보장하고, 영공 관리 감독을 담당하고 항공기의 경로를 변경하고 출발 시간과 노선을 지정하며 출발과 도착을 지연시키는 교통 흐름 관리(TFM) 기능을 제공한다.

6.6 항공 운송 활동 그룹(ATAG)은 항공 운송의 경제적 이익에 대해 다음과 같이 언급했다. "세계 공역과 공항의 용량을 증가시키기 위해 통신, 항행, 감시 및 항공 교통 위성 기반 기술을 활용하는 (CNS/ATM) 항공기는 시기 적절하고 비용 효율적인 도입이다."

6.7 새로운 데이터 통신 시스템은 조종사, 항공사 운영 센터 및 관제사를 지원하고 항공기 및 지상 시스템이 교통 및 항로 상태와 관련하여 서로 직접 통신할 수 있도록 한다. 보다 나은 정보를 제공하면 조종사가 선호하는 항로를 선택할 수 있고, 관제사 역시 영공 및 공항 용량을 보다 효율적으로 관리할 수 있다.

6.8 위성 항법 장치의 도입은 기존보다 더 정확한 항법 수단을 제공할 뿐만 아니라 또한 지상 시설의 위치와 무관하게 경로를 선택할 수 있다는 점에서 중요하다. 터미널 구역의 유연성을 향상시키고 날씨가 좋지 않을 때 활주로의 가용성을 높인다. 현재 미국에서 제공하는 GPS(Global Positioning System)는 단 한 곳만

운영되며, 항공사에서 이를 사용할 수 있다. 러시아의 GLONASS 및 유럽 갈릴레오 시스템과 같은 다른 위성 항법 시스템은 역시 장래에 민간 항공기에 사용될 예정이다.

6.9 CNS 시스템의 감시 구성 요소 중 자동 종속 감시(ADS)는 최신 항공기 및 시스템의 향상된 탐색 기능을 이용한다. 항공기-지상 데이터 링크를 통해 항공 교통 관제사는 현재 항공기 비행 경로에 대한 정보를 제공하여 현재 전 세계에 퍼져 있는 항공기를 모니터링할 수 있다. 인구 밀도가 낮은 세계 곳곳에서 운항하는 항공기의 경우 또는 대형 수역을 비행하는 항공기의 경우 조종사의 음성이 위치 보고를 대신한다. 이 시스템은 항공 교통 관제가 항상 항공기를 모니터링하고 모든 항공 교통 상황에 대한 최신 현황을 ATM 시스템에 재현할 수 있도록 하기 위한 것이다.

현 ATM 시스템의 제한사항

공항과 터미널 지역의 운영과 수용

6.10 제한된 공항 용량은 항공 수송의 지속적인 성장에 대한 주요 제약 조건 중 하나로 인식되고 있으며, 이 제한된 수용력으로 인해 정체 및 지연이 발생한다. 또한 ATC, 램프 및 택시 분야에서 상호 간 적절한 정보와 의사 결정에 대한 공유가 부족한 상황이다. 저시정 상황에서는 움직임이 심하게 제한되며 활주로 침입의 위험이 증가하고 유도로 및 계류장이 불충분하게 개발되어 활주로 사용을 제한하고 결과적으로 공항 용량에 영향을 주게 된다. 주요 공항별 소음 통제 운영 조치 및 제한 사항 역시 영향을 미치게 된다. 출발과 도착을 효율적으로 관리하기 위한 자동화된 지상 시스템은 대부분의 경우 사용할 수 없으므로 항공기 자동화가 제대로 활용되지 않는다.

6.11 현재 도착 및 출발 항로는 해당 항로가 최적이 아닌 경우가 종종 존재한다. 이것은 많은 터미널의 공역 구조가 서서히 진화해 왔음에도 이전 세대 항공기의 성능 요구 사항을 기반으로 했기 때문이다. 또한 지상 기반 항행 보조 시설의 위치 및 가용성으로 인해 경로가 결정된다. 이러한 경로는 공항 운영 관행에 뿌리내리고 있으며, 일부 국가에서는 이러한 경로의 변경이 법률로 제정돼 있다. 이로 인해 비행 거리가 늘어나고 상승 및 하강 제한이 생겨 환경에 악영향을 미친다.

운항 중 운영

6.12 기존 경로 구조는 바람, 온도 및 항공기 질량, 요금 및 안전과 같은 기타 요인을 고려하여 가장 경제적인 경로(일반적으로 큰 순환 경로)를 기준으로 거리 페널티를 종종 부과해 왔다. 고정 경로 네트워크를 사용하면 주요 교차로에서 항공 교통 흐름이 집중되어 노선 수 및 사용 가능한 비행 수준이 감소할 수 있다. 유럽 ATS 노선 네트워크와 관련된 항공 교통에 대한 패널티 연구에 따르면 1999년 ATM 관련 문제는 노선 중간 및 터미널 통제 영역에서 모든 유럽 비행편의 비행 경로 거리에 평균 약 9%가 추가된 것으로 나타났다. 지상 ATM 시스템을 개발하고 공항 및 영공 역량을 극대화하기에는 국제 협력이 불충분하여 이러한 문제가 악화되고 있는 실정이다.

제한된 군 영공

6.13 국제 민간 항공에 관한 ICAO 협약(Doc 7300)은 모든 국가가 국가의 영공에 대한 완전하고 배타적인 주권을 가지고 있음을 확인하는 근거가 된다. 기술 제한, 정치적 고려 사항 및 보안 및 환경 문제를 포함하여 다양한 이유로 국가는 공역 사용을 제한한다. 그러나 공역을 제한하는 가장 중요한 이유는 주로 군 필

요를 충족시키는 것에 있다. 중요한 영공 지역은 영구적으로 예약되거나 제한되어 민간 항공 수송이 이 지역을 우회하는 것을 강요한다. 제한된 공역은 어떤 두 지점 사이에서 보다 직접적인 경로를 사용함으로써 항공기가 연료 사용 및 배출을 최소화하는 것을 방지할 수 있다.

6.14 문제의 범위는 지역에 따라 조금씩 다르다. 예를 들어, 유럽에서는 상당한 수의 국가가 공역 (FUA) 개념의 유연한 사용을 적용한다. FUA의 기본 원칙은 공역은 더 이상 군사 또는 민간으로 단독이 아닌 하나의 연속체로 간주되어야 하며 사용자의 필요에 따라 공유되고 일상적으로 유연하게 사용되어야 할 필요성이 있다는 것이다.

지역별 차이

6.15 항행 기반 시설 요구 사항에는 다음과 같은 여러 가지 차이점이 있다. 세계의 여러 지역 중, 복잡하고 고도로 발달된 북미와 유럽은 두 지역 간 차이점을 명확하게 보여준다. 하지만 이 지역들도 몇 가지 유사점을 가진다. 예를 들면, 두 지역 모두 증가된 수용량과 효율성이 계획 실행의 핵심 요소라는 것이다.

6.16 일관성을 유지하기 위해서는 다양한 개념과 요구 사항의 통합 및 조화가 필요하다. 안전성 및 규칙성의 조건을 충족시키고 효율적인 운영에 필요한 완벽한 성능이 따라야 한다. 그러므로 CNS/ATM을 기반으로 한 새로운 항행 시스템의 실행을 위해서는 모두가 함께 해야 한다.

6.17 지역 항공운항 계획은 ICAO에 의해 수립된 세계기구를 통해 조정되며, ICAO 표준 및 권고는 시스템 계획 및 구현을 위한 공통 체계를 제공한다. EUROCONTROL 또한 공통성과 일반성을 확보하는 동시에 계획 및 관리를 위한 공통 플랫폼을 제공한다. 지역기구는 특정적이고 구체적인 요구를 다루고 전통적인 메커니즘이 허용하는 것보다 더 빨리 적용시킬 수 있도록 체계를 설립하는

특성을 가진다.

유럽에서의 발달

도입

6.18 1997년 EUROCONTROL 연구에 따르면, 현재 유럽 함대 운영에 있어 ATM 시스템을 개선하면 최적의 제한 없는 시나리오에서 연료 연소율을 7% 줄이는 데 도움이 될 수 있다.

6.19 늦은 시간에 발생한 유럽의 심각한 혼잡 및 지연 문제를 해결하기 위해 1980년대, 당시 23개 유럽 민간 항공 회의(ECAC) 국가의 교통 장관은 많은 결정을 했다.

a) 1988년에 교통부 장관은 유럽 전역에서 사용 가능한 ATM 용량의 최적화를 위해 CFMU(Central Flow Management Unit)를 위임했다.

b) 1990년에 그들은 높은 안전 수준을 유지하면서 항공 교통을 신속하게 처리하기 위해 증가하는 공역과 통제 능력을 제공하는 1990년대의 항로 전략을 채택했다.

6.20 유럽 항공 교통 통제 조화 및 통합 프로그램 (EATCHIP)으로 알려진 이 전략을 실행하기 위한 프로그램은 1991년에 설립되었다. EATCHIP은 유럽 국가와 EUROCONTROL 간 협력하여 필요한 안전 수준을 유지하면서 비행량을 크게 증가시켰지만 지연 문제는 여전히 지속되고 있으며, 이 문제는 현재 유럽 항공 교통 관리 프로그램(EATMP)에 의해 관리되고 있다.

제도 준비 과정

6.21 1997년 2월 14일 유럽의 항공 교통 시스템(MATSE/5) 회의에서 ECAC 교통 장관은 유럽의 항공 교통 관리를 위한 ECAC 제도 전략을 채택했다. 또한 각료는 차기 회의에서 현재의 ECAC 1990년대 항로 및 공항 전략에 대한 후속 조치로서 2000년 이상 동안 포괄적인 "게이트-투-게이트"지향 ATM 전략에 대한 제안을 요청했다.

6.22 1997년 6월 7일에, 대표들은 개정된 EUROCONTROL 협약에 서명했다. 이 개정 협약의 제안 제1조는 "이것이 실현 가능한 경우, 운영, 기술 및 경제 측면에서, ATM 활동의 불리한 환경 영향의 최소화 필요성을 고려해야 한다"고 규정하고 있다.

6.23 개정 협약 발효 이전까지 의사 결정의 개선을 포함하여 핵심 요소의 효과적인 이행을 보장하기 위해 의사 결정 프로세스, 기존 ATM 용량 및 새로운 다국적 시스템 사용 최적화를 위한 조치 등을 포함한 여러 가지 임시 조치가 취해졌다.

EUROCONTROL ATM 전략 2000+

6.24 2000+ 이후 유럽 ATM은 증가하는 수요를 충족시키면서 단위 비용을 줄이고 안전 수준을 높이기 위해 추가 공역 용량을 동시에 생성해야 한다. EUROCONTROL ATM 전략 2000+는 항공 업계와 포괄인 협의 프로세스를 통해 개발되었다. 항공 안전을 향상시키면서 ATM 및 공역 용량에 대한 수요 증가가 충족될 수 있는 프로세스 및 조치에 대해 설명한다.

6.25 개정된 협약을 준수하기 위해 환경 목표 및 목표는 EUROCONTROL ATM 전략 2000+에 완전히 통합되었다.

환경 문제와 관련한 EUROCONTROL의 역할

6.26 개정된 EUROCONTROL 협약과 채택된 ATM 전략 2000+는 EUROCONTROL에 ATM 관련 환경 문제에 대한 명확한 지시를 포함한다. MATSE/6, ECAC 교통부 장관과 유럽 집행위원회는 향후 항공교통의 성장을 고려하였을 때, 환경에 대한 중요성이 커짐을 강조했다.

6.27 CNS/ATM 시스템은 항공 교통의 지속적인 성장을 수용하는 데 중요한 역할을 한다. 또한 CNS/ATM을 개선하면 연료 소모 및 배출량 감소와 같은 환경적 이익을 창출할 수 있다.

유럽의 ATM 기회

도입

6.28 환경에 대한 항공 교통의 영향을 줄이기 위한 중요한 방법은 보다 효율적이고 환경 친화적인, 지속 가능한 ATM 시스템을 만드는 것이다. 이 섹션에서는 항공연료 연소 및 배출을 줄일 수 있는 잠재적 기회로 간주될 수 있는 ATM 개념 및 조치의 9가지 예를 보여준다. 이러한 개념과 조치는 세계의 다른 지역에도 적용될 수 있다. 그러나 CNS/ATM을 개선하기 위한 핵심적 방안은 혼잡 및 지연과 같은 CNS/ATM 시스템 비효율을 줄이고 영공 및 공항 용량을 증가시키는 것이다.

게이트 투 게이트 개념

6.29 게이트 투 게이트(Gate–to–gate)란 계획부터 실행, 비행 후 활동에 이르기까지 비행을 지속적으로 고려하고 관리하는 개념이다. 이는 항공 교통 관제와

비행의 첫 교신에서부터 항공기가 운항되는 과정을 포함하여, 서비스에 대한 요금 계산에까지 확장되는 개념이다.

6.30 이것은 ATM의 현재 범위를 넘어 ATM 과정의 조정을 포함한다. 공항 및 항공기 운영자가 원활하고 일관된 관리 접근법을 제공하며, 다양한 참여자 간 합의하여 책임의 경계를 명확하게 정의해야 한다. 또한 계획 및 운영 단계에서 항공편과 언제 어떻게 상호 작용하는지에 대한 정보를 제공한다.

6.31 게이트 투 게이트 개념의 전반적인 목표는 전반적인 정보와 통일된 원칙을 토대로 비행에 대한 통합 시스템 접근법을 정의, 개발 및 구현하는 것이다. 이러한 목표를 실현하는 데 있어 필수적인 요소는 항공기 운영자, 항공로, 항공교통 흐름 관리(ATFM), 공항 ATC 및 취급 요원을 포함한 공항 운영자 등 항공기 운항 계획 및 실행에 관련된 모든 사람과 항공사 및 운항 조건에 대한 검증된 최신 정보를 적시에 공유하는 것이다. 이는 차례로 특정 비행에 대한 결정을 해당 시점에 이용할 수 있는 최신 정보를 기반으로 하여, 특정 비행에 대한 결정을 가능하게 하며, 따라서 비행이 단기 또는 실시간 운항 상황을 반영하여 동적으로 최적화될 수 있게 한다. 예를 들어, 이전에 예상했던 것보다 조기에 공역 제한이 제거된다는 조언을 받는 항공기 운영자는 보다 짧고 직접적인 경로를 협상할 수 있다.

6.32 이 개념은 기밀성과 보안을 전제하도록 되어 있는 데이터를 배포하기 위해 새로운 태도와 정보 공유에 대한 의지 및 최신 커뮤니케이션 사용을 필요로 한다. 협업 의사 결정(CDM)의 기본 철학은 최신 통신 방법을 사용하여 비행의 진행에 관심이 있는 모든 사람들에게 관련성이 높고 필요한 모든 정보를 실시간으로 공유해야 한다는 것이다. 이를 통해 실제 사건에 대한 정확한 데이터를 바탕으로 의사 결정을 내릴 수 있고, 선호도, 제약 조건 및 응답을 보다 유연하게 적용할 수 있다. 또한 사용 가능한 리소스를 보다 효율적으로 관리할 수 있다. 매우 분산되고 잘 분포된 시스템에서 CDM을 사용하는 것은 개별 참가자들에게

유리하다. 즉, 서로의 결정을 이해하고, 영향을 미치고, 선호를 더 쉽게 얻을 수 있다.

6.33 EUROCONTROL에서 채택하고 ATM 전략 2000+에 적용된 게이트 투 게이트 개념 환경에 미치는 항공의 영향을 완화하는 데 도움이 된다. 이들이 비행 활동의 전체 스펙트럼을 포괄하기 때문에 게이트 투 게이트 프로세스는 이러한 모든 활동이 가장 효과적인 방법으로 수행되도록 보장한다. 또한 게이트 투 게이트 개념은 ATFM, ATC 및 공항에서 제공하는 서비스가 조정, 상호 연관 및 동기화되도록 보장한다.

중앙 항공교통 흐림 관리 유닛(CFMU)

6.34 1980년대에 발생한 항공 교통 지연의 증가와 맞서기 위해 ECAC 장관은 1988년 EUROCONTROL 내에 유럽 전역의 중앙 항공 교통 흐름 관리 유닛(CFMU)을 구현하기로 했다. CFMU는 1996년부터 시행되었으며, CFMU 절차를 통해 항공 교통 수요를 이용 가능한 공역 및 공항 용량에 따라 맞춤으로써, 홀딩 시간을 줄이고 불필요한 연료 연소를 줄였다. ATFM 기능은 항공 교통 수요가 가용 용량을 초과하는 경우 항공기의 흐름을 규제하는 것으로, CFMU의 ATFM 부분의 주요 목표는 다음과 같다.

a) 초과수요(overloads)로부터 ATC를 보호한다.

b) 가용 수용량을 최대한 활용하여 최적의 항공 교통 흐름을 제공한다.

6.35 유럽의 ATFM 절차는 출발 항공편을 계속 유지하는 방안을 취한다. 수용량 초과의 가능성이 보이면 AFTM을 담당하는 EUROCONTROL 부서가 관계 항공기 운영자와 이의 방지를 위해 이륙 시간을 나타내는 지역 비행장 ATC에 메시지를 전송한다. ATC는 항공기 운항을 지연하거나 항로를 지키거나 속도 제한을 사용할 필요가 없어진다. 도착한 경우에도 마찬가지다. CFMU는 도착 단계에서 홀

딩 항공편의 수를 제한하려 한다. 이 과정은 원칙적으로 항공기가 엔진을 사용하지 않고 지상에서 대기 중이거나 도중에 대기하는 대신 연료 소비가 없기 때문에 환경에 상당히 긍정적이다.

6.36 비행장 폐쇄 또는 항공 기상으로 인한 문제의 경우, 항공편이 지체 없이 착륙할 수 없다면 이륙 역시 하지 못한다. 이는 불필요한 홀딩 및 연료 연소 및 배출을 방지한다.

6.37 ATFM은 오프 블록 시간 이전에 계산된 이륙 시간(CTOT)을 ATC와 운영자에게 알린다. 이륙 시간은 공항당 평균 택시 시간을 기준으로 계산된다. 위 프로세스를 개선하기 위해 택시 값에 더 많은 유연성을 제공하기 위한 노력은 계속 진행 중이다. 이 과정은 불필요한 엔진 시동을 피하는 것에 있다. 게이트와 활주로 사이의 정확한 택시 시간을 각 항공편에 대해 계산하는 등 더 많은 개선방안을 고려 중이다.

6.38 CTOT에 대한 수정이 이루어지더라도, 조종사는 이륙 시간과 활주로까지의 택시 시간을 사전에 잘 알고 있을 것이다. 이 절차는 항공기가 활주로에 택시할 때까지 엔진을 시동할 필요가 없으므로 연료 소비와 배출 가스를 최소화한다. 또한 홀딩 지점에서의 홀딩 시간 역시 감소되어야 한다.

6.39 ATFM은 주요 혼잡 지역 바깥으로의 비행을 지향한다. 이때 비행 시간이 늘어날 수 있는 단점이 존재하지만 주요 혼잡 지역을 피해서 비행한다는 장점 역시 존재한다.

6.40 일부 비행장에서는 비행기 거치대(holding stacks)를 사용하여 비행 "저장고"로 이용한다. 이것은 활주로의 사용을 최적화하지만 또한 단점으로 작용할 수 있다. CFMU는 이륙 후 항공편의 실제 위치에 대한 업데이트를 수신하여 현재의 ATFM 시스템을 향상시키고 있다. 이로 인해 ATM 관리 프로세스의 정확성이 향상되어 스택 내부의 비행 시간을 최소화하는 데 도움이 된다.

6.41 ATS 경로 네트워크 개발 프로세스는 다음과 같은 핵심 요소를 통합한다.

a) 유럽 전역 (하향식) 접근;

b) 국가 및 지역 계획의 통합;

c) 협력 계획;

d) 합의된 원칙의 사용;

e) 전문 그룹에 의한 검증.

6.42 ECAC 지역의 공역 능력을 향상시키는 것에 있어 한계점이 존재하는 이유는 다음과 같다.

a) 관련된 이해의 수(민간 및 군대 참가자가 있는 38개국);

b) 네트워크에 대한 과도한 수요;

c) 연 4~5%의 수요 증가;

d) 핵심 영역 문제(영공의 10%에 있는 교통의 80%);

e) 유럽 영공의 짧은 여정(60%가 400NM 미만으로 비행함).

이를 해결하기 위해서는 핵심 영역에 적용 가능해야 하며 단거리 비행을 고려해야 한다.

6.43 항로 네트워크 개발 활동은 영공 최적화 프로세스의 핵심 요소이며 주로 용량 및 효율성 향상에 중점을 둔다. 이는 연료 연소 감소와 그 이해관계가 충돌할 수 있다. 예를 들어 특정 ATC 영역에 수렴 또는 교차점을 배치하기 위해서는 ATS 경로를 약간 수정해야 할 필요가 있다. 그러나 이는 유럽의 노선 네트워크를 최적화하는 과정에서 불필요한 구간을 제거하거나 단축한다. 이 경우는 급격한 반경 공역의 재구성(radial airspace reorganization)이 일어나는 곳에서 가장 두드러진다. 예를 들어, 북유럽 지역의 재편성으로 인해 경로 길이가 2~4 %, 경우에 따라 9%까지 감소했다. 짧은 경로의 길이에 더 큰 변경 비율이 적용된다는 점에 유의해야 하며, 경로 연장 여부는 일반적으로 5%의 순서로 되어 있기 때문에 경로 길이 감소의 범위는 사실 크지 않다. 실제로 복잡하지 않은 지역에서는 평균

2~3%로 줄일 수 있다.

6.44 수용량의 관점에서 ECAC 영역 내 노선 네트워크를 최적화하는 목적은 가능한 경로를 효율적으로 만드는 것이라 할 수 있다. 이것은 경로 길이의 연장을 가능한 최소화하는 것을 목적으로 한다.

6.45 소음, 연료 사 및 배기가스에 영향을 줄 수 있는 터미널 영공 개발에 대한 주요 계획에는 현대 항공기의 향상된 성능을 더 잘 인식하기 위한 터미널 영공 재설계가 포함된다. 이 재설계의 목적은 터미널 지역에서 비행 거리를 줄이는 것이지만, 가능한 경우 도착 및 출발 경로 간의 충돌을 제거한다(따라서 선호되는 상승 및 하강의 가능성 허용). 한 접근 구간에서 다른 접근 구간으로 통제를 이전함으로써 단계적으로 상승 및 하강하는 것을 방지하기도 한다. 지금까지 기존 항법 시설을 활용하여 이 작업을 수행하고 있지만 또한 이러한 목표를 달성하기 위해 지역 항법 장비의 사용도 평가 및 실행이 진행되고 있다.

6.46 상대적으로 짧은 항로 길이로 인해 유럽에서는 상승 또는 하강이 항공 교통량의 상당 부분을 차지한다. 이 사실은 서로 근접한 공항의 수와 함께 복잡한 경로의 상호 작용을 초래한다. 대부분의 지역에서 경로가 통합 시스템이 아닌 개별 기반으로 설계되므로 더욱 악화된다. 터미널 영역 내 일부 극단적인 경우, 필요한 길이의 최대 2배의 비최적 라우팅이 이루어진다. 노선이 크게 확장되지 않더라도 최신 제트 항공기의 상승 성능 특성은 최대한 활용되지 않을 가능성도 존재한다. 많은 경로가 이전 세대 항공기용으로 설계되었기 때문에 현대 항공기의 상승 및 하강 프로파일은 성능이 크게 저하된 상태다. 따라서 연료 연소 또는 소음 감소의 측면에서 그다지 효율적이지 않은 수준으로 제한된다.

6.47 효율적인 경로 설정과 프로파일을 제공할 수 있도록 지원 가능한 고급 지상 지원 도구의 개발은 적극적으로 추진되고 있다.

6.48 요약하면, 통합 영공 터미널 설계 정책은 강화된 항공기 상승/하강 성능

및 고급 항법 보조 장치의 사용과 함께 터미널 영공 내에 상당한 환경적 이점을 제공해야 한다. 이에 덧붙여, 지원 도구의 개발은 시스템의 기존 용량이 유지되거나 향상되고 환경 이익이 확보되도록 보장해야 한다.

항공 교통 관제와 데이터 처리

6.49 ATC 및 데이터 처리 도메인에서 유럽 항공 교통 관리 프로그램(EATMP)은 1999년 전략으로 다음 분야에서 정량화된 개선을 달성하는 것을 목표로 하였다.

a) 안전성

b) 수용력

c) 비용

d) 환경

네 가지 영역 모두 ATM 전략 2000+에서 추구하는 목표와 일치하며, 처음 세 가지 영역은 늘 고려되어 왔으나 환경 기준의 경우, ATC 관점에서 새로운 것이므로 개발에 주의를 요했다.

6.50 EATMP의 ATC 및 데이터 처리는 특히 도착, 출발 및 지표 이동 관리에 대한 자동화 지원을 강화하여 환경 개선에 기여한다. 이러한 개선은 주로 소음 감소를 가져오지만 또한 연료 연소 및 연료 소비에 긍정적인 영향을 미친다. 도착, 출발 및 지상 이동의 더 나은 공중과 지상에서 불필요한 홀딩을 방지하여 배기가스 배출을 크게 줄인다.

6.51 간접적으로 자동 충돌 탐지 및 충돌 해결과 같은 ATC 의사 결정 지원 도구도 환경 개선에 기여할 것으로 보인다. 갈등 탐지 및 해결은 개별 항공기의 비행 거리를 크게 줄여 오염을 줄일 수 있는 직접적인 경로를 허용하는 데 중요하다.

6.52 ATC 시스템의 환경 영향에 대한 정량화는 EUROCONTROL의 협업 고급 ATM 도구 통합 프로젝트(INTEGRA)에서 다루어진다. 이 프로젝트는 시뮬레이션된 새로운 ATC 시스템에서 안전성, 용량, 비용 및 환경 영향 측정을 제공하기 위해 ATC 시뮬레이션에 사용하기 적합한 측정법 및 방법론을 정의하는 것을 목표로 한다.

6.53 방법론은 또한 이산화탄소, 질소 산화물, 이산화황, 일산화탄소, 탄화수소 및 미립자 물질의 총배출량을 계산하기 위해 지정되었다. 배출량은 실제로 취한 비행 경로에 대해 결정되며 가장 효율적인 비행 경로로 인한 배출량과 비교된다.

자동화된 ATM 장비를 통한 RNAV

6.54 추가 EATMP 활동으로 자동화된 ATM 도구와 함께 RNAV를 사용하여 주요 공항 안팎으로 흐르는 교통 흐름을 최적화하고 이는 ATM 전략 2000+에 설명된 8가지 목표 중 6가지가 해결된다. 또한 상당한 환경적 이익이 기대되며, 세 개의 EATMP 장치(공항 운영, 영공 관리 및 탐색, ATC 및 데이터 처리)가 관련된다.

6.55 기내 비행 관리 시스템(FMS)은 최적화 기준에 기초한 "선호하는" 비행 프로파일을 제공하는데, 그중에서도 가능한 짧은 경로는 최적의 순항 고도 및 회사가 정의한 "비용 지수" 매개 변수를 고려한다. 비용 지수는 운전자가 비행 시간과 비용 간에 발생하는 절충안에 대한 내용이다.

6.56 다른 항공기와의 잠재적 충돌로 인해 개별 항공편에 종종 "선호하는" 비행 프로파일을 제공할 수 없는 상황이 발생한다. 일단 항공기 운항이 시작되면, ATC는 항공기 개별의 운항을 섹터 기반으로 최적화한다. 이것은 쉽게 일련의 사건으로 이어질 수 있는데, 한 섹터에서 항공기가 비행 시간을 줄이기 위한 직항

경로(direct route)를 제공하고, 다음 섹터에서 비행 패턴이 홀딩 패턴으로 들어가야 한다.

6.57 일부 항공편의 도착 관리(AMAN)는 후속 섹터에 대해 일관된 ATC 전략을 보장하여 선호 프로파일과의 편차가 최소가 되는 비행 프로파일을 제공해야 한다. 최신 FMS의 3차원 항법 기능은 TMA에서 RNAV 절차의 사용을 용이하게 한다. 공중 RNAV 능력과 지상 기반 AMAN 기능(매우 높은 수준)의 결합된 사용은 순항 고도에서부터 활주로에 이르는 연속 하강 접근법을 가능하게 한다. 연구에 따르면 이것은 비행의 마지막 150NM 동안 소비된 연료가 30% 감소할 수 있음을 나타낸다.

6.58 AMAN 방법은 공항의 용량을 효과적으로 증가시킨다. 딜리버리 정확성 발달로 인해 활주로 분리 기준이 감소될 수 있다. 결과적으로 비행 시간의 단축은 연료 소비 감소로 직접 변환될 수 있다. 또한 RNAV 절차는 관제사 또는 조종사 작업 부하를 증가시키지 않으면서 소음에 민감한 영역을 피하는 비행 패턴을 생성할 때 높은 유연성을 제공한다.

6.59 출발 관리(DMAN) 방법과 도착 관리(AMAN)의 통합은 혼합 운영의 경우 활주로 용량의 최적 사용을 촉진한다. DMAN이 잘 정립된 TTOT를 확보하면, 표면 관리(SMAN) 엔진 시동에서 이륙까지 항공기의 움직임을 최적화한다. 궁극적으로 도착 공항에서 AMAN과 출발 공항에서 DMAN의 상호 운용성은 비행 시간, 연료 소비 (및 배출량 생산) 및 소음 측면에서 글로벌 비행 최적화가 이루어진다.

6.60 이 프로젝트는 실제 발생 가능한 위험이 최소화되도록 단계적으로 진행된다. 기술적 타당성은 1980년대 말에 실시간 시뮬레이션으로 이미 증명되었다. 운영 기능은 참여 ATS 제공 업체의 공항에서 현장 시험을 통해 점진적으로 구축될 것이다. Human-machine 발전 이전 및 고급 ATC 시스템과 호환되는 인터페이스 구축이 진행 중이며 시뮬레이션 및 사전 운영 시험 중이다. 해당 접근법은

프로토 타입에서 운영 구현까지 걸리는 시간을 최소화하는 것을 목표로 한다. 이 프로젝트는 현재 세부적인 비즈니스 사례가 개발되고 이해 관계자의 참여가 예정 중인 단계에 있다.

공역의 유연한 사용(FUA) 개념

6.61 FUA 개념은 주로 다양한 공역 이용자 그룹 간, 공역을 보다 효율적으로 공유하는 것에 중점을 둔다. FUA는 주로 공역은 여러 유형의 이용자, 주로 군사 및 민간의 요구를 수용하기 위해 매번 할당된다.

6.62 과거에는 영공의 블록은 지속적으로 또는 지정된 시간 동안 군용으로 지정되었다. 이 공역에 대한 접근은 지정된 공역 운영 시간 동안 군이 적극적으로 사용하지 않았을지라도 다른 영공 사용자들이 이용할 수는 없었다. 영공이 일시적으로 민간 항공기에 제공되거나 군사 작전에 더 이상 필요하지 않을 때, 군사 직원이 민간인에게 통보한 지역 조정 절차는 부분적으로만 가능했다. 이것은 ATM 시스템에 의한 민간 항공기 경로를 재배치하는 데 필요했고, 이러한 절차는 일부 주와 일부 영공에서만 적용되었다. 즉 부족한 영공 자원의 분배가 항상 효율적으로 이루어지지는 않았다는 것을 보여준다.

6.63 FUA는 다양한 수준의 전략 계획 및 실시간 조정 프로세스를 통해 공역을 보다 효율적으로 활용할 수 있는 방법을 제공한다. 군사 당국은 군대 활동 기간 외에는 다른 영공 사용자가 사용할 수 있는 공역을 보유하고 있으나 군사 당국은 국방 및 국가 안보 의무를 이행하기 위해 공역을 보류할 수 있었다. 과거, 영공 제한을 극복하기 위한 몇 가지 조치가 실행되고 있었다.

6.64 현재 FUA는 군사 및 민간 조정만 다루고 있으며 아직 모든 ECAC 국가들에 의해 완전히 채택된 상태는 아니다. 미래의 개념을 도입하여 영공 관리의 모든 측면을 포괄하고 모든 ECAC 영공의 사용을 최적화하기 위한 협조적이고 협력

적인 계획 프로세스로 이동하는 과정에 놓여 있다.

수직 분리 기준 축소(RVSM)

6.65 RVSM 개념은 FL290과 FL410 사이에서 사용하기 위해 6개의 고도를 추가한다. RVSM을 실행하기 위해, 기존의 2,000ft 대신 1,000ft 간격으로 FL 290 이상에서 수직 분리를 취해준다. RVSM은 다음과 같은 기능을 제공한다.

a) 더 나은 비행 프로파일과 이에 따른 연료 소비 효율 증가

b) 공역 수용 능력의 증가로 지연 감소

6.66 RVSM은 1997년 북대서양에서 실행되었다. 유럽에서는 RVSM을 2002년 1월 24일에 도입하여 유럽 영공 구조를 일부 수정할 수 있는 기회를 제공하였다. 초기 ATC 실시간 시뮬레이션에서 RVSM의 결과로 감소된 관제사의 워크로드는 약 20%의 잠재적 수용량 증가로 해석된다. 또한, 재구역화 및/또는 추가 부문의 도입을 통해 달성될 수 있는 수정된 영공 구조물에서의 추가 잠재력이 있다고 여겨진다. 최신 EUROCONTROL 성과 검토 보고서에 따르면 대부분의 항로 간 ATFM 지연(약 50%)은 상공에서 발생하는 것으로 나타난다. RVSM은 보다 효과적인 경로 네트워크에 기여할 ATS Route Network의 4번째 버전 개발에 이용되고 있다.

6.67 RVSM 도입의 비용 편익에 대한 주요 평가는 1999년에 수행되었다. 그 과정에서 연료 비용과 비행 효율을 최적 수준으로 분석했으나, 이는 운용에 대해 연료 손실이 생길 수 있는 항공기를 RVSM 공역에서 제외함으로써 균형을 이루었다.

6.68 분석 결과 분당 지연 비용이 감소된 후에도 항공기 지연의 감소로 인한 많은 혜택이 있음을 알 수 있다. 항공기 지연의 감소된 비용은 RVSM의 전체 혜택 중 94%를 차지한다. 나머지 6%는 연료 효율성 향상으로 발생한다. RVSM은 EUROCONTROL이 중기적으로 추가 공역을 제공하는 주요 수단으로 작용한다.

자유로운 비행 공역(FRA) 개념

6.69 FRA 개념은 사용자가 ATS 항로 네트워크를 참조하지 않고, 진입점과 출구점 사이의 경로를 자유롭게 계획하는 정의된 공역으로 된다. FRA의 안전한 분리에 대한 책임은 지상 기반 ATS 시스템에 달려 있다. 그러나 FRA 개념은 분리를 위한 책임이 아니라 공역 관리 방법 및 사용 방법에 관한 것이다.

6.70 이 개념은 기존의 기본 영역 내 항행 장비를 이용하였기에 추가적인 항공 전자 장비가 필요하지 않았다. 유럽의 FRA 개념에 대한 첫 번째 평가는 2003년 8개 ECAC 국가의 상공에서 시작될 예정이다. 이들 국가는 벨기에, 덴마크, 핀란드, 독일, 룩셈부르크[UAC(Maastricht Upper Area Control Center) 포함], 네덜란드, 노르웨이 및 스웨덴이다. 첫 번째 평가의 결과는 이후 더 많은 채택의 가능성을 열어두는 것이다.

6.71 FRA는 다음과 같은 혜택을 제공할 것으로 기대된다.

a) 더 짧고 연료 효율적인 사용을 통한 운전자 비용 감소 및 용량 증대

b) 잠재적 갈등 감소를 통한 생산 능력 증대

c) 실시간 사건에 적극적으로 대응할 수 있는 기능을 통한 유연성 향상

미국에서의 발달

환경 문제와 관련한 ATS의 역할

6.72 미국의 연방기관은 1969년 국가환경정책법(NEPA)과 집행명령(EO) 11514, 환경품질 보호 및 촉진(EO 11991), 1970년 3월 5일 섹션 2(g) 및 3(h)에 의해 개정된 환경품질에 관한 위원회에서 공포한 시행규정을 준수한다. 1977년 5월 NEPA는 환경의 질을 보호하고 연방 정부의 모든 결정에 환경적 고려가 중요시되도록

정책과 목표를 제공하기 위해 광범위한 국가 정책을 수립한다. NEPA는 NEPA의 목표를 수행하는 방법에 대한 "행동 강요" 조항이라 불리는 연방 기관에 구체적인 지침을 제공한다. NEPA는 주요 연방 조치를 제안하는 기관은 환경 품질 이사회와 협의하여 방법론과 절차를 확인하고 개발하여 의사 결정 시 경제 및 기술적 주의 사항과 함께 고려되도록 강조하였다.

6.73 ATS 환경 전략은 NEPA 조항이 계획 및 의사 결정 단계의 초기 단계에 통합되도록 보장하기 위해 학제 간 접근법을 사용하는 것이다. 이 전략은 환경의 품질에 영향을 미치는 잠재적 우려와 이슈에 대해 전향적인 사고를 필요로 한다. 실행 가능할 때마다 환경에 민감한 영역의 식별과 회피가 포함된다. 따라서 부정적 영향을 최소화하기 위해 경감 및 홍보를 이용하여야 한다.

6.74 FAA는 이러한 조치로 인해 발생할 수 있는 부정적인 영향을 피하거나 최소화하기 위해 제안된 항공 교통 조치의 환경 영향을 분석해야 한다. 환경에 대한 고려는 FAA의 안전하고 효율적인 항공 시스템을 촉진한다는 주된 목표와 일치하는 방식으로 수행되어야 한다.

미국 영공 시스템의 진화 과정

6.75 미국 항공 교통 관리 시스템의 향후 계획은 관제 인력의 증가 없이 교통 수요가 크게 증가한다는 것을 가정하고 있다. 최고 교통 수요조건에서의 관제사의 워크로드는 교통량이 적은 상황에서 1990년대에 수용된 관제사의 워크로드와 동일하게 유지되어야 한다. ATC의 효율 향상은 교통 관리 및 제어, 공역 경계의 동적 변경, 기술 향상과 일치하는 분리 최소화, 향상된 항공/지상 통신 및 조정, 향상된 지상/지상 조정을 위한 의사 결정 지원 시스템의 실행을 통해 달성되었다. 국가 공역 시스템(NAS)의 진화는 다음과 같은 특징을 가진다.

a) 신기술의 점진적 구현. 이 접근 방식은 안전을 최우선 순위로 유지하면서 환경

적 고려 사항과 균형을 맞춰 용량, 효율성 및 유연성을 향상시킨다.

b) 사용자 및 서비스 제공 업체 계획을 위해 NAS를 통해 시기적절하고 일관된 정보를 배포한다.

c) 공중 및 지상 상황 인식을 향상시키기 위해 비행의 모든 단계에서 향상된 감시. 이는 특히 현재의 비레이더 환경에서 관제를 허용하는 데 중요하다.

d) 항행을 발전시키기 위한 GPS(global positioning system)의 사용으로 지상 항행 원조(NAVAIDs)의 궁극적인 해체

e) 서비스 제공 업체와 사용자가 이용할 수 있는 정확한 날씨 정보(윈드시어, 마이크로버스트, 돌풍 및 강수 지역, 착빙 및 저시정 등에 대한 위험 기상 경고 자동 동시 방송 포함)

f) 자신의 업무에서 제공자를 지원하기 위한 정보와 절차를 제공하는 의사결정 지원 시스템. 이로 인해 생산성이 향상되고 사용자 운영에 더 큰 유연성을 제공하며, 기술 개선과 일관되게 분리를 줄일 수 있는 가능성을 고려한다면 특히 중요한 부분이다.

g) 착륙 분리 간격의 형태로 공항의 수용량 및 지상 지연을 줄이기 위해 해당 공항의 사용자에게 지정 · 할당된 착륙 간격 내 도착할 수 있는 비행 횟수.

h) 사용자와 서비스 공급자 간의 협업 증가. 협업에는 정보 교환과 의사 결정에 공유되고 적극적인 사용자 참여가 필요하다. 수요-용량 불균형 또는 악기상 상황과 같은 상황에서 협업은 단기적으로 발생한 문제를 해결하기 위해 과도 혼잡 경로가 언제, 어디에서, 어떻게 설정되었는지를 결정할 수 있도록 한다.

i) 기내 비행 관리 시스템(FMS)에 의해 자동 비행되는 것을 포함하여 터미널 지역 주변 항로 구조의 확장. 공역에 대한 예상 수요가 사용자 용량과 국가 교통 흐름 관리(TFM) 간의 협업 후 지정 항로로 이동 및 이동하기 위한 전환 지점을 갖는 임시 경로를 결정한다.

j) 고정 항로 구조는 교통량 고밀도 장소에서만 존재하거나 비행 중 비행 단계에서 지형 및 능동 특수 공역(SUA)의 회피를 제공한다.

k) 해양 환경은 경유지, 감시, 영공 구조 및 통신과 관련하여 항로 환경과 매우 유사하다.

l) 공역은 운영자가 순항 중에서 최종 단계까지 선호하는 프로파일을 사용할 수 있게 한다. 영공 진입 및 통과는 상승 및 하강에 대한 선호 프로파일을 기반으로 하며 국가 항로 프로그램(NRP)의 200NM 내부 및 외부 요구 사항에 국한되지 않는다. 이 영공 내에서 항공기는 2,000ft 간격이 아니라 1천 개를 사용하여 가능한 비행 고도를 증가시킴으로써 최적 고도에 가깝게 운영할 수 있다. (RVSM 섹션 참조).

m) 우주선은 수많은 해안, 내륙 및 해상에 설치되어 있고 결과적으로 다양한 로켓이 NAS에서 작동한다. 기존의 로켓 유형에서 일반 항공기 성능을 갖춘 NAS까지 다양하다.

n) 공역 설계 및 기본 섹터 구성은 특히 높은 고도에서 현재 지리적 경계에 의해 더 이상 제약받지 않는다. 국가 영공 재설계가 완료되면 그에 따른 조정과 함께 영공 구조물 및 예상 교통 흐름의 빈번한 평가(하루에 수 회까지)를 위한 절차가 마련될 것이다.

o) 완벽한 통신 및 조정은 NAS 와이드 정보 시스템과 결합되어 장비 고장과 같은 우발적 상황을 충족시키기 위해 시설 간의 공역을 실시간 동적으로 재할당 가능하다.

현 ATM 시스템의 한계

6.76 항공기 항법 장치가 항로 탐색 및 착륙 유도를 위해 사용하는 4,300개 이상의 지상 기반 항공 항시스템이 존재하지만 여전히 모든 공항 및 영공을 다루는 것은 아니다. 향후 10년 동안 내비게이션 시스템은 NAS를 통해 내비게이션 신호 도달 범위를 제공하기 위해 지상 감시 시설에 의해 강화된 위성을 사용할 것으로 예상된다. 지상 항법 장치에 대한 의존도는 위성 항법 장치가 동등하거나

더 나은 수준의 서비스를 제공함에 따라 감소할 것으로 예상된다.

6.77 위성 네비게이션으로의 전환은 탐색 및 착륙 성능이 크게 향상되어 안전을 개선하고 공역을 보다 효율적으로 사용할 수 있게 한다. 또한 FAA는 많은 노후화된 지상 시스템을 대체해야 할 필요성을 줄이고 항공기에 탑재해야 하는 항공 전자 장비의 양을 줄여, 항법 및 착륙 절차를 간소화할 수 있다. FAA는 NAS를 지상 기반 시설에서 지상 및 항공기 시스템 모두를 포함하는 시설로 지속적으로 변경하고 있다.

6.78 FAA 조직의 참여는 개념 수립 과정 초기에 FAA의 인수 구성 요소와 관련하여 참여할 필요성을 인식하고 있음을 보여준다. 국방부와 산업체에 참여하는 것은 NAS 전체에서 일관된 전략을 수립할 수 있도록 이러한 이해 관계자의 조기 참여가 필요함을 인식하고 있다는 것을 뜻한다.

운항 중 운영

6.79 오늘날의 국내 공역에서 항공기는 레이더 모니터링을 받고 있고, 이는 일반적으로 항공기의 고정된 항로 구조를 따라 조종사가 직선 항로로 가거나 유리한 바람을 이용할 수 없도록 한다.

6.80 항로는 이전의 교통량 흐름, ATC 선호 경로, 자동화 및 통신 시스템의 제약을 기반으로 하는 절충안을 토대로 설계되었다. 그러나 현재의 항로 구조상 사용자 선호 경로가 종종 섹터의 작은 부분을 가로지르기 때문에 사용자가 원하는 유연성을 허용하지는 않는다. “자유 비행” 개념의 진화는 계기 비행 규칙(IFR) 교통량에 대한 제약을 줄임으로써 시스템 사용자가 최고 수준의 안전을 유지하면서 최소 제약 조건으로 효율성을 극대화하기 위해 자체 비행 경로 및 고도를 선택할 수 있게 하는 것이다. 기존 구조 내에서 자유 비행 교통량을 관리하기 위해서는 관제사 간 및 관제사와 조종사 간의 조정이 필요하다.

6.81 자유 비행 환경으로 진화하기 위해서는 항로 및 해양 컴퓨터 시스템 및 관제사 의사 결정 지원 도구가 변화해야 한다. 새로운 적용과 개선된 서비스를 제공하기 위해서는 먼저 노후화된 자동화 장비를 교체해야 한다.

대양 운영

6.82 현재 항로 및 해양 시설은 함께 배치되어 있지만 해양을 통한 감시 및 직접 통신 서비스가 부족하기 때문에 시스템을 공통으로 공유하지는 않고 있다. 해양 감시 및 실시간 직접 통신의 추가는 해양 서비스가 항로 서비스와 점차 유사해질 수 있게 하며 해양 및 항로 시스템은 일반적인 하드웨어 및 소프트웨어 환경으로 진화할 것이다.

6.83 해상 공역에서 항공기는 날마다 우세한 바람과 함께 정렬되는 "궤도"를 따른다. 레이더 감시와 관제사–조종사 간 직접 통신이 부족하기 때문에 해양에서의 분리 거리는 국내 영공에서보다 20배 더 커야 한다. 사실 분리치가 커지면 이용 가능한 트랙의 수를 제한한다. 이 때문에 일부 항공편은 최적 고도보다 낮게 할당되며 연료를 보존하기 위해 고도를 조정할 기회가 부족하다. 그리고 추가 트랙과 최적 고도에 대한 적절한 접근은 연료 소비와 비용을 상당히 줄일 수 있다.

6.84 언급한 한계점들은 향상된 항공기 운항 성능, 해상 공역에서의 자동 종속 감시(ADS), 데이터 링크 통신 및 향상된 자동화의 구현으로 극복될 수 있다.

제한된 군 영공

6.85 미국 전역의 특수 목적 영공(SUA)은 본질상 활동을 제한하도록 지정되어 있으며, 관계자가 아닌 이상 출입이 제한될 수 있다.

6.86 SUA는 항고익 공역을 통과할 수 없는 상황이 있을 수 있기 때문에 고고도 공역에서의 운용에 잠재적인 장애가 나타난다. 이런 상황에서, 이용자들은 공중이더라도 이 공역을 피하기 위한 비행을 계획해야 한다. 발전된 협업 SUA 활용방 구축을 통해 SUA 일정 및 실시간 공역 상황 전달 방법의 개선으로 비활성/사용 계획이 없는 공역에 대한 접근이 증가할 수 있다.

1995년 이후 미국의 발전

6.87 FAA/업계 파트너십에 대한 RTCA 접근법. RTCA, Inc.는 통신, 항법, 감시 및 항공 교통 관리 시스템 문제와 관련하여 합의를 기반으로 권장 사항을 개발하기 위해 연방 자문위원회의 역할을 하는 비영리 민간 기업이다. RTCA의 권고안은 FAA가 정책, 프로그램 및 규제 결정의 기초로 사용하고 민간 부문이 개발, 투자 및 기타 사업 결정의 기초로 사용한다.

6.88 1994년 10월, RTCA, Inc.의 회장은 자유 비행 개념에 대한 합의에 이르기 위해 RTCA 이사회 자유 비행 선발위원회를 구성했다. 자유 비행이란 해당 업계에서 권장하는 비행 방법으로 다음과 같은 목표의 달성이 가능하다.

a) 현재의 안전 수준을 유지하거나 그 이상으로 유지하면서 알려진 기술을 배치함으로써 초기 이익을 달성한다.
b) 2002년 말까지 핵심 역량의 운영 가용을 제공한다.
c) 자유 비행 1단계(FFP1) 운영 요건에 관한 미국 항공 공동체 내에서 합의를 달성하고 유지한다.
d) 국가 영공 시스템 사용자와 서비스 제공자에게 초기 이익을 확대한다.
e) 점진적인 개발 패러다임을 채택한다.
f) 입증된 기술을 활용한다.

6.89 이 개념은 NAS를 조종사와 항공 교통 관제사 간의 중앙 집중형 명령 및

제어 시스템에서 분산형 시스템으로 이동시켜 NAS 사용자가 실용적으로 자신의 경로를 선택하고 가장 효율적이고 경제적인 경로를 따르는 비행 계획을 제출할 수 있게 하였다. 새로운 기술을 통해 FAA는 점진적이고 유익한 변화를 추진할 수 있게 하였다. 그럼에도 불구하고 자유 비행을 완전히 구현하기 위해서는 NAS 인프라, 의사 결정 지원 시스템(자동화), 영공 설계, 항공 전자 공학 및 절차에 중대한 변경이 필요하며 이 모두에 상당한 시간이 소요될 것으로 예상된다.

6.90 FAA는 자유 비행 NAS를 허용하는 계획을 착수했다. 아마도 가장 널리 알려진 국가 경로 프로그램(NRP)은 NAS 사용자가 출발 공항에서 200NM 시작하고 도착 공항에서 200NM 끝나는 ATC 기본 경로 대신 사용자 선호 경로를 제출할 수 있게 허용한다. NRP는 유용하지만 사용자 효율성을 감소시키는 많은 제한이 지속적으로 존재한다. 예를 들어, NRP는 사용자가 기존 항행 시설 또는 픽스가 위치한 곳으로의 비행 계획을 제출하도록 요구한다. 이는 위도와 경도로 정의된 임의의 지점으로 비행을 계획하는 사용자가 원하는 유연성을 배제한다.

6.91 기존의 NAS는 항공기가 NAVAID에서 NAVAID로 FAA에서 정의된 경로들을 따라 직접 날아가는 시스템으로써 이를 반영하였다. 공역 구조 및 경계 제한은 NAS가 개발될 때 통신 및 계산 시스템에 부과된 제약 조건을 적극적으로 반영하였다. 사용자의 니즈를 충족시키기 위한 추가 개발을 하려면 절차 및 역할과 책임, 장비 및 자동화 기능을 변경해야 시스템이 비행 계획 및 실시에 있어 보다 큰 넓은 범위의 유연성을 수용할 수 있는 구조로 발전할 수 있어야 한다.

협력 파트너십에 관한 발전

6.92 1995년 이래로 RTCA와 FAA는 NAS 사용자 그룹의 광범위한 분야에서 협력하여 자유 비행의 진화를 위한 정부/산업 운영 개념 개발을 위해 협력하였다.

RTCA는 FAA 및 업계의 광범위한 토론과 자유 비행 계획을 위한 공감대 형성을 위한 포럼을 개최하고 있다. 선발위원회(Select Committee)는 자유 비행 1단계(FFP1)에 대한 최종 권고안의 개발을 주도했다.

6.93 1996년 가을 ATS에서 발행한 항공 교통 서비스 계획(Air Traffic Service Plan)은 항공 교통 서비스 기관과 영공 사용자 간의 지속적인 대화를 촉진하였다. 이 대화는 사용자 요구 사항을 명확하게 이해하고 이를 충족시키는 데 필요한 항공 교통 서비스를 제공하기 위함이다. 주요 목적은 증가된 시스템 유연성과 향상된 시스템 용량 및 안전성하에서 운영 효율성을 결합하기 위해 필요한 변화에 중점을 두어 항공 공동체의 견해를 적극적으로 반영하는 것에 있다.

6.94 1998년 8월 20일에 공표된 자유 비행 진화를 위한 RTCA 정부/산업 운영 개념의 부록 1은 FFP1 요소의 방향과 설명을 이해하기 위한 기반을 다진다.

6.95 문제에 대한 신속한 파악과 대응, 의사 소통 촉진, 특정 주제에 집중할 수 있도록 여러 위원회와 실무 그룹이 설립되었다. 협업 그룹에는 Human Factors Review Board, Metrics Working Group 및 Risk Review Board가 포함된다.

1998년부터 2002년까지 미국 ATS 전략

6.96 FAA는 199년에 Free Flight 1단계(FFP1)를 설립하였다. 이것은 RTCA와 Administrator's Equipment Modernization Task Force가 NAS 운영에 대한 전반적인 개선과 자유 비행 준비에 관해 거의 4년 동안 연구한 결과이다.

6.97 업계 권장 사항에 따라 FFP1은 2002년 12월 말까지 다음 목록의 제한된 발전을 달성할 책임이 있었다.

a) 협력적 의사 결정

b) 사용자 요청 평가 도구

c) 지상 이동 고문(Surface Movement Adviser)

d) 교통 관리 고문(Traffic Management Adviser)

e) 수동 최종 접근 방식 도구

- **협업 의사 결정(CDM)**

6.98 CDM은 운영자와 FAA에게 날씨, 장비 및 지연을 포함한 NAS 상태 정보에 대한 실시간 접근이 가능하도록 한다. 이 협업은 영공을 보다 효율적으로 관리하는 데 도움이 된다. 2000년에 CDM의 사용은 1998년 9월 이후 9백만 분의 지연을 이미 막아냈다. RTCA는 1단계 자유 비행으로의 통합을 위해 FAA에 CDM을 권고하였고, 30개 이상의 항공사와 NavCanada가 이 프로그램의 사용자로 참여한다.

6.99 세 가지 구성 요소가 CDM 프로그램으로 구성된다.

a) 지상 지연 프로그램 개선;

b) 초기 협업 라우팅(ICR);

c) NAS 상태 정보.

6.100 *지상 지연 프로그램 개선.* 이를 통해 FAA의 항공 교통 관제 시스템 명령 센터 및 참여 운영자는 장기간의 기상 악화 상황과 같이 공항 용량이 감소될 것으로 예상되는 경우 항공사 일정 및 예상 공항 수요 및 용량 비율에 대한 최신 정보를 공유할 수 있다. 이 협업으로 인하여 참여자들은 향상된 계획 수립 기술을 통해 운영을 최적화할 수 있다.

6.101 *실시간 일정 업데이트.* 운영자는 비행 일정 모니터에 실시간 일정 업데이트를 제공하여 지휘 센터의 서비스 제공업체가 지체 지연 프로그램의 필요성, 시간 및 기간을 결정할 수 있도록 한다.

6.102 *초기 협업 라우팅.* 이를 통해 명령 센터의 교통 관리 전문가와 다양한 지역 센터의 교통 관리자가 실시간 교통 흐름 정보를 운영자와 공유할 수 있다. 이 기능은 제한된 교통 흐름의 시점에서 보다 효율적인 결정을 내릴 수 있어 전

국적인 공역 시스템 운영 효율성을 향상시킨다. ICR의 가장 보편적인 예시는 위험한 날씨 지역 주변에서의 계획을 재수립하고 평가를 통해 보여진다. ICR 데이터 회의 인프라는 1998년 11월에 완성되었다. 2000년 현재, ICR 기술 능력은 보스턴, 클리블랜드, 인디애나폴리스, 뉴욕과 워싱턴 고고도 센터, 그리고 뉴욕 터미널 레이더 접근 제어실(TRACON)에 존재한다.

6.103 *NAS 상태 정보.* 이는 전국 영공 시스템의 운영 상태에 대한 다양한 정보를 실시간으로 공유한다. 대부분의 영공 시스템 사용자 및 서비스 공급자에게 제공되지 않았거나 사용할 수 없었던 정보는 인터넷(www.fly.faa.gov/ois)에서 확인할 수 있다.

- **사용자 요청 평가 도구(URET)**

6.104 URET은 관제사가 항공기 간 충돌 가능성을 최대 20분 전에 식별하고 항공기 공역 충돌을 최대 40분 전에 식별함으로써 항로 상공에서의 관리가 가능하게 한다. URET의 사용은 고도 제한을 줄이고 직항 경로를 증가시켰다.

6.105 FAA는 조종사가 잠재적인 충돌을 사전에 탐지하고 항공 교통 관제사에게 이러한 충돌을 알리는 등 시범 계획 프로그램을 사용하여 가능한 다양한 대응책을 평가하기 위한 의사 지원 도구인 URET를 개발하였다. URET은 실시간 비행 계획과 궤도 데이터를 적용시키고, 항공기 성능 특성 및 바람과 기온을 결합하여 출발 전 및 활동 중인 비행을 위한 4차원 프로파일을 구성하여 작동한다. FFP1 충돌 조사의 기초인 URET은 인디애나폴리스 및 멤피스 항공 루트 교통 통제 센터에서 대규모 국가 시험을 위해 1997년에 배치되었다.

6.106 CAASD(Center for Advanced Aviation System Development)는 URET를 사용하면, 미국 항공운송협회를 위해 수행된 두 가지 연구에서 연간 최대 150,000톤의 연료 절약이 가능하다고 추정하였다. 이러한 절약은 항공 교통 관

제 시스템을 통해 항공기가 더 많은 연료 효율적인 방법으로 운항할 수 있고 하강을 더 일찍 시작하는 대신 최적 최고 강하점까지 원하는 고도에 머무를 수 있게 한다.

6.107 CAASD와 FAA는 FAA가 항공 교통 관리 통제로 인한 항로 및 도착 하강 제한을 제거할 수 있는 경우 사용자 운영 비용을 연간 최대 6억 2천만 달러로 절감할 수 있다고 예측했다. 항공 교통 관제사는 URET를 통해 ATM 시스템에서 현재 비행 제한의 60%까지 제거 가능하다고 본다. MITRE Corporation이 실시한 "고급 자동화 시스템: 편익/비용 및 위험 분석"은 URET의 20년 수명주기 구현 시 25억 달러에서 35억 달러 사이의 완전한 자동 충돌 해결과 연간 1억 5천만 달러에서 4억 달러 사이의 연료 절약에 대한 편익 가능성을 예상했다.

6.108 URET의 실험에서, 미국 항공사들은 피츠버그 도착에 대한 팔머스 구간 횡단 규제를 철폐함으로써 남서쪽에서 오는 승객들이 88마일 동안 33,000ft에 머물 수 있다는 사실을 알 수 있었다. 이는 비행당 170kg의 연료 절약 또는 연간 495,000kg의 연료 절약에 해당한다.

6.109 URET는 인디애나폴리스와 멤피스에서 관제사의 500,000섹터 시간 이상을 초과했다. 인디애나폴리스 영공에서 비행당 약 1마일씩 항공로를 줄여 항공사들이 매달 약 1백만 달러를 절약하게 했다.

6.110 URET 프로토타입은 인디애나폴리스 및 멤피스 센터에서 매일 사용된다. 2000년 2월 1일에 관제사 인력의 요청에 따라 URET의 가용성은 주당 7일, 하루 22시간으로 증가했다. FFP1 URET Core Capacity Limited Deployment System은 2001년 11월 애틀랜타, 시카고, 클리블랜드, 인디애나폴리스, 캔자스 시티, 멤피스 및 워싱턴 고지대에 설치할 계획이다.

6.111 URET 일일 사용 프로토타입은 인디애나폴리스와 멤피스의 새로운 디스플레이 시스템 교체 제어실에 통합되었다. 이를 통해 FFPI 목표를 지원하기 위한

사용자 편익의 조기 평가가 계속될 수 있다.

- Surface Movement Adviser(SMA)

6.112 SMA는 항공사의 계류장 관제탑에 항공기 도착 정보를 제공하여 운영자가 지상 운용 요소(게이트, 수하물 운영, 연료보급, 식품 서비스 등)를 더 잘 관리할 수 있도록 지원한다. FFPI SMA가 제공하는 기능은 하츠필드 애틀랜타 국제공항에서 사용 중인 일회성 프로토타입과 다르다. 참여 FFPI SMA 공항의 항공사 계류장 관제 직원 및 이러한 공항에 관심이 있는 기타 운영자는 현재 교통 정보와 관련하여 이전에 이용할 수 없었던 자동화된 레이더 터미널 시스템 데이터를 단방향으로 공급받는다. 특히, 항공사 계류장 운영자에게는 항공기의 실제 착륙 시간을 정확하게 예측할 수 있는 최신의 정보가 제공된다.

6.113 항공사 계류장 운영자는 터미널 공역 내 항공기 식별 및 위치를 계속 알고 있는데 해당 정보는 항공사 게이트 및 계류장 운영을 강화하고, 혼잡을 예방하고, 지상 활주 지연을 감소시킨다. 디트로이트 노스웨스트 항공사의 피드백은 매우 긍정적이었다. 상황을 더 잘 인식함으로써 노스웨스트 항공사는 악천후 동안 매주 4-5번의 비싼 비행 회항을 예방할 수 있을 것이라 예측하였다.

6.114 SMA 정보는, 스케줄보다 몇 주 앞선, 1998년 12월 18일, 필라델피아 국제공항과 디트로이트 메트로폴리탄 공항에서 사용할 수 있게 되었다. 마찬가지로, 스케줄보다 몇 주 앞선, 1999년 12월 21일, SMA 정보를 시카고 오헤어 국제공항, 댈러스 포트워스 국제공항, 티터보로 공항에서 사용할 수 있게 되었다. SMA의 FFPI 부분이 완료되었다.

• Traffic Management Adviser(TMA)

6.115 TMA는 항로 관제사 및 교통 관리 전문가에게 선택된 공항에서의 도착 시퀀스를 개발할 수 있도록 하는 전략적 계획 도구이다. 주요 공항들을 둘러싼 확장 터미널 공역에서의 도착 순서 계획과 항공 교통 운영의 효율성을 향상시키기 위한 컴퓨터 자동화를 제공한다. TMA를 사용하면 안전도 저하되지 않고 관제사의 워크로드 역시 증가되지 않는다. RTCA는 자유비행단계1(FFP1)에 통합을 위해 FAA에 TMA 기능을 권고했다.

6.116 TMA와 패시브 최종 접근 간격 도구(pFAST)는 NASA에서 개발한 중앙-트레이콘 자동화 시스템(CTAS)의 일부를 구성한다. TMA는 항로 상공을 운항하는 항공기의 흐름과 계획에 영향을 미치며, pFAST는 터미널 공역을 진입한 항공기의 관리에 영향을 미친다. TMA는 포트워스(Fort Worth)의 매우 높은 고도 세터와 미니애폴리스(Minneapolis) 센터에서 운영된다. 그것은 항로 관제사와 교통 관리 전문가가 적절하게 분리된 항공기의 완전한 도착 일정 계획(미터 목록)을 개발할 수 있도록 한다. 이러한 계획은 공항의 이용 가능한 수용력을 최대화할 수 있는 조기 활주로 할당을 허용한다. 상당한 연료 절감과 승객 지연 감소는 TMA 사용을 통해 달성되는 효율성에서 비롯될 것이다. 포트워스 공항의 초기 징후들은 댈러스/포트워스 공항으로의 도착률을 5%까지 증가시킬 수 있었다는 것을 보여준다.

6.117 초기의 TMA 프로토타입은 덴버, 마이애미, 로스앤젤레스, 포트워스의 항공로 교통 관제 센터에 배치되었다. 포트워스, 미니애폴리스/세인트 폴, 덴버, 로스앤젤레스, 애틀랜타, 마이애미, 오클랜드, 시카고에 8개의 TMA 시스템이 배치되었고 원격 TMA 디스플레이(처리 또는 TMA 대화형 기능 없음)는 각 TMA 사이트와 연관된 TRACON 및 개조된 공항 관제탑에 배치되도록 계획하였다.

- pFAST

6.118 pFAST는 사용자 선호도와 시스템 제약조건에 따라 관제사들에게 항공기 시퀀스 번호와 활주로 할당을 제공함으로써 활주로 활용도를 극대화한다.

6.119 pFAST와 TMA 모두 CTAS를 형성한다. pFAST는 터미널 공역 내에서 운영되는 항공기 흐름과 계획에 영향을 미친다. 그것은 TRACON 관제사에게 항공기 활주로 선호도와 시퀀스 번호를 제공한다. CTAS는 안전 수준의 감소 또는 관제사 워크로드 증가 없이, 주요 공항 주위의 연장 터미널 공역에서의 도착 수용도와 항공 교통 운영의 효율성을 증가시킨다. pFAST는 관제사가 다음을 최적화하는 데 도움이 되는 자동화 기능을 지원한다.
a) 항로 교통 관제 센터/TRACON 내 공항으로의 교통 흐름
b) 가용 활주로 및 주변 공역 사용

6.120 연료 절감 및 지연 감소 측면에서 항공사의 편익은 pFAST 사용을 통해 달성된 효율성에 기인한다. 댈러스/포트워스의 초기 징후를 보면 혼잡당 추가 항공기 2대(매일 9번–30분의 교통 혼잡)가 공항에 착륙할 수 있다는 것을 알 수 있다.

6.121 pFAST 프로토타입은 댈러스/포트워스 TRACON에 배치되었다. 이전의 프로토타입은 현재 댈러스/포트워스에서 운영되고 있다. FFP1 추가 시스템은 남부 캘리포니아(로스앤젤레스 도착용), 애틀랜타, 미니애폴리스, 세인트루이스, 시카고 TRACON에 배치된다.

6.122 사실 FFP1에서 보여진 FAA와 항공 사용자 커뮤니티 간의 적극적 협력은 이전에는 볼 수 없었다. 적극적 추진력을 바탕으로, RTCA 자유 비행 조종 위원회는 FFP1의 성공을 지원하고, 최선의 방법을 연구 · 권고하기 위해 정부/산업 워킹 그룹을 구성했다.

2003년부터 2005년까지 미국 ATS 전략

6.123 자유 비행 단계2(FFP2). RTCA는 FAA의 연방자문위원회 역할을 수행하면서 2000년 8월 "2003-2005 역량 실무 그룹 심의 및 권고 문서"로 알려진 자유 비행 활동의 지속에 관한 업계 권고안을 제출하였다(여기서는 RTCA 운영 위원회 권고사항으로 언급됨).

6.124 FFP2를 위한 TCA 권고사항. RTCA 운영 위원회는 FFP1 및 기타 기능을 추가로 구현해야 하는 위치를 결정하는 방법에 초점을 맞추었다. 심사숙고 끝에 역량과 위치를 결정하는 데 문제 기반 방법을 이용하기로 합의했다. 이러한 유형의 분석은 권고사항에 대한 분석적 정당성을 제공하고 그룹이 현실적 해결안이 없는 요구를 파악하는 데 도움이 되었다. 따라서 그룹은 우선 연구 및 개발을 위한 영역을 정의할 수 있었다.

6.125 RTCA는 이행능력을 정의하고 연구와 개발의 우선순위 영역을 식별하는 것 외에도, 무상비행 운영을 수용할 수 있는 특정 공역과 절차적 계획을 권고했다.

6.126 권고사항은 다음과 같다 :

a) 순위가 지정된 위치에서의 충돌 조사(URET 기반), 교통 관리 조언자 - 단일 센터(TMA-SC), pFAST 및 CDM(향상된 기능)의 특정 FFP1 기능을 계속 구현. RTCA는 또한 교통 흐름 관리(TFM) 경로 재설정 전략의 영향을 평가하기 위해 모니터 경보 임계값을 사용하는 도구 모음인 협업 경로 지정 및 조정 도구(CRCT)라고 하는 새로운 기능의 구현. 공역 교통 밀도 예측, 모니터 경보 임계값을 초과하지 않는 항공기 경로 재설정 환경 구축, 제안 사항에 대한 영향성 평가 제공

b) 교통 혼잡의 완화, NAS에 더 많은 접근 권한을 제공하는 특정 공역 및 절차 계획을 촉진. 국가 초고고도 서비스 지역, 초고고도 부문의 국내 RVSM 및 밀

집된 공역에 대한 일반 항공 접근을 개선하기 위한 더 많은 지역 항법 절차 (RNAV/RNP)의 사용. 그리고

c) 선정된 우선순위 연구 활동: direct to(D2), 문제 분석, 해결 및 순위(PARR), 교통 관리 조언자-다중 센터(TMA-MC), 표면 관리 시스템(SMS), 제한된 자원의 공정한 할당. 선진 와류 간격 시스템(AVOSS), 액티브 최종 접근 간격 도구 (aFAST), 이동 중 고문(E/DA) 및 출발 경로(EDP) 촉진

6.127 FAA는 추가 환경에 FFP1 기능을 확대하고 새로운 FFP2 기능을 제공하기 위해 2000년 10월 1일부터 2005년 12월 31일까지 FFP2를 이행했다. 지리적 확대로 인해 항공업계 종사자와 일반 대중 모두 FFP1를 통해 이뤄낸 시너지 효과를 볼 수 있게 되었다. 예를 들어 추가적인 그리고 넓은 간격의 URET와 TMA 현장의 상호작용은 더 많은 항공기가 연료-효율적인 경로로 오래 비행할 수 있게 하고, 항공기의 도착 스케줄을 더 효율적이게 하였다. FFP2, 새로운 도구의 이익을 평가해야 하지만, 기존 FFP1 도구와의 상호작용을 통해 이러한 이익이 절충될 것으로 예상하는 것이 합리적이다.

FFP2 프로그램 범위

6.128 FFP1 기능의 지리적 확장. FFP1 기능의 지리적 확장은 FFP1 환경을 벗어난 추가적인 설비에 대한 URET, pFAST, TMA-SC 및 CDM(향상된 기능)의 구현이 포함된다. 또한 CRCT와 CPDLC라는 새로운 기능을 모든 적절한 시설에서 구현한다.

6.129 공역 계획. FAA는 국가 초고고도 서비스를 위한 항공 교통 관리 프로그램(ATA)과 국내 RVSM을 위한 항공 교통 계획 및 절차(ATP) 조직을 통해 RTCA가 권장하는 영공 계획을 지속, 적극적으로 추진할 것이다. ATA와 ATP는 위원회의 권고사항을 이행하고 적절한 RTCA 위원회를 통해 항공 커뮤니티에 경과를 보고하기 위한 국가 계획을 개발 및 이행할 것이다.

6.130 FFP2 조사 및 개발. RTCA 2003-2005 역량 작업 그룹은 통합 능력의 개발과 구현을 촉진하기 위해 가속화하고 병합해야 하는 진행 중인 연구를 인정했다.

6.131 FFP2는 능력, 성숙도 및 사용자 편익을 신속하게 제공할 수 있는 능력에 기초한 연구 개발 계획을 다수 선정했다. 다음 연구 개발 프로젝트는 2003-2005년 동안 완성될 것으로 예상·구축되었다.

a) Direct to(D2). 목적지 공항과 더 가까운 하류 지점으로 “직접” 비행함으로써 이동 중 항공기 식별에 있어 항공로 관제사를 지원하기 위한 도구를 제공한다.
b) D2는 NASA가 개발한 센터 TRACON 자동화 시스템(CTAS) TMA를 기반으로 구축되어 하류 픽스로 비행함으로써 최소 1분의 비행 시간을 절약할 수 있는 항공기를 식별할 수 있는 도구를 제공한다. 또한 제한된 자원의 공정한 할당이 가능하다. (FAA가 NAS 전체의 전체적인 교통 밀도를 관리하는 동시에 개별 사용자 요구에 보다 공정하게 대응할 것이며, MITRE/CAASD가 개발한 CRCT의 구성요소로 추정된다.)
c) 문제 분석 해결 및 순위(PARR). PARR은 MITRE/CAASD가 개발한 URET에서 도출한 비행 데이터 관리에 있어 경로 D 위치 제어기를 지원하는 도구 모음이다. 또한 관제사가 항공기 대 항공기와 항공기 대 공역 충돌을 전략적으로 해결하고, 위험한 기상 조건에 대응하며, TFM 측정시간 및 흐름 지침을 준수할 수 있도록 지원한다. 이러한 도구의 통합으로 전체 부문 침은 각 위치에서 전술적, 전략적 두고 및 표시장치의 전체 범위에 접근할 수 있다.
d) 교통 관리 조언자-다중 센터(TMA-MC). 다중 센터는 NASA가 개발한 CTAS 항로의 구성 요소이다. 다중 중심 TMA는 복잡한 공역에서 교통을 효율적으로 관리하고 측정할 수 있도록 단일 중심 TMA를 기반으로 구축된다. 복잡한 공역은 상호 의존적인 교통 흐름을 가진 여러 시설(다중 중심 및/또는 다중 TRACON)이 혼잡한 공항으로의 도착을 제공하는 책임 있는 공역으로 정의된다.

e) 표면 관리 시스템(SMS). 표면 관리 시스템은 공항 표면 이벤트 및 하류 제한으로 인해 공항 표면에 발생하는 비효율과 도착 및 출발 지연을 줄여줄 것이다. 그 결과적인 능력은 다른 역량과 협력하기 위해 유연해야 한다. 현재 진행 중인 NASA 표면 관리 시스템 연구 프로젝트 이외에도, RTCA는 더 효율적인 공항 지표면 운영을 위해 다른 사용자 계획은 이행하면서 연구를 계속해야 한다고 제안했다.

6.132 다음 조사 및 개발 프로젝트는 가능한 범위까지 감시되고 가속화될 것이지만, 2003–2005 기간 동안 발달될 것이라 기대되지는 않는다.

a) 빠른 출발 경로(EDP). 빠른 출발 경로는 TRACONs과 ARTCC의 관제사가 출발과 관련된 상황을 지원하도록 설계된 의사결정 지원 시스템이다. 이 시스템은 NASA가 개발한 CTAS를 통해 관제사에게 항로상 시스템으로의 무분별한 상승의 복잡성을 관리할 수 있는 능동적인 권고사항(속도, 방향 및 고도)을 제공한다.

b) 향상된 와류 간격 시스템(AVOSS). 향상된 와류 간격 시스템은 단일 활주로로 이동하는 항공기에 대한 안전 간격을 동적으로 제공하는 지상 시스템이다. 현재 및 예상 기상 조건을 이용하여 항공기의 와류가 접근 회랑을 떠난 시점을 판단한다.

c) 항공로 강하 권고(E/DA). 항공로 강하 권고는 NASA가 개발한 CTAS의 또 다른 기능으로, 시퀀싱 프로세스의 강하 단계에서 도착 항공기를 다루는 레이더 측 관제사를 지원할 수 있다. 항공로 강하 고문 도구는 계획 및 궤적 계산의 결과를 나타내는 속도, 방향 및 고도/지각적 권고사항을 관제사에게 제공한다.

d) 액티브 최종 접근 간격 도구(aFAST). 액티브 최종 접근 간격 도구는 NASA에서 개발한 CTAS의 터미널 구성요소이자 pFAST를 뒤따라가는 것이다. TRACON 관제사에게 정확하고 충돌 없는 항공기 속도 및 벡터 권고사항을 제공하는 의사결정 지원도구다. 이러한 권고사항들은 활주로 한계점에 대한 항공기의 안전한 전달을 최적화할 것이다.

2006년부터 미국 ATS 전략

6.133 2006년과 그 후를 위한 권고사항은 CRCT를 포함한 선별된 우선순위 현장에서 특정 FFP1 기능의 지속적인 구현이 포함된다. 또한 미래의 노력에는 혼잡을 완화하고 NAS에 더 많은 접근 권한을 제공하는 특정 공역 및 절차 계획의 촉진이 포함된다. 국가적인 초고고도 서비스, 초고고도 섹터에서 국내 RVSM 구축, 혼잡한 공역에 대한 일반 항공 접근을 개선하기 위한 RNA/RNP의 활용 등을 고려한 것이다.

- **게이트 투 게이트 개념**

6.134 매일 약 100,000회의 항공편이 NAS를 사용하기 때문에 교통 관리에 많은 결정이 필요하다. NAS는 사용자와 서비스 제공업체들이 항공편의 우선순위를 정하고, 항공교통을 지역적 및 국제적으로 더 협력적인 결정을 할 수 있도록 한다.

6.135 비행 계획 중, 계획된 경로를 따라 그리고 목적지에서의 교통 수요와 날씨의 위치와 영향을 예측하기 위해 개선된 도구를 사용할 것이다. 비행이 진행됨에 따라 날씨, NAS 상태 및 다른 사용자별 데이터에 대한 추가 업데이트가 항공사와 기타 운영에 제공될 것이다. 새로운 도구는 결국 직접 비행 경로, 계획 출발 및 도착, 경로 변경 및 NAS 전체의 용량 및 수요 균형 조정에 도움이 될 것이다.

6.136 NAS는 협업을 가능하게 하는 교통 흐름 관리 및 비행 서비스 분야에서 새롭고 개선된 정보 서비스를 포함하여 비행계획 시스템을 개선하려 한다. 이는 서비스 제공자와 사용자가 동일한 데이터의 공유 및 운영적 요구에 최선의 해결책을 위한 협상을 필요로 한다.

6.137 NAS 전체 정보 서비스는 오늘날의 다양한 표준을 바탕으로 한 독립적인

시스템에서 교통 흐름 관리, 비행 서비스 및 항공 기상 정보의 사용자와 제공자를 연결하는 공유 시스템으로 발전할 것이다.

• 대양 운영

6.138 대양 사용자의 요구와 FAA가 수평 분리를 50NM로 감소시키기로 한 약속을 충족시키기 위한 여러 가지 혁신적인 대안들을 조사하는 연구가 진행되었다.

6.139 차세대 항공 감시 시스템(ADS-A)은 위성 데이터 링크를 통해 대양 공역 비행에 대한 감시를 제공한다. ADS-A는 FANS-1/A를 장착한 항공기 간의 종적 방향 분리를 50NM로 줄일 수 있다. 관제사-조종사 통신과 ADS-A 감시를 위한 대양 데이터 링크가 항공 통신 네트워크(ATN) 장착 항공기에 서비스를 제공할 수 있는 방향으로 그 성능이 개선될 것으로 보인다. 대양 자동화 인프라는 ADS-A 정보를 처리하고 표시하도록 업그레이드될 것이다.

• 수직 및 수평 분리 축소

6.140 이것은 대양 비행 시 항공사에 의해 사용되는 프로그램이고 항공기 간 종적, 수직 및 수평 분리 축소를 목표로 하고 있다. 현재 제한사항은 60NM에서 100NM의 수평 분리, 비행고도 29,000ft 이하 1,000ft 및 29,000ft 이상 2,000ft 수직 분리, 그리고 15분의 종적 분리를 필요로 한다.

6.141 1997년에 FAA는 북대서양에서의 이용 가능한 비행을 늘리고 비행시간을 줄이기 위해 RVSM 프로그램을 시작했다. RVSM 프로그램은 비행고도 29,000과 41,000에서 1,000ft로 수직 분리를 감소시켰고, 이로 인해 사용가능한 대양 항로가 두 배가 되고 연간 50,000에서 68,000톤의 연료가 감소될 것임을 예측하였다. MITRO는 ATA 연구를 통해 북대서양에서 연간 50,000톤의 연료를 절약할 것으로

또한 예측했다. MITRE는 또한 전 세계적으로 RVSM을 구현함으로써 108만 톤의 연료가 절약될 것으로 예상하고 있다. FAA는 "대양 공역 강화 및 분리 감소를 위한 전략적 계획" 연구에서 1996년 항공기 운항당 평균 연료 절감액을 약 200kg으로 파악했으며 2015년에는 항공기 운항당 평균 연료 절감량을 약 165kg으로 예측했다.

6.142 GPS, 교통 경보 및 충돌 방지 시스템(TCAS) 및 데이터 링크를 포함한 향상된 항행 기술 사용의 증가는 태평양 항공로에서 수평 및 종적 분리의 축소를 가능하게 했다. 이 경로에서 수평분리는 60NM에서 특정한 경우에 50NM로 축소되었다. 추가적으로, 동일한 태평양 경로에서 종적 분리는 15분에서 50NM을 비행하는 데 필요한 시간(다양한 속도에서)으로 축소되었다. 태평양 경로의 65%를 차지하는 오클랜드 비행 정보 구역에서 연간 94,000톤의 연료 절감을 관측할 수 있다. 잠재적인 대서양의 연료 절감 39,000톤과 함께, 태평양 운항은 연간 133,000톤의 잠재적인 연료 절감 기회를 제공한다고 볼 수 있다.

- 대양 step climb

6.143 FAA는 "대양 공역 강화 및 분리 축소를 위한 전략적 계획" 연구에서 단기(1998–2000), 중기(2001–2005) 및 장기(2005–) oceanic step climb프로그램의 계획 및 약속의 개요를 제공했다. 처음에, 항공기는 낮은 고도에서 비행하지만, 연료가 소모됨에 따라 항공기의 중량이 감소하고, 연료가 효율적인 더 높은 고도로 상승할 수 있게 된다. 단기로, FAA의 계획은 북대서양(NAT) 공역에서의 RVSM의 확장, 태평양(PAC) 공역에서 50NM 수평분리의 개시, 태평양 공역에서 RVSM의 적용 및 남태평양에서 동적인 항공기 경로 계획의 도입을 포함한다. FAA의 중기 프로그램은 태평양 공역에서 50NM 종적 분리, 북대서양 및 태평양 공역에서 30NM 수평분리, 그리고 북대서양 공역에서 5분 종적 분리를 요구한다. 서대서양 항공로 시스템을 위한 RVSM이 계획되어 있다. 장기 계획들 중에는 분리의

추가 감소와 대양 공역 환경에서 자유로운 비행으로 이어지는 유연성의 향상이 있다. 이러한 편익은 표 6-1에 요약되어 있다.

● 항공 교통 관제 및 데이터 자동화

6.144 NAS 현대화의 후반 단계 동안 TFM 인프라는 NAS 전체 정보 서비스의 일부가 되고 항공사와 기타 사용자는 비행 중 계획을 위해 4차원(종적, 수평, 수직 및 시간) 궤적 정보를 제공하기 시작할 것임을 예측하였다. 항공기가 시스템을 통해 운항함에 따라 비행 물체가 새로이 업데이트되는 것이다.

6.145 성능 모델은 교통 수요가 시스템 용량을 초과하는 시기를 예측하기 위해 NAS 현대화의 일환으로 개발될 것이다. 이 데이터는 교통 흐름을 조정할 수 있도록, FAA, 항공사 및 기타 사용자가 이용할 수 있을 것이다. 3단계까지는 제안된 일정의 변경, 비행 취소 및 기타 운항 변경을 즉시 평가하기 위해 개선된 시뮬레이션 기능이 개발될 것으로 예상한다.

표 6-1 Oceanic step climb 프로그램 – 대략적 연료 비용 절감

Region	Minima	Fuel cost saving (in millions of dollars U.S.)	Notes
Pacific	50 NM lateral	357	For 1996 though 2015
	50/50	604	(Cumulative : 50, 50/50, 30/30) for 1996 through 2015
	30/30	835	(Cumulative : 50, 50/50, 30/30) for 1996 through 2015
Atlantic	RVSM	12.2	For 1996(using medium traffic growth and the average of low and high fuel prices)
		48.9	For 1996(using medium traffic growth and the average of low and high fuel prices)
		545.9	For 1996 through 2015 (using medium traffic growth and the average of low and high fuel prices)

6.146 항공로 자동화는 디스플레이 시스템 교체(DSR)를 포함한다. DSR은 차세대 기상 레이더(NEXRAD)의 기상 데이터를 보여줄 수 있으며, 단기 업그레이드를 통해 관제사들이 FFP1 도구를 사용할 수 있게 할 것이다.

6.147 대양에서의 비행 자동화를 위해 위성 통신을 사용하는 다중 구간 대양 데이터 링크를 설치하여 미래의 항공 항법 시스템을 갖춘 항공기를 위한 조종사와 관제사 간 신뢰할 수 있는 데이터 통신을 제공하려 한다. 이러한 데이터 통신은 일상적인 항공 교통 관제 및 국제적으로 표준화된 파일럿/관제사 메시지로 구성된다. 또한 위성 및 고주파 음성 통신도 이용할 수 있다.

6.148 2009-2015 기간 동안, 항공로와 대양 시스템은 일부 애플리케이션이 각 도메인에서 고유하게 유지될 수 있지만, 공통의 하드웨어와 소프트웨어 구조로 진화해야 한다. 이 공통 아키텍처는 두 도메인 간의 더 효율적이고 원활한 전환을 촉진할 것이다.

6.149 비행 물체와 NAS 전체 정보 서비스를 구현하면 도메인, 시설 및 NAS 사용자 간에 데이터를 공유할 수 있다. 이러한 공유는 일일 운항을 위한 항공사의 계획을 강화함으로써 사용자에게 도움이 될 것이다. 조종사들은 NAS의 조건에 따라 비행계획을 기록 및 수정하고, 비행 진행 상황을 감시하며, 가장 유리한 경로, 착륙 활주로 및 게이트를 식별할 수 있을 것이다.

- 데이터 링크

6.150 데이터 링크는 디지털 데이터 네트워크를 이용하여 다양한 지상 시스템과 항공기 간의 통신을 위해 사용된다. 이 링크를 통해 전달된 정보는 항공 교통 정보, 비행정보, 항법 정보와 감시 정보 등 비행 시간의 감소와 안전을 촉진하는 방법을 포함한다. 이 프로그램은 또한 보다 적은 벡터링을 사용하여 더 많은 직접 경로를 비행하고, 체공 픽스 수와 관련 시간을 줄이며, 지상 지연과 통신 오류

를 줄일 수 있다.

6.151 데이터 링크에 사용되는 디지털 프로세스는 자동화된 지상 시스템을 통해 항공기에 정보를 전송하며, 자동화된 시스템에 의해 수신되어 사용 가능한 정보로 변환된다. 이 시스템은 ATC, 조종사 및 영공 관리자 간 음성 통신 방법보다 더 효율적이고 신뢰할 수 있으며 친숙한 방식으로 정보를 전송 가능하게 한다.

6.152 데이터 링크는 완전히 구현될 때 매년 최대 103만 톤의 연료를 절감할 것으로 예측된다.

- 위성 기반 탐색

6.153 위성 기반 탐색으로 전환하면 운영 및 안전에 상당한 이점을 제공한다. 조종사는 현재 내비게이션 및 착륙 신호 커버리지가 부족한 공항을 포함하여 NAS의 거의 모든 곳을 탐색할 수 있다. 인공위성 기반 탐색은 직선 경로를 허용할 것이고, 더 많은 활주로에서 정밀 접근이 가능해질 것이다.

6.154 무선 주파수 간섭은 GPS 기반 항법과 연관된 알려진 위험이다. 전리층과 (의도되거나 의도되지 않은) 무선 주파수 간섭은 GPS 신호에 영향을 줄 수 있다. 이 문제를 해결하기 위해서 두 번째 상용주파수는 2005년부터 발사가 시작될 GPS 위성 교체에 포함될 것이다.

6.155 2008년부터 2015년까지 NAS 현대화는 지상 항법에서 벗어나 계속적인 전환을 요구한다. 모든 지상 항법 시스템을 단계적으로 중단할 수 있는지 여부를 평가할 것이다. 일부 지상 항법 시스템은 GPS/광역 확장 시스템(WAAS) 서비스 중단 또는 간섭이 있는 경우 주요 항공 경로 및 고방사능 공항에서의 운영을 지원하기 위해 보존되어야 할 수 있다. 두 번째 상용 주파수(항법 및 착륙 성능 및 건전성 향상을 위한)를 갖춘 새로운 GPS 위성 배치는 이 단계에서 완료된다. NAS 현대화의 3단계에서는 터미널 자동화 시스템이 NAS 전체 정보 서비스에 통합될

것이다. 이를 통해 항공기, 항공 교통 기관 시설, 공항, 항공사 램프 제어 및 항공 운영 센터 간에 비행 데이터를 교환할 수 있다.

6.156 첨단 항법 및 감시 기술에 내재된 새로운 기능을 통해 출발 및 도착 절차는 속도 및 고도 제한을 줄이거나 제거하고 항공기가 공항 주위의 공역 중 더 많은 부분을 사용할 수 있도록 변화할 것이다. 가능한 혼잡한 터미널 지역에 새롭고 직접적인 항공 노선이 구축될 것으로 예측된다.

- 국가 영공 재설계

6.157 FAA는 RTCA 특별위원회 192(National Airspace Review Planning and Analysis)에 참여하고 있다. 현재의 노력은 영공 및 부문 설계를 위한 2005년 이전의 이행 단계를 위한 토대를 마련하고 있다. FAA는 국가 차원에서 수많은 영공 연구 활동에 대한 감독 역할을 하고 있으며 국가 영공 재설계의 초기 단계로 나아가고 있다.

6.158 기존에 경험한 지연을 줄이는 것이 공역 재설계의 핵심 목표라 할 수 있다. 공역 분석이 국가 영공 재설계의 맥락에서 수행됨에 따라 FAA는 제안된 변경이 지연에 미칠 영향을 조사할 예정이다. 그리고 공역을 재설계함으로써 교통량과 관련한 지연이 줄어들 것으로 예측된다.

6.159 영공 재설계 목표에는 시스템 유연성도 포함된다. 영공 관리는 ATC 선호 노선과 관련된 추가 비행 거리의 양을 줄이거나 ATC 선호 노선에서 비행하는 비행 구간의 비율을 높이기 위한 조치를 검토 중이다.

6.160 시스템에서 가장 많이 이동한 경로의 대부분은 혼잡한 공역에서의 충돌을 최소화하도록 설계된 ATC 우선 경로를 게시하였다. 그러나 이러한 경로는 종종 두 도시 간에 조종사 또는 비행 계획자가 일반적으로 제안하는 경로와 많이 다른 경우가 있다. 재설계된 공역의 한 가지 특징은 ATC 선호 노선에 대한 의존

도가 낮아질 것으로 예상된다는 점이다. 재개발된 영공의 또 다른 주요 특징은 흐름 제한을 줄이는 것이고 이는 동시에 시스템 유연성을 더욱 증가시킬 것이라는 점이다.

6.161 FAA는 사용자 운영의 유연성을 향상시키는 두 가지 주요 절차 변경을 실행 중이다. 이는 바람직하지 않은 ATC 선호 노선의 제거와 표준 계기 출발 및 접근 절차의 개발이다. 이러한 변경 사항을 시행하면 이후 사용자가 이러한 새로운 효율성과 향상된 유연성을 활용할 수 있다.

6.162 융통성 목표를 달성하기 위해 FAA는 공역 설계 대안 평가에 적절한 환경 고려 사항을 통합하고 있다. 영공 분야 설계와 환경 고려 사항의 통합은 FAA의 항공 교통 서비스 유연성을 제공하는 핵심 구성 요소이다. 이를 통해 환경과 관련된 문제가 영공 연구에서 적절하게 고려되어 새로운 유연성 증가가 가능한 한 빨리 구현될 수 있음을 보장한다.

- 국가 경로 프로그램, 초고도(자유 경로) 개념

6.163 성숙한 자유 비행을 향한 한 걸음으로, FAA는 많은 자유 비행 개념의 구현을 시작할 수 있는 고도의 공역 구조를 정의하고자 한다. 이 공역은 적절히 시스템을 갖춘 항공기가 현재의 시스템이 제약하는 사항보다는 선호하는 노선과 고도를 비행함으로써 경제적 이익을 얻을 수 있게 한다. 초기 구현은 더 높은 비행 고도와 기술 및 절차가 안전하게 허용하는 추가 고도가 도입을 통하도록 설계되었다.

6.164 초고고도 공역에서 수행되는 작업은 영공 진입에서 통과까지의 이용자의 선호 경로에 의한다. 진입 및 통과 위치는 상승 및 하강에 대한 사용자 선호도를 기반으로 하며 NRP의 200NM 내부 및 외부 요구 사항에 제한되지 않는다. 이로써 수직고도 2,000ft에서 1,000ft의 감소를 통해 이용 가능한 비행 고도를 증가

시킴으로써 최적 고도에 근접한 항공기 운항이 가능해질 것이다. 이용 가능한 비행 고도 수의 증가는 또한 구조화된 경로 제어를 통해 항공기를 분리하는 것보다 충돌을 관리하는 데 있어 더 많은 유연성을 관제사가 가질 수 있도록 한다. 측면 분리치를 줄이면 더 많은 항공기가 경제적 경로를 따라 비행할 수 있게 된다. 즉 관제사가 관리해야 하는 예상 충돌 횟수가 감소할 가능성이 있다고 볼 수 있다. 목적지 공항으로의 효율적인 흐름을 위해 도착 시간을 조정해야 한다면 항공기는 예정된 지점에 대한 도착 시간(RTA)을 받게 된다. 조종사는 이에 가장 효과적인 방법으로 항공기를 운영하여 RTA의 해당 지점에 도착하게 된다.

6.165 고고도 공역과 관련하여, 위와 같은 고도가 구현되기 전, FAA 기반 시설, 특수 용도 영공 및 항공기 장비의 3가지 주요 영역을 고려해야 한다.

전 세계적인 개발

6.166 유럽과 미국 이외의 다른 지역에서도 분명히 해당 분야에 적용되는 기술과 절차의 일부가 도움이 될 것으로 예상된다. 예를 들어, 세계 여러 곳에서 RVSM 응용 프로그램의 확장 계획을 도입하려 한다.

6.167 비행 시간과 연료 연소를 줄이기 위한 주요 경로 및 공역 개선의 구체적인 예는 다음과 같다. 예를 들어 아시아/태평양 지역에서는 RNP10을 RVSM과 함께 도입하기 위한 주요 노력이 있어 왔다. 지금까지 일부 항공 회사들은 Tasman Sea, 북태평양(NOPAC), 중부 태평양(CENPAC) 및 태평양 조직 트랙 시스템(PACOTS)에서 1%에서 2% 사이의 연료 연소 감소치를 예상하고 있다. 하지만 출발 지연율 또한 크게 감소했기 때문에 계산되지 않은 추가적인 연료 연소 감소가 있을 것이다. 일본 민간 항공국(JCAB)은 RVSM/RNP10 프로그램이 나리타 공항 도착 지연을 효과적으로 감소시켰다고 발표하였다. 줄어든 지연시간은 이전에 보고된 통계에 의하면 하루에 8시간(항공기)이다. 확인된 사항은 아니지만, 이것

은 아시아 및 북미의 다른 공항에서의 지연 및 연료 연소율이 비슷한 감소 추세를 보일 것이라 추정 가능하다.

6.168 뿐만 아니라 남중국해에서 오래전 승인된 새로운 항로를 사용한다면 또 다른 긍정적 결과가 나올 것으로 예상된다. 이 지역은 가장 바쁜 영공 중 하나이며 ATC의 지연과 비행 고도의 비효율적인 사용으로 어려움을 겪고 있다. 그럼에도 ATS 비효율성은 추가적인 연료 소모를 야기하므로 개선되어야 한다.

6.169 지난 10년 동안 많은 경로가 새롭게 개발되었다. 개선된 경로를 운항하는데 추가된 ATC 비용이 비행 시간을 40분 이상 절약하는 예시가 있었다. 환경의 관점에서 해석할 때, 항공사가 현재 각 비행에 대한 경로를 선택함으로써 비용을 계산하기 때문에 (항공기가 일반적으로 비행거리/비용에 제한을 받지 않는다는 점을 감안할 때) 최소 전체 비행 비용을 얻기 위해 비행시간과 연료 연소율 절감을 포기할 수 있다는 것임을 알 수 있다.

조종실 디스플레이 교통 정보(CDTI)

6.170 공대공 CDTI는 조종사가 대부분 수동 모드에서 다른 항공기를 전자식으로 "보거나 피할 수 있게 하는 기본 기술"이다. 각 항공기는 자동으로 위치를 방송하며 이 정보는 주변 지역에 있는 장비가 장착된 모든 항공기의 조종실 디스플레이에 시각적으로 표시된다. 육상 기지의 레이더와는 별개로 CDTI는 조종사의 상황 인식을 효율적으로 가능하게 하므로 보다 안전하고 효율적인 운항을 가능하게 한다. ADS-B 역시 향후 교통량 충돌 회피 시스템을 발전시킬 수 있는 기술이다.

6.171 FAA에 의해 확인된 CTDI 사용의 이점은 통신 혼잡 감소, 상황 인식 및 안전 강화, 대양에서의 사용, 더 나은 위치 추적, 자동 공대공(air-to air) 감시, 감시 교통량 확대 및 택시 및 이륙 지연 감소이다.

6.172 ATA에 대한 연구에서 MITER는 한계 시계비행 기상 조건 아래 CTDI가 연간 68,000톤의 연료를 절약할 것으로 추정했다.

연료 절감 및 배출가스 저감

6.173 배출량을 줄이기 위해 CNS/ATM의 잠재력에 대한 정확한 추정치를 개발하기 위한 연구가 수행되었다. 이 연구는 FAA의 환경 및 에너지 사무소(AEE)에 의해 시작되었고 FAA의 Office Architecture and Investment Analysis(ASD)에서 수행되었다.

6.174 이 연구는 미국 국립 영공 시스템 성능 분석 기능(NASPAC) 시뮬레이션 모델링 시스템을 기반으로 진행되었다. NASPAC은 전체 NAS에서 항로 및 터미널 교통량을 모델링하고 모든 항로 구간과 400개의 공항을 포함하는 시뮬레이션이다. 모델은 연구 중인 시나리오를 나타내는 입력 용량 값에 기초하여 각 공항과 영공 부문에서 처리량과 지연을 계산한다. 이 연구는 1996년에서 2015년까지 계획된 CNS/ATM 개선을 미국, 터미널 공역, 미국 통제 해양 영공 및 공항 지표면에서 검토했다. 이 연구는 또한 비행 단계별로 배출물을 검토함으로써 비행이 최적의 궤적을 따라갈 수 있도록 함으로써 CNS/ATM의 개선을 촉진했다. 연료 절감과 배출물 감소는 터미널 지연의 감소와 항로상 비행 시간 및 거리의 감소로 계산되었다. 본 연구의 결과는 잠재적 CNS/ATM 편익의 대략적인 상위 한계치를 계산했다.

6.175 이 연구는 원래의 "MITER 1"연구와 다른 기준 연도를 사용하는 CNS/ATM 개선의 향후 요구 사항 및 구현 순서를 고려한다는 점에서 여러 차이가 존재했다. FAA가 보다 복잡한 방법을 사용하는 동안 MITER 1는 연료 연소를 배출로 전환하는 간단한 방법을 사용했다.

6.176 FAA 연구의 결과는 1996년 기준 연도에 대한 2005년, 2010년 및 2015년의 배출량 감축을 고려했다. 분석 결과 연간 4,670,000톤의 연료 연소가 감소한 것으로 나타났다. 이 연구에서 사용된 보다 정교한 배출 전환 방법은 MITER 연구와 비교하여 연간 95,000톤의 NOx와 27,000톤의 HC의 감소를 예측했다.

6.177 방출 기준을 백분율로 표현하면 FAA의 연구는 NOx와 HC의 감축이 각각 9.9%와 18% 감소한 것으로 나타났다. 초기 MITER 1과 FM 연구 모두 CNS/ATM 개선이 완벽하게 구현될 경우 항공기 배출량을 10~15% 줄일 수 있다는 결과를 냈다(MITER 2 1998).

6.178 MITER 1는 항공기의 비행 단계와 무관하게 연료 단위당 일정한 비율로 배출이 발생한다고 추정했다. 후속 연구 MITER 2에서는 첫 번째 연구의 네 가지 측면은 원래의 분석에서 사용된 가정과 근사가 CNS/ATM에서 파생된 배출 저감을 대표하는지 여부를 결정하는 것을 목표로 분석되었다.

6.179 이 연구는 연료 연소율과 직접 관련이 있고 비행 단계에 따라 달라지지 않는 CO_2와 H_2O 배출물 및 NOx 배출물은 비행 단계 및 연료 연소 속도에 따라 상당히 다르다. NOx에 의해 재계산된 배출량 절약은 연간 70,000톤에서 연간 51,000톤으로 감소하는 편익을 발견했다(27%의 편익 감소).

6.180 이 연구는 또한 비행 단계에 따라 달라지는 HC 배출량을 기반으로 했으며 연소가 비교적 비효율적인 낮은 추력 설정에서 더 높다. 모든 비행 단계에서 HC 배출량에 대한 가중 평균치는 원래 연구에서 계산된 연간 9,500톤(45%의 이익 증가)과 비교하여 연간 14,000톤의 감소를 초래한다. 표 6-2는 "MITER" 연구에서 CNS/ATM initiative에 의한 분석치를 보여준다.

6.181 네덜란드 항공 우주국(NLR)은 IATA를 위해 항공기 연비를 향상시키고 배기가스 방출을 줄이기 위한 운영 조치를 조사하는 CNS/ATM에 대한 연구를 수행했다. NLR은 "전 세계적으로, 비행 절차와 기법과 성능(상승, 순항 및 하강 단계)의 최적화, 항공기 무게 최소화, 지상 운영 최적화, 기체와 엔진 유지보수 및 계기 정확성 개선을 포함한 CNS/ATM의 모든 측면이 비록 소규모일지라도 2010년까지 총 상당한 비용 절감에 기여할 것"으로 결론지었다.

6.182 CNS/ATM 관련 및 비 CNS/ATM 관련 기회에 대한 NLR 연료 절약 예측은 표 6-3에 나와 있다.

표 6-2 CNS/ATM 실행을 통한 전 세계적인 연료 절감 및 연소 감소 추정치

CNS/ATM initiative	Fuel	NO_x	HC
CDTI benefits	69	0.8	0.2
Oceanic step climb	2	0.05	0
Planned VRP	597	6.0	1.8
Relax 200 NMI	139	1.5	0.4
Provide UPR to NONPREF	914	10.1	2.7
UPR to all flights	70	0.8	0.2
RVSM	1,056	11.8	3.2
Cruise climb	107	1.2	0.3
Data link	1,039	11.4	3.1
Oceanic RVSM/RHSM	137	1.5	0.4
URET	152	1.7	0.5
TATCA(CTAS and RHSM)	268	2.9	0.8
SMART	79	0.9	0.2
Total	4,629	51.25	13.8

표 6-3 항공기 관련 배출가스 감소(1999년 연료 사용량에 따른 %)

Measures	Region	Fuel	NO_x	CO and HC
CNS/ATM related	Africa	−6	−6	−8.9
	Asia/Pacific	−6	−6	−17.19
	Europe	−10	−9	−14
	Latin America/Caribbean	−8	−8	−8
	Middle East	−4	−4	−4.5
	North America	−10	−9	−16
Non-CNS/ATM related		−5	−5	−5
All operations	Global	−14	−13	−20.21

제 7 장 무상비행

도입

7.1 항공기 운영자들은 항공기 운항 영업에 있어 직접적 비용 측면인 무상비행을 최소한으로 유지하려는 경향이 있다. 무상비행을 훨씬 더 줄임으로써 연료사용과 탄소배출량을 감소시킬 수 있는 여지가 있다. 그럼에도 불구하고 이러한 무상비행의 완전한 제거는 안전 및 법적 이유로 어렵다. 국지적 및 국제 규칙은 일부 기능(예 : 훈련)을 수행하는 데 필요한 최소한의 무상비행을 지시할 수 있으므로, 식별된 무상비행의 모든 제거는 불가능하다.

7.2 각각의 경우들의 구체성이 매우 짙기 때문에 절감할 수 있는 연료량을 정확하게 수치화하는 것은 매우 어렵다. 그러나 가능한 부분에는 절감 가능한 연료량의 예측치가 주어진다.

훈련 : 비행 vs 시뮬레이션

7.3 훈련비행을 위한 요구사항은 항공기와 시뮬레이터에 새로운 기술의 등장과 함께, 점차 줄어 들어왔다. 컴퓨팅과 그래픽 프레젠테이션의 발전으로 시뮬레이터에서 항공기를 보다 사실적으로 표현할 수 있게 되었으며, 그 결과 지상에서 더 많은 훈련을 하고 공중에서는 더 적은 훈련을 할 수 있게 되었다.

7.4 구형 항공기 기종에 해당하는 시뮬레이터 기술의 발전이 없을 수 있으므로, 구형 항공기 기종은 신형 기종의 항공기보다 더 많은 공중훈련이 필요할 수

있다. 동일한 항공기 종류 간 변환 훈련이 제로 비행시간 시뮬레이터에 의해 수행될 수 있기 때문에 또한 훈련 비행이 감소될 수 있다.

7.5 그럼에도 훈련비행을 피할 수 없을 때, 상업용 목적지에 유사한 적절한 비행장의 사용은, 항공기를 위치시키는 데 사용되는 연료량을 최소화할 것이다.

7.6 연료 탑재는 충분한 연료를 탑재하는 것이 일반적이지만 동시에 훈련 중에 연소되는 연료의 양이 이차적인 영향을 준다. 낮은 비행고도 등 다양한 이유로 훈련비행 중 연료소비율은 일반비행 중 연료소비율보다 높다.

위치 결정 비행

7.7 비록, 항공로상에서 우회 후 베이스로 돌아가야 한다면 더 긴 거리를 비행할 수 있지만, 위치 결정 비행은 상대적으로 짧은 경향이 있다. 항공기가 모든 기상상황에서 운항할 수 있는 높은 기준의 장비를 갖추게 해서, 어느 정도까지는 악천후로 인한 우회를 줄이는 것이 가능하다.(예 Category III) 이는 극한 상황에서의 기상 우회를 막을 수 없을뿐더러 모든 항공기가 Category III로 비행이 가능한 것은 아니다.

7.8 운영자의 항공기들이 두 개 혹은 그 이상의 베이스로 나눠질 때, 항공기를 재위치시킬 필요가 있다. 이는 특정기간 운항의 특성 혹은 항공기들의 정비 스케줄의 결과 때문일 수 있다. 스케줄의 신중한 계획 그리고/또는 한 종류가 하나의 베이스에서 운항함을 확실하게 하기 위해 비행 스케줄을 변경하는 것은 항상 가능하지 않지만 이러한 무상 운항을 줄이는 데 기여한다.

7.9 종종, (some shuttle services, high profile flights) 서비스가 보장되었을 때, 백업 항공기는 비행이 시작되는 공항에 위치되어 있어야 한다.

7.10 위치 결정 비행에는 (예를 들어 결함으로 인한) 안전적 여유를 가진 항공

기가 수반되지 않기 때문에, 반드시 승객은 아니더라도 상업적 하중을 싣는 것이 때로는 가능하다. 만약 그렇지 않았다면 문제의 화물은 특별 비행편으로 운반되었을 것이므로, 이는 연료를 절감해 준다.

7.11 위치결정 비행의 감소로 인해 발생할 수 있는 연료절감으로 정량화하는 것은 어려운데, 그 이유는 비행의 특성상 매우 구체적이기 때문이다. 단거리 비행은 연료 소모량이 많지 않을 수 있는 반면, 더 긴 구간은 더 많은 연료와 승무원 비용을 수반하므로 가능한 최소한으로 줄이는 경향이 있다.

페리 비행

7.12 현대 항공기와 엔진의 신뢰성이 향상되었고, 이에 결함을 수용하거나 결함 수정을 연기할 수 있는 능력과 결합하여 결함 수정 또는 기술적인 이유로 인한 항공기 위치 결정의 경우를 감소시킨다.

7.13 항공기에 어떤 결점, 그리고 특정 조건이 충족되는 경우, 인증기관은 상업적 화물을 덜/완전히 적재한 후 비행을 수행하도록 허용할 수 있다. 이는 대체 비행의 필요성을 완화할 것이다. 페리비행은 가끔 낮은 고도/속도에서의 제한된 운항 또는 연료소비를 동반한 증가된 운항여유를 수반한다. 제한사항은 결함에 의존적이며 안전 여유가 타협되지 않음을 확실히 하기 위함이다.

7.14 결함 수정을 위한 페리비행을 줄이는 가장 좋은 방법은 신뢰성의 향상이다. 무상 페리비행은 항공기의 주 운용 베이스 근처 또는 그곳에서 유지보수를 수행함으로써 감소될 수 있지만, 이는 여러 가지 이유로 인해 가능하지 않을 수 있다. 제한된 기간 동안 허용되는 결함으로 운항할 수 있는 능력 또한 무상비행을 줄이는 해답이 될 수 있다. 이는 최소 장비 목록의 완전하고 합리적인 사용을 요구한다.

시험비행

7.15 제작사, 인증기관, 항공사는 정비작업이 완료된 후 시험비행을 요구한다. 이러한 비행은 보수 작업을 검증하기 위해 필요한 공기 하중 또는 기타 조건을 지상에서 재현할 수 없는 경우에 필요하다.

7.16 요구되는 시험비행의 예로는 고도 임계값에 대한 에어컨 팩 성능 점검과 유압 제어 시스템의 성능 저하에 따른 "수동 역류" 설비 점검이 있다. 일부 항공기에서는 실속 경고 시스템의 정확한 연결이 필수적이며, 시스템에 대한 특정 정비 작업 후 저속 핸들링과 스틱 셰이커/푸셔 속도를 공중에서 확인해야 한다.

7.17 때로는 안전과 무관한 시험이 규제 당국의 동의하에 노선 비행 중에 수행될 수 있다. 한 가지 예는 특정 항공기 유형에 대한 플랩 운용의 점검이다.

7.18 신형 항공기는 문제를 식별하기 위해 항공기 자체의 시스템을 사용하는 내장 시험 장비를 사용해 특정 항목을 시험할 수 있다. 따라서 공기 시험을 줄일 수 있다.

개발 – 테스트 설치

7.19 항공기 시스템의 개발은 적절하게 승인된 설계 기관에 의해 수행될 수 있고, 감항 당국에게 위임될 수 있다. 이 시스템은 보통 상업적 서비스에 사용되기 전에 공중에서 시험비행을 거쳐야 한다.

7.20 이러한 시험은 때로 항공기의 전체 비행 범위 내의 특정 기능을 조사하는 많은 장기 개발 비행의 결과를 초래할 수 있으며, 그러한 비행은 상당한 연료 소모를 초래할 수 있다. 그러나 최종 결과는 상용 작동 중 연료소모량 감소 또는 안전 여유도의 개선이 될 수 있다.

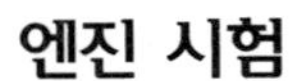

엔진 시험

7.21 엔진의 지상작동은 최소한으로 유지되어야 하는 일반적인 항공사의 정비작업 중 한 부분이다.

제 8 장 비행/경로 계획 및 기타 운영 문제

도입

8.1 이 장은 항공기 운영자의 관점에서 몇 가지 비행 계획 및 관련 문제를 검토한다. 여기에는 항공기 운항의 연료 효율에 직접 또는 간접적으로 영향을 미칠 수 있는 일반 인프라, 적용 가능한 규정, 연료 특성 및 관련 문제의 측면이 포함된다.

경로

8.2 항공기는 끊임없이 이동하는 대기권에서 운항하기 때문에 최소 경로 길이(대원)가 반드시 최적인 것은 아니다. 따라서 공기를 통해 최소의 비행 거리를 제공하는 경로(최소 동등 수준의 정체 공기 거리)는 대원 거리보다 지면에서 더 길 수 있다. 반대로, 충분히 강한 역풍으로, 대원 거리보다 더 짧은 동등한 정체 공기 거리(still air distance)가 때때로 가능하다.

8.3 경로는 다음과 같이 가장 짧은 거리 및 가장 유익한 바람과 관련된 것 이외의 제약 조건에 의해 영향을 받을 수 있다.

a) 군사, 정치적 또는 안전상의 이유로 피해야 하는 폐쇄된 공역 구역, 위험 구역 등

b) 목적지 공항의 스택에 수용되지 않도록 하기 위해, 최적 경로가 아닌 경로가 필요한 혼잡 구역

c) 공항 활주로 이용에 따른 체계적 변수 및 출발 및 도착 경로 길이에 대한 영향

d) 적절한 ETOPS 기능이 없는 쌍발 엔진 항공기는 최적 경로보다 긴 비행 경로(아래 ETOPS 설명 참조)에 의해 제한될 수 있다.

e) 상공비행 요금의 차이는 경우에 따라 최적 항로를 비행하는 데 더 많은 비용을 들일 수 있다. 요금의 조화는 그러한 경우에 연료 사용을 줄이는 데 도움이 될 것이고, 한 항공사는 이 요소만으로도 2.3%의 추가 연료가 소비되는 결과를 초래한다고 추정했다.

8.4 유럽에서는 이러한 요인들의 결과로 비행되는 평균 추가 거리가 9~11%이며, 나머지 세계에서는 해당되는 추가 연료 소모량이 약 6~7%로 추정된다.

8.5 미국 항공사들은 운항 승무원들이 일단 비행하면 목적지로 가는 "직항 경로(direct route)"를 요청하도록 장려한다. 이러한 요청은 보통 ATC에 의해 승인된다. 이는 사용된 연료를 줄이고 더 효율적으로 사용가능한 영공을 사용하도록 한다. 만약 비행계획이 직항 경로를 기반으로 할 수 있다면, 더 많은 연료가 절약될 수 있을 것이다. 이러한 개선은 인프라 업그레이드 및 CNS/ATM 절차의 구현에 따라 달라진다.(6장 참고)

항공로 네트워크 구조

8.6 일부 항공사는 주 공항 간의 직접 연결을 강조하는 경로 구조 또는 제한된 일련의 주요 허브(이하 허브 앤 스포크 개념)를 통해 여객과 화물을 전송하는 데 집중하는 경로 구조 사이에서 결정한다. 사실 환경적인 관점에서 보면, 허브 앤 스포크 경로 네트워크 구조가 지점 간 네트워크 구조보다 나은지 또는 나쁜지 결정하기 어렵다.

8.7 한 가지 관점은 허브 앤 스포크 개념이 미래의 큰 허브에서 여객 이동의 집중으로 이어질 것이라는 점이다. 이러한 집중이 발생하면 추가 수용량에 대한 필요성이 대두될 것이다. 그러나 이러한 네트워크 집중으로 인한 추가적인 여객

이동 증가는 항공기 이동 성장을 초과할 수 있다. 따라서 활주로와 항공 교통 관제 수용량에 대한 네트워크 집중도의 영향은 예상보다 작을 수 있다.

연료 보존

8.8 연료량이 여객 무게의 10배까지 증가하면, 운반되는 연료의 감소는 연료 소모량을 줄일 수 있는 상당한 잠재력을 갖는다.(6장 참조) 따라서 연료 보존량을 최소한으로 유지하는 것은 연료 소비를 줄이는 한 가지 방법이다. Annex 6, 제1장, 제4.3.6절에는 최소연료(minimum fuel) 예비량에 대한 일반 지침이 설정되며 국가 요건에 대한 기준이 되어야 한다. 필요한 최소 연료는 일반적으로 다음을 포함한다.

a) 지상활주해서 나가는 것

b) 목적지 공항까지 비행하고, 접근 및 실패접근의 실행

c) 대체 공항까지 비행

d) 대체 공항에서 체공, 접근 및 착륙

e) 비상사태

8.9 비상연료의 양은 다음을 포함하는 몇몇 요소를 고려한다.

a) 기상

b) ATC routing 및 교통 지연

c) 가압 손실

d) 경로상 엔진 상실

e) 연료소비량의 증가 그리고/또는 지연을 초래하는 다른 이유

8.10 또한, 재량연료는 운반할 수 있지만, 그 양은 어떤 특정한 시나리오에 근거하지 않는다. Boeing은 운반되는 연료의 다양한 요소들을 다음과 같이 분석하고 논평했다.

a) 운항 연료 최적화. 개별 항공기에 대한 정확성과 조정이 필요하다.
b) 대체 공항 선택. 가장 가까운 적절한 공항의 선택이 강조되었고 일부 경우에 대체 공항을 명시하지 않을 가능성도 언급되었다.
c) 체공 연료(holding fuel). 일반적으로 주어진 고도에서 시간에 의해 지정되므로 매우 작은 변화만 가능하다.
d) 보정 연료(contingency fuel). 가능한 한 큰 연료 절감 범위를 가져야 한다.
e) 재량 연료(discretionary fuel). 회사 정책 또는 조종사의 요청에 따라 추가됨. 검토해야 한다.

8.11 보정 연료는 흔히 운항 시간 또는 운항 연료량에 의해 지정된다. 예를 들어 미국 FAR 121.645(b)는 미국 외 지역의 운항을 위한 총 운항 시간에 10%를 추가한다고 명시하고 있으며 감소 가능성을 허용하고 있다. 다른 미국의 연료 예비량 규정은 최소 연료 예비량 계산에 대한 가능한 선택을 묘사하고 있으며, 국내선과 기타 운항 사이에는 상당한 차이가 있다. 장거리 비행의 경우, 특히 현대적인 통신과 항법 시스템이 장착된 항공기의 경우 연료 예비비가 과도할 수 있다. 특정 비행에서는 "Reclearance", "Redispatch", "Refile", or "island reserve" 절차로 알려진 것을 이용하여 보정 연료의 감소를 위한 비행계획 연료의 감소 가능성이 있다.

8.12 연료 예비량은 규제, 경험, 운용 요인의 지식 및 위험 평가 등 고려사항이 많다. 연료 예비량 문제는 법률과 안전 고려사항으로 인해 감축이 명백하게 제한되고, 변화가 있을 경우 많은 변수가 적용된다.

소음 제약

8.13 추가 연료 소모량 및 배출은 공항 인근에 거주하고, 일하고, 여가활동을 추구하는 자들에게 항공기 소음의 불편을 줄이기 위한 다양한 소음 인증, 운영

및 관련 규정으로 인해 발생한다.

8.14 이는 몇몇 카테고리로 분류될 수 있다.

a) 항공기와 엔진 설계. 소음인증 요건을 충족하기 위해, 엔진은 더 강력하고, 무겁고 덜 효율적이어야 하는 경향이 있다.

b) 더 큰 항공기는 원칙적으로, 더 연료 효율적이지만 운항마다 소음이 더 큰 경향이 있다. 소음 인증 한계는 무게의 증가와 함께 소음의 증가를 허용하지 않기 때문이다. 따라서 새로운 큰 항공기의 설계를 점점 어렵게 한다.

c) 항공기 제조 후(예 : 방음장치) 소음 영향을 줄이기 위해 다양한 조치를 취하였으며, 여기에는 대개 나중의 낮은 소음 범주에 대한 재인증이 포함된다. 엔진 교체 또는 서류 재인증(즉, 항공기에 대한 물리적 변경 없음)을 제외한 대부분은 추가적인 질량이나 엔진 효율 저하와 같은 비효율성을 야기하며 결과적으로 연료 소비량이 증가한다.

d) 공항 주위의 소음을 재분배하기 위한 경로 및 상승 프로파일은 더 긴 경로를 초래하고 상승 및 강하 프로파일과 절차를 더욱 비효율적으로 만든다. 소음 영향을 줄이기 위한 기타 국지적 운영 제한사항도 유사한 결과를 가지고 있다.

e) 출발공항이나 목적지에서의 야간 또는 기타 운영 제한사항 또는 둘 모두, 추가 착륙과 이륙, 너무 일찍 도착하는 것을 방지하기 위해 더 천천히 비행하고 더 길게 유지하는 것, 또는 운항 제한시간이 시작되기 전에 더 빨리 도착하는 것과 같이 항공기 운영에 있어 비효율성을 초래한다. 또한 커퓨의 시작과 종료 시각에 가까운 시점에 더 많은 항공편을 강제로 투입함으로써 추가적인 교통 혼잡이 발생할 수 있다.

쌍발 엔진 항공기(ETOPS)에 의한 범위 연장 운항

8.15 가장 효율적인 경로의 사용에 또 다른 제약은 쌍발 엔진 항공기에 대한 제약이다. 현재 제트 항공기는 쌍발 엔진으로 구성되어 있다. Annex 6, 제1장은

ETOPS를 쌍발 항공기에 의한 적절한 그리고 적합한 항공로 대체 공항에서 60분 이상 걸리는 비행으로 정의하고 있다. ETOPS에 적합한 기본적인 추가 제한사항은 다음을 포함한다.

a) 항공기와 엔진 종류는 적절하고 적합한 공항에서 요구된 거리의 운항 아래 인가되어야 한다.
b) 운항 승무원은 적절한 교육을 받아야 한다.
c) 개별 항공기는 비상상황에 착륙할 수 있는 공항까지의 정해진 거리를 비행할 수 있는 능력을 위태롭게 하는, 사용 불가능한 구성 요소가 없어야 한다.
d) 대체 공항에서 유효한 기상예보는 착륙에 적합해야 한다.

8.16 이 요건들에 기반하여 국가 감항성 규정은 적당한 공항에서부터 180분 또는 그 이상까지 운항을 허용한다. 이 확장된 제한은 더 많은 직항로를 비행할 수 있게 하며, 후풍과 같은 유익한 항로 조건을 이용할 수 있도록 더 큰 유연성을 제공한다. 그러나 ETOPS 규정에 의해 더 많은 직항편이 허용되지 않을 수 있으며, 안전을 위해 훨씬 더 긴 항로를 비행해야 할 수 있다.

8.17 쌍발 엔진 항공기는 천성적으로 삼발, 사발 엔진 항공기보다 더 빠른 속도로 상승한다. 이는 엔진 한 개가 아웃되었을 때, 최소 성능 조건을 명시하는 감항 인증 요건 때문이다. 즉 삼발, 사발 엔진 항공기보다 쌍발 엔진 항공기가 더 많은 엔진 파워를 사용할 수 있음을 의미한다. 빠른 상승속도는 초기 순항 고도에 빨리 도달할 수 있게 하고, 이는 전체적으로 연료 효율적이다. 북대서양 통로같이 바쁜 경로에서, 이와 같은 빠른 상승속도는 좋은 이점이 될 수 있다. 낮은 순항 고도가 더 혼잡하기 때문이다.

8.18 연료 사용을 최소화하기 위해 ETOPS에 의한 제한을 최소화하여 가장 효율적인 경로에서의 비행을 허용하고 항상 운항의 안전을 확보해야 한다.

연료 동결점

8.19 더 길고 더 높은 고도 비행을 하려는 경향은 때때로 가장 연료 효율적인 방식으로의 비행을 제한하는 한계점을 명시하고 있다. 이것은 항공기 연료를 연료 동결점 위로 유지해야 하는 필요성이다. 항공기 탱크 내 연료의 온도는 항상 국부적인 온도보다 훨씬 높게 유지될 것이다. 그러나, −55℃의 성층권 내 일반적인 대기온도에서 연료 동결점은 −40℃까지 높지만, 예방조치를 취하지 않을 경우 냉기성 연료가 허용할 수 없을 정도로 낮은 온도에 도달할 수 있는 상황이 발생할 수 있다. 이로 인해 항공기가 연료의 열이 오르지만 연료의 소비량이 증가하는, 낮은 고도 그리고/또는 빠른 속도에서 비행하는 결과를 초래할 수 있다. 최근의 항공사에서 행한 조사에서 실제 대기온도가 −70℃로 기록되었지만, 연료 온도는 제트 A연료의 실제 동결점인 −42℃ 이하로 떨어지지 않았다. 사용 가능한 연료는 −47℃와 −40℃ 사이의 최대 동결점을 가질 수 있다. 실제로, 실제 연료 동결 지점은 규격 한계보다 거의 항상 낮다(예 : 더 춥다). 매우 높은 고도에서 비행하는 것과 관련된 특정한 장거리 경로에서, 일부 항공사들은 출발하기 전에 연료 샘플을 시험하여 탑재된 연료의 실제 동결점을 결정한다. 이 정보는 운항승무원에게 주어지며, 연료를 절약하기 위해 가능한 한 가장 높은 고도에서 비행할 수 있게 해준다.

연료제조

8.20 연료의 또 다른 환경적 측면은 연료가 함유한 황의 양이다. 이미 대기 중에 있는 황과 같이 다른 요소들이 동일할 때, 황 연료가 낮을 경우 엔진 배기가스에 황이 적게 생기게 된다. 그러나 항공 등유는 이미 황 함량이 낮다. 항공 터빈 연료 사양 및 기타 연료 사양을 위한 IATA 지침 재료는 제트 A−1 유형 연료의 경우 최대 총 황 함량을 0.3%까지 요구하지만, 대부분의 제트 연료는 이보다 훨

씬 낮은 황 함량을 갖는다.

8.21 Boeing은 연료 밀도 및 특정 연료 에너지 함량의 영향을 검토했으며, 관련된 연료 절감이나 다른 영향성은 없다고 결론 내렸다. 연료 에너지 수준 값은 작은 양에 따라 다르지만 실질적인 연료 절약 편익을 얻기 위해 차이를 사용할 방법은 없다.

기상예보

8.22 바람의 영향이 고려될 수 있기 때문에, 더 정확한 기상예보는 더 나은 비행계획을 가능하게 할 수 있다. 이것은 날씨가 크게 변할 수 있는 약 12시간에서 18시간까지의 초장기 항로 부문에서 특히 중요하다. 세계의 어떤 지역에서는 제트 스트림의 현재 위치(고도 및 방향)가 연료 보존을 위한 경로 최적화에 매우 중요하다.

8.23 착빙을 식별하고 착빙 조건 아래 운항 여부를 결정하는 것도 매우 중요하다. 착빙 조건에서 운항하는 것은, 잠재적으로 위험한 것뿐만 아니라 연료 효율적이지 않다. 제빙/결빙 시스템에 필수적인 엔진의 power bleed는 추가적인 연료 소모를 일으키기 때문이다. 기체와 엔진에 얼음이 쌓이면 무게와 항력에 추가되어 항공기의 항공 역학적 효율성을 감소시키고, 더 나아가 연료 소모를 증가시킨다.

8.24 ETOPS를 포함한 일부 운항의 경우, 가장 효율적인 비행 계획을 촉진하기 위해 대체 공항의 정확한 예측이 특히 필요하다.

8.25 주어진 시간, 위치 및 고도에서 기상 예보 데이터는 정확하고 시기적절하며 적절한 방법으로 전달되어야 한다. 이는 보다 정확한 연료 계획을 가능하게 하며 비행 중 인지된 변화에 대한 우발성으로 "추가" 연료가 적재되는 것을 방지한다. 더 나은 데이터는 운반되는 연료와 사용되는 연료를 줄일 것이다. 일부 항

공사들은 항공로 및 목적지에서 날씨를 예측하기 위해 기상 전문가를 고용한다.

항공기 및 엔진 성능 감시

8.26 연료 소비량을 최소화하는 데 필수적인 도구는 정확한 항공기 및 엔진 성능 감시이다. 항공기 및 엔진 성능을 감시, 분석하는 것은 운반되는 연료와 사용되는 연료 모두를 줄이는 경향이 있는 이익을 제공한다. 이 절차는 일반적인 항공기들의 데이터나 특정 경로에 특정 항공기에 대한 구체적인 데이터를 제공할 수 있다. 이를 통해 계획단계에서 각 개별 항공기에 대해 특정 항공기 성능 기준을 활용할 수 있으므로 일반적으로 덜 보수적인, 더 정확한 연료 수치를 사용할 수 있다.

8.27 빈 항공기 무게 증가 및 성능 저하는 항공기의 노후화에 따라 설명 가능하다. 일반적인 관념으로서의 '질량'(예 : 평균 승객 중량)을 감시하여 그것이 현실과 일치하는지 확인하는 것이 적절하다. 만약 이 질량이 너무 높다면, 불필요한 연료는 증가할 것이다.

8.28 특정 비행의 경우 연료 모니터링과 보고를 사용해 비행계획의 성능에 대한 통계를 제시함으로써 운항 승무원에게 신뢰를 줄 수 있다. 예를 들어, 일부 항공사들은 모든 항공편의 모든 항공기에 대한 순항 성능 데이터를 수집한다. 개념 또는 "book" 성능으로부터의 편차를 결정하고 그 결과는 비행 계획 시스템에 적재된다. 모든 항공기에 개별 편차가 적용된다. 이 분석은 매달 실시되며, 항공사가 모든 비행 운항을 위해 필요한 최소 연료량을 적재할 수 있다.

제9장 이륙 및 상승

도입

9.1 이륙과 상승은, 항공기의 성능뿐만 아니라 대부분의 공항 주변에서 흔히 발생하는 지연 때문에, 안전과 관련한 중요 비행 단계이다. 이 단계에서, 특히 짧은 비행에서는 더, 상대적으로 많은 양의 연료가 소비된다. 대부분 감항성 및 운영 규정에 의해 규정되는 정상 절차에 대한 많은 제약조건과 많은 조건이 있다.

추력 감소 이륙

9.2 추력 감소 이륙은 전체 추력 이륙에 비해 연료소비를 증가시키는 경향이 있다. 그러나 그 양은 매우 적으며, 엔진 마모 감소와 엔진 열화의 이점이 이 작은 효과를 능가할 수 있다. 추력 감소는 NOx 생산도 감소시킨다.

상승 프로파일 최적화

9.3 일반적으로 상승 프로파일 최적화의 연료 절감 편익은 작으며 trip 또는 block 연료의 1% 미만이다. 많은 항공사들은 이미 연료 절약 스케줄을 적용하고 있으며, 추가적인 예상 개선사항은 없다. 일반적으로 가장 효율적인 상승 속도 스케줄을 사용하고 10,000ft 미만에서 지시대기속도 250knot 제한을 전 세계적으로 관측한다. 항공 교통 관제에 의해 요구되는 250knot 제한은 가속을 지연시키며, 최적 속도가 더 높은 중량의 항공기는 연료 패널티를 유발할 수 있다. 예를 들어, 2,000ft에서 10,000ft까지 가속을 지연시키기 위한 추가 연료는 350kg까지

될 수 있다. 이 속도 제한은 항공 교통 관제가 적절한 항공기 분리를 유지하는 데 필요한 안전 문제이고, 버드 스트라이크에 영향을 미칠 수 있지만, 특정 상황에는 예외가 허용될 수 있다.

9.4 상승속도 스케줄은 항공기 종류에 따라 다르다. 정시운항이 중요한 경우, 고속 상승 일정을 이용하여 도착시간을 맞추기도 한다.

소음제약

9.5 소음 제약조건은 보통 이륙 프로파일의 최적화를 제한한다.(8장 참고)

9.6 이륙과 상승 단계는 일반적으로 많은 공항과 항공교통관리 제약조건 내에서 가능한 최대로 최적화된다. 잠재적인 절약량은 작다. 소음기반 제약조건은 보통 이륙과 상승 체제에서 환경에 부정적인 영향을 준다. 그러나 연료소비에 상당한 영향을 줄 수 있는, 이륙과 상승 체제에 적용할 수 있는 실행 가능한 변화는 없다.

제 10 장 순항

도입

10.1 비행의 순항 부분 중 연료와 배출 감소에 대한 일부 제한된 기회가 존재한다. 대부분의 경우, 운영자들은 이러한 가능성을 잘 알고 있으며 이미 적용하고 있다. 주로 항공기 무게를 위해 가능한 한 가장 연료 효율적인 속도와 고도에 가깝게 비행하고 연료 사용을 최소화하기 위해 항공기 시스템을 관리하는 것으로 구성된다.

속도 및 고도 최적화

10.2 항공기는 중량에 따라 이상적인 순항속도와 고도에서 운항하도록 설계되었다. 이상적인 고도에서 비행하는 것이 불가능하다면, 일반적으로 속도를 바꾸는 것이 더 좋다. 현재 항공기 설계로, 이상적인 고도와 속도가 아닌 상태에서의 비행은 연료 소비 및 배출량을 심각하게 증가시킨다.

10.3 항공기 운영자는 이미 장거리 순항속도로 또는 이와 가까운 속도로 비행하기 때문에 일반적으로 순항속도를 최적화할 수 있는 기회는 매우 드물다. 이는 일반적으로 최대 범위 순항속도보다 연료 주행거리가 1%나 더 낮으며, 이 속도에서는 속도 안정성 문제가 발생하기 쉽다.

10.4 RVSM(수직 분리기준 축소)을 이용해 순항고도를 최적화하는 가능성이 있다. RVSM을 하지 않고 사용 가능한 비행고도를 기다리는 것이 연료 연소율을 2.5~3.5% 증가시킬 수 있기 때문에, RVSM을 이용하면 순항속도를 최적화하는 것

보다 더 가능성이 많을 수 있다. RVSM은 이를 절대 최적값 이상으로 1% 이하로 줄일 수 있도록 할 것이다.

시스템 관리

10.5 항공기 시스템 관리 문제 중 하나는 기내 공기 재순환 팬을 사용하는 것이다. 객실 공기를 재순환시키는 목적은 엔진 블리드 에어의 사용을 최소화하면서 원하는 수준의 객실 환기를 유지하는 것이다. 재순환 팬은 비행갑판, 객실 및/또는 전기장비 bay area에서 공기를 끌어와 혼합 manifold로 되돌려 보내고 air-conditioning 팩의 신선한 공기와 혼합되어 다시 객실에 분산된다. 일반적으로 공기의 50%가 재순환된다.

10.6 필요한 경우 재순환 팬을 몇 분 동안 꺼서 객실로 들어오는 신선한 공기의 흐름을 증가시킬 수 있다. 하나 이상의 재순환 팬이 꺼지면 (또는 작동 불가능인 경우), air-conditioning pack이 고유동 모드로 작동하여 비행기 전체의 공기 흐름 속도를 유지한다. 고유동 모드에서 작동하는 air-conditioning pack은 엔진에서 더 많은 bleed air를 흡입하고, 이 추가적인 bleed air 요구사항으로 인해 연료 연소가 증가한다. Boeing이 준비한 표 10-1에는 고유동 모드의 하나 또는 모든 pack에 대한 예상 연료 연소량이 나열되어 있다. 한 항공사는 추가 연료 연소량을 항공기당 135,000kg으로 계산했다.

표 10-1 고유동 모드에서 작동하는 에어컨 팩이 작동할 경우 연료 연소율 예상 증가

Boeing model	Estimated fuel-burn increase	
	One pack in high flow(%)	All packs in high flow(%)
737-300/400/500	0.5	1
747-100/200/300/400	0.3	1
757	0.3	0.7
767	0.3	0.6

다른 요소

10.7 Boeing은 다음과 같은, 연소 소비에 영향을 줄 수 있는 가능한 요소들 또한 분석했다;

a) 수평 불균형

b) FMS 비용 인덱스

c) trim drag reduction; 그리고

d) zero yaw/sideslip

제 11 장 강하와 착륙

도입

11.1 강하, 체공(필요하다면), 접근 및 착륙, 그리고 지상활주를 포함하는 비행의 일부인 강하와 착륙 중에 연료를 절감할 수 있는 방법이 존재한다.

체공

11.2 어떤 종류의 체공이던 연비 손실을 야기하며, 또한 공중지연을 피하는 것이 가장 효율적인 해결 방법임을 인지해야 한다. 그러나 언제나 체공과 공중지연을 피할 수는 없다. 항공기는 낮은 고도에서 racetrack pattern으로 체공할 때 가장 덜 효율적이다. 체공 지연에 대한 빠른 인지는 운항 승무원이 사전에 계획하고, 추가적인 연비손실을 최소화할 수 있다.

11.3 만약 체공지연을 충분히 빨리 알게 된다면, 순항에서 속도를 줄일 수도 있다. 이것은 en-route 체공의 한 종류이고, 최적화 상태에 가깝게 항공기를 운항할 수 있으므로 추가적인 연료 연소를 최소화할 수 있다. 또한 체공 예상 통보가 일찍 주어지면, 더 오랜 시간 동안 더 먼 거리를 비행하기 위해 경로를 길게 유지함으로써 달성될 수 있다.

11.4 만약 체공지연이 필요한 경우, 목표는 가능한 항력이 최소화되는 configuration으로 가능한 한 오래 비행하는 것이어야 한다. 이로 인해 연료소비량이 최소화된다. 예를 들어, Airbus A300의 경우, 210knots로 5,000ft에서 슬랫을 내리고 15분간 체공하는 것이 같은 시간 동안 clean configuration에서 최소항력 속도로

비행하는 것보다 300kg 많은 연료를 소비한다.

연료 폐기 - 중량초과 착륙

11.5 항공기 문제 또는 승객 건강상태와 같은 예기치 않은 사건으로 이륙 직후에 착륙해야 하는 경우 연료를 폐기할지 여부에 대한 문제가 발생한다. 항공기 질량이 여전히 최대 착륙 중량을 초과하는 경우, 중량초과로 착륙하거나 연료를 폐기할지 여부를 결정해야 한다. 일부 항공기 형식만 비행 중 연료를 버리는 것이 가능하다. 대개 최대이륙중량과 최대착륙중량의 차이가 큰 장거리용 항공기이다.

11.6 북아메리카의 항공사가 중량초과 착륙 정책을 도입한 것은 1971년으로 거슬러 올라간다. 이러한 정책과 절차는 인증 제한을 초과하는 허가를 포함하기 때문에 항공사 운영 철학의 변화를 필요로 했다. 결과적으로, 돈을 절약하고 대기 오염을 줄이기 위해 근본적으로 설계된 절차를 사용하여 안전이 손상되지 않도록 주의를 기울여야 한다.

11.7 그러나 연료 낭비의 최소화 역시 중요하다. 한 항공사는 중량초과 착륙 프로그램의 첫 8년 동안 1,300만 리터 이상의 연료를 절약했다고 보고했다. 다른 항공사는, 1980년 이후로 어떠한 이유로든 연료를 버리지 않았다.

11.8 기장에게 연료를 버릴지 또는 중량초과 착륙할지를 결정할 최종책임 및 권한이 있음이 강조되어야 한다. 그러나 결정을 내리기 위해 적절히 필요한 장치를 조종사에게 제공하는 것은 항공사의 책임이다. 여기에는 명확하고 간결한 운항 승무원 운영절차와 함께 인증 제한을 초과하는 데 필요한 규제완화가 포함된다. 운항 승무원은 조종사 신뢰를 얻고 안전한 운항을 위해 필요한 모든 데이터와 교육을 제공받아야 한다.

11.9 제작사는 최대 승인 착륙 중량 이상으로 착륙할 수 있는 여유를 두고 항

공기를 설계한다. 그러나 중량초과 착륙 후에, 운항 승무원은 해당 사건과 관련한 보고서를 작성해야 하고, 항공기의 구조적 무결성이 손상되지 않았는지 확실히 하기 위해, 중량초과 착륙검사가 진행되어야 한다.

11.10 운항 승무원이 출발 공항으로 돌아가거나 혹은 예상된 목적지 이외의 공항으로 우회하는 것에는 많은 이유가 있다. 예를 들어, 객실 내 연기, 산소 고갈 또는 공압계통 문제, 통제불능 승객, 비행 중 질환 및 특정 비행 계기 고장을 들 수 있다. 연료를 분사할지 여부를 결정할 때 조종사는 비행 중 상황의 심각성과 공항 및 활주로 조건 및 항공기 성능 제한을 고려해야 한다.

11.11 조종사가 중량초과 착륙보다 연료를 버리는 것이 더 안전하다고 결정할 때도 있다. 모든 접근 중에 복행 기능이 고려되지만, 중량초과로 착륙할 때 더욱 중요해진다. 대부분의 항공사의 중량초과 착륙절차는 조종사가 접근을 시작하기 전에 복행 기능 여부를 검증할 것을 요구한다. 이는 항공기 엔진이 작동하지 않는 경우 더 중요해진다. 이러한 상황에서는 조종사가 최소한 최대 착륙 중량까지 연료를 버릴 가능성이 높다. 그러나 대부분의 예정하지 못한 착륙은 모든 엔진이 작동하는 상태로 이루어진다.

11.12 조종사는 중량초과 착륙과 관련된 높은 착륙속도에서 항공기가 정지할 수 있는 기능에 영향을 주는 항공기 시스템 및 부수 시스템과 더불어 목적지의 기상, 활주로 길이 및 표면 조건도 평가해야 한다.

11.13 의료 비상사태, 화재 또는 특정 구조적 고장과 같이 시간이 가장 중요한 경우, 중량초과 착륙이 정당화될 수 있다. 시간에 민감하지는 않지만 돌아가는 것이 반드시 필요한 상황이라면 항공기의 안전을 위해 연료를 덤핑하는 것이 더 나은 선택이 될 수 있다.

11.14 일반적으로, 연료 덤핑량은 항공사의 총 연료 사용 중 매우 낮은 비율을 나타내며, 평균적으로 약 0.025%이다.

강하 프로파일 최적화

11.15 항공기 운영자들의 최근 데이터에 따르면 강하 profile 최적화로 인한 연료 절약 편익(block fuel의 1% 미만)은 미미하다. 대부분의 항공사들은 연료 절약 절차를 이미 적용하고 있으므로 개선 가능성이 거의 없다. ATC가 허용하는 범위까지, 일반적으로 FMS 강하가 사용되고 착륙을 위해 플랩 설정이 감소/지연된다. 10,000ft 미만에서 지시대기속도 250knot 속도 제한이 관찰된다. 지연된 기어 확장도 사용된다.

11.16 예를 들어 Airbus A300의 경우 강하속도의 20knot 감소(300knot 대신 280knot)는 연간 한 항공기마다, 0.1% 연료 또는 15,000kg의 연료를 절약할 수 있다. 국제표준대기 조건에서 FL310에서 1,500ft까지 M0.78/280knot/250knot로 강하하는 동안 연료 소비량은 M0.78/300kt/250kt에서 82/380kg에 비해 약 360kg이다. 이때 비행조건이 무엇이든, 최적의 강하속도는 280knot일 것이다. 그러나 10,000ft 미만에서 제한속도 250knot는 정상적인 항공교통관제 목적으로 사용된다. 이 속도를 높이면 저효율적인 강하 profile을 사용할 수 있을 것이다.

접근절차

11.17 기본 원칙은 항력의 최소화는 연료 소모를 최소화한다는 것이다. 이는 결과적으로 플랩, 슬랫 및 착륙 장치의 확장을 지연시키는 것을 내포한다. 연속 강하 접근절차가 접근 시 연료 절약을 위한 최상의 잠재력을 제공한다는 것이 입증되었다. 적어도 6,000ft에서 접지까지 연속 강하를 포함하는 이 절차는, 강하하는 동안 엔진 추력의 사용을 최소화하고 결과적으로 연료 소모를 줄여준다. 실제 연료 절약은 항공기 종류와 강하의 특성에 따라 달라지지만, 항공기 크기에 따라 비행당 200kg에서 400kg의 감소가 가능하다.

11.18 예를 들어, Airbus A300의 경우 접근당 150kg의 연료 절약은 항공기당

연간 200,000kg 또는 전체 연료의 1%를 초과하는 연간 절약량을 의미한다. 연속 강하 접근 운항의 또 다른 이점은 항공기 아래 지상 및 객실 내 소음 수준이 감소된다는 것이다.

11.19 이 경우, 정확한 distance-to-go figure가, 정확한 연속 강하 접근이 비행 될 수 있도록, 운항 승무원에게 적절한 정보가 제공되어야 한다. 단, 국가 규정에 의해 허용되는 경우에도 이 절차를 Category I 기상조건 또는 그 이상으로 제한할 수 있다. 불안정한 착륙 configuration에 의한 복행의 증가는 연료 절약을 감소시킬 것이다.

착륙 및 지상 활주

11.20 역추력 없이 착륙함으로써, Boeing은 B747이 착륙당 65에서 70kg의 연료를 절약하여 연간 평균 75,000리터의 연료를 절약할 수 있다고 계산했다. 그러나 브레이크 마모 증가 비용은 절약되는 연료 비용보다 훨씬 더 클 것이다. Boeing은 역추력과 브레이크 대신에 브레이크만 사용하는 것이 안전에 미치는 영향에 대해서는 언급하지 않았다.

11.21 연료를 절약하기 위해서 하나 이상의 엔진을 정지한 상태에서 지상이동하는 것은 제2장 공항 운영에서 검토한다.

제 12 장 좌석 이용률 개선

역사

12.1 제트연료의 소비는 1952년 DH Comet과 함께 국제 상업 항공에서 시작되었다. 1958년 Boeing 707은 미국 fleet을 비행하기 시작했고, 1970년까지 미국의 제트 연료 소비량은 연간 100억 갤런으로 증가했다. 항공 가솔린 소비량은 1958년 16억 갤런으로 최고조에 달했고, 1970년까지 1,300만 갤런으로 줄어들었다. 1970년의 항공 가솔린 소비는 여전히 피스톤 구동 항공기와 일반 항공에 서비스를 제공하는 소수의 국내 서비스 항공사로 제한되었다.

12.2 새로운 제트 항공기는 피스톤 구동 항공기보다 훨씬 더 생산적이다. 새로운 항공기는 더 큰 객실을 가지고 있고 훨씬 더 빠르다. 하루에 두 번 또는 세 번 비행하는 대신, 제트항공기는 그보다 두세 배 더 많이 비행할 수 있다. 오늘날, 평균적인 제트 항공기는 200개의 좌석이 있고, 175knot를 약간 넘는 평균속도를 가진 1950년대의 항공기와 비교했을 때, 365knot 이상의 속도로 비행한다. 4배 이상의 좌석 수, 2배 이상의 속도를 가진 오늘날의 제트 항공기는 1950년대의 항공기보다 8배 더 생산적이다.

12.3 1960년대의 10년은 이러한 새로운 항공기에 의해 발생되는 항공 능력의 급격한 증가를 볼 수 있었다. 미국의 경우, 1960년대 average seat mile의 연평균 증가율은 15.6%로, 1970년대에는 5.3%로 감소했다. 1980년대에는 5.2%였고 1990년대에는 3.0%로 떨어졌다.

수요와 공급

12.4 제트 항공기는 더 생산적일 뿐만 아니라 훨씬 더 효율적이다. 유지관리 비용은 감소했고 항공기 운항 관리 신뢰도는 증가했다. 제트 항공기 1세대의 도입 후, 연료 효율도 계속 개선되었다. 이러한 효율 개선은 주로 제트 엔진, 기체 구조 및 시스템의 지속적인 개선과 seat-mile당 연료 소비량이 낮은 대형 항공기의 도입 때문이었다. 높은 효율성은 항공사들이 낮은 가격으로 수요를 촉진하고 생산되는 방대한 추가용량을 채울 수 있게 했다.

12.5 그러나 승객 수요의 증가는 수용력 증가와 일치하지 않았다. 1950년대와 1960년대 내내 평균 좌석 이용률은 감소했다. (그림 12-1 참조) 2차 세계대전 직후, 미국 항공사의 좌석 이용률은 약 65%였다. 1971년까지 좌석 이용률은 48.5%로 가장 낮은 수준으로 떨어졌다. 제2차 세계대전 동안, 항공 수용능력은 제한되었고, 상당부분 전쟁에 바쳐졌다. 미국 항공사의 좌석 이용률은 1944년 88%에 도달했을 때 가장 높은 수준으로 상승했다. 물론, 그 산업은 오늘날보다 훨씬 작았다. 1944년 총 available seat mile 수는 28억이었다. 1999년까지 그 수는 9,178억

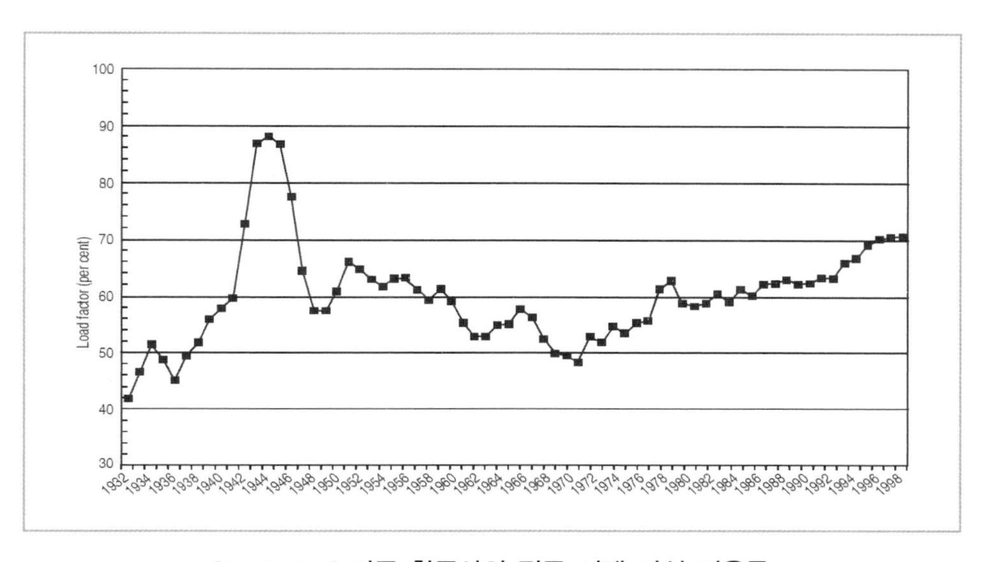

[그림 12-1] 미국 항공사의 평균 여객 좌석 이용률

으로 늘어났다. 1944년 업계에서 생성된 총 용량을 생산하는 데 오늘날의 B737항공기가 20대 미만으로 필요할 것이다.

12.6 1971년 최저치에 도달한 후, 미국의 평균 좌석 이용률은 1999년 71%에 도달할 때까지 꾸준히 증가했다. 미국에 의해 제트 항공기가 초기에 빠르게 도입된 후, 그 이후의 추가 수용량은 훨씬 느린 속도로 도입되었다. 게다가, 항공사들은 이용가능한 좌석의 재고를 더 잘 관리하기 위해 정교한 컴퓨터 기술을 사용하기 시작했다. 종종 이율 관리 시스템이라 불리는 이러한 컴퓨터 프로그램과 규제 완화로 도입된 가격 자유는 항공사들이 팔리지 않았을 좌석을 채우기 위해 비수기 가격을 제공할 수 있도록 했다. 더 많은 좌석을 채움으로써, 항공사들은 모든 좌석의 평균 가격을 낮출 수 있었고, 그에 따른 수요를 적절히 이끌어 낼 수 있었다.

12.7 항공 여행에 대한 수요는 대부분의 시장에서 7월과 8월에 정점을 이루며 큰 계절적 요소를 가지고 있다. 계절적 피크 외에도, 출장 수요에 의해 운영되는 주간 및 일일 피크도 있다. 비즈니스 여행객들은 월요일부터 금요일까지 주간 수요와 아침 및 이른 저녁 항공편의 일일 수요를 증가시킨다. 새로운 재고 관리 컴퓨터는 항공사들이 빈 좌석을 채우기 위해 수요가 적은 기간 동안은 좌석 가격을 낮추었다. 휴가 및 여름 피크 동안의 최대 좌석 이용률은 매일 평균 85% 또는 그 이상이었는데, 사실 이 높은 좌석 이용률은 수요가 부족한 비수기 기간을 고려한다면 일 년 내내 유지하기 어려운 수치이다.

12.8 항공사들은 정기 서비스를 유지하면서 좌석을 채우기 어려운 점보 제트 항공기 대신 중소형 제트 항공기를 더 많이 구매했다. 소형 제트 항공기는 하루 종일 그리고 일주일 내의 수요량과 관련한 계획을 짜는 데 적합하다. 높은 좌석 이용률과 관련된 일차적 위험은 수요가 가장 많은 기간 동안에는 오히려 항공사가 모든 여행객을 수용할 수 없다는 것이다. 평균 좌석 이용률이 85%에 도달하면, 많은 비행기들이 사실상 가득 찬다. 시간에 대해 융통성이 없는 승객은 좌석

을 찾을 수 없거나 좌석을 찾을 수 없는 경우 여행을 포기하게 된다. 가격 및 좌석 이용률 목표를 설정할 때 이 미지정 수요 또는 '유출(spill)' 요인을 고려해야 한다. 항공사들은 마지막 순간까지 일부 좌석을 풀 요금으로 보유함으로써 이 문제를 재고 관리 시스템으로 해결했다. 이 좌석들의 가격은 높고 고객들의 불만을 유발한다. 그리고 이러한 방법은 마지막까지 보유하던 좌석이 어떤 가격에도 팔리지 않는 등의 수익 손실의 위험성을 가지고 있다.

12.9 좌석 이용률 통계와 관련된 또 다른 문제는 실제 좌석 이용률과 통계에 기록된 값의 차이다. 차이가 있을 수 있는 원인은 다음과 같다.

a) 무임승객 및 화물은 고려될 수 없다.
b) 여객기의 화물은 일반적으로 좌석 이용률에 포함되지 않는다.
c) 항공기 성능 한계로 인해, 가능한 최대 유상하중이 명목상의 최댓값보다 작을 수 있지만, 좌석 이용률은 후자에 기초해 유지된다.

따라서, 비행이 실제로 통계에서 보이는 것보다 더 연료 효율적일 수 있기 때문에, 좌석 이용률을 증가시킬 수 있는 공간이 보이는 것보다 더 적을 수 있다.

효율성

12.10 좌석 이용률을 증가시키는 것은 항공사의 효율을 높이기 위한 중요한 방법이며, 항공사들은 일반적으로 더 높은 좌석 이용률을 적극적으로 추구해 왔다. 이에 대한 증거는 1970년대 초 이후 하중 인자의 꾸준한 증가다(그림 12-2 참조). 항공사들은 또한 새로운 항공기 기술에 투자함으로써 효율성을 추구해 왔다. 1970년 이후, 여객 항공사에 대해 갤런당 이용 가능한 좌석 마일로 측정한 항공기 연료 효율은 미국에서 85% 증가했다. 1970년에 미국 여객 항공사들은 미국 갤런당 28.5개의 좌석 마일을 이용할 수 있었다. 1999년까지 이 수치는 미국 갤런당 53.6석까지 증가했다. 여객 좌석 이용률의 증가는 항공기 효율성의 증가를 구성했다. 1970년에 미국 여객 항공사들은 미국 갤런당 14.8명의 승객 마일을 달성

했다. 1999년까지 미국 갤런당 승객 마일 수는 1970년 값에서 미국 갤런당 37.4마일로 150% 증가했다. 1999년 연료 효율 수치는 한 명의 승객을 태우고 여행하는 가장 효율적인 자가용에 의해 달성되는 미국 갤런당 37.4마일이다. 그리고 물론, 제트 항공기 여행의 속도와 안전은 여행자들에게도 주요한 혜택이다.

미래동향

12.11 항공사가 여객 좌석 이용률을 더 증가시킴으로써 이러한 복잡한 편익을 계속 달성할 수 있을지는 다소 문제가 있다. 그 산업은 현재의 수준에서 좌석 이용률을 미미하게 증가시킬 수 있을 것으로 보인다. 큰 위험은 피크 기간과 오프피크 기간 사이의 가격 차이가 오늘날 존재하는 가격 차이보다 훨씬 더 커질 것이라는 것이다. 업계가 직면하고 있는 주요 불만 사항 중 하나는, 가격이 여행거리에 따라 균일하게 책정되어야 한다는 것이다. 이를 위해서는 좌석이 선착순으로 판매되어야 하며 최고 가격 결정 전략의 혜택이 사라질 것이다. 반면, 피크

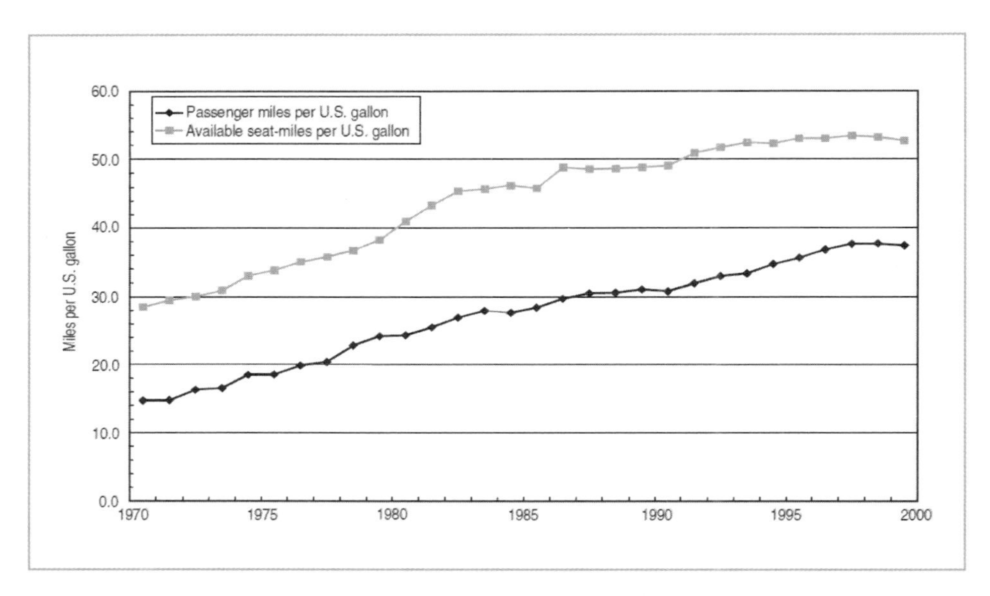

[그림 12-2] 미국 항공사의 연료 및 효율성 경향

수요 시간 동안 용량을 제한하거나 피크 수요 시간 동안 수요를 억누르지 않기 위해 가격을 인상해야 하는 경우 '유출'이 증가할 것이다. 이러한 조정되지 않은 수요는 항공산업이 더 이상 여행 대중의 시기적절한 서비스 요구를 충족시키지 못하고 있다는 것을 암시할 것이다.

제13장 이행

조치의 필요성

13.1 탄소배출량을 줄이기 위해서는 항공기, 공항 및 항공 교통 관리 시스템의 운영에 관여하는 모든 이해당사자가 조치를 취해야 한다.

13.2 항공 교통 관리 인프라 제공자들(대개 정부)은 가장 효율적인 고도, 속도 및 바람 조건에서 지연뿐만 아니라 비행거리를 최소화할 수 있는 더 많은 기회를 제공할 필요가 있다. 최신 기술을 사용하는 이러한 영역의 개선은 가장 크고 가장 즉각적인 변화를 제공할 것이다. 구체적인 변경사항에는 다음이 포함된다.

a) 전 세계적 수직 분리 기준 축소
b) 전 세계적 게이트 투 게이트 개념
c) 대양 공역에서 자동 종속 감시(ADS)
d) 전 세계적 자유 비행
e) ECAC 국가 공역의 유연한 사용
f) 유럽에서 자유 항공로 공역(free route airspace)
g) 미국에서 자유 항공로 공역(free route airspace)

13.3 항공사는 연료의 가장 효율적인 사용을 위해 현재의 관습을 검토하고 계속해서 절차와 항공기의 상태를 감시해야 한다.

13.4 한 가지 문제는 정확하고 포괄적이며 시기적절한 데이터의 가용성이다. 해당 데이터는 개별 항공기의 상대적 성능, 기상 예측 및 실제 기상, 그리고 항공기 무게, 연료 및 유상하중에 대한 정확한 정보가 포함된다. 이는 보정연료 예비량 및 주의사항들을 최소화할 수 있는 정보이다.

13.5 잠재적인 비효율성 영역에는 유지보수, 경로 계획, 무상비행, 불필요한 항력 및 질량이 포함된다.

13.6 현재 관행을 검토하는 방법에는 제작사(Boeing Fuel Conservation and Operations Newsletter)가 제공하는 특정 항공기 및 엔진 유형에 대한 점검표와 일반 점검표의 사용이 포함된다.

13.7 한 항공사는 1998년에 항력 감소 프로그램, 무게 감소 프로그램, 엔진 세척 프로그램 등 3가지 엔지니어링 및 유지보수 구성 요소를 포함하는 연료 절약 프로그램을 개발했다.

13.8 특정 연료 절감 기회는 다음과 같다.

a) 필요성과 가능한 무게 감소를 위한 모든 기내 안전 장비 검토
b) 필요성과 가능한 무게 감소를 위해 모든 기내 승객 편의 품목 검토
c) 초과분을 제거하기 위해 연료 예비량의 평가. 그리고;
d) 하나 이상의 엔진이 작동하지 않는 상태에서 활주

13.9 정부 규제 당국은 항공기와 인프라의 가장 연료 효율적인 사용을 제한하는 규정을 재평가해야 한다. 여기에는 다음이 포함된다.

a) 최소 허용 가능한 연료 예비량이 현재의 작동 조건 및 가용 데이터를 반영하도록 보장해야 한다.
b) 요구사항이 여전히 적합한지 확인하기 위해 필요한 최소 안전 장비 검토. 그리고
c) 인증 및 지속적인 감항 시험 요구사항 검토

13.10 공항은 불필요한 연료 사용을 초래하는 관습을 평가할 필요가 있다. 여기에는 연료 탱커링을 장려하는 세금과 요금 및 통행금지와 기타 소음 제한사항과 같은 정체를 유발하는 제한 등이 포함된다. 효율성 향상 및/또는 방출 감소를 위한 구체적인 조치는 다음과 같다;

a) 배기가스를 줄이기 위해 지상 지원 장비의 에너지원 변경을 고려한다.
b) 지상 활주시간과 거리를 줄이기 위해, 공항 배치 재설계 등의 방법을 고려한다.
c) 표면 관리 시스템을 설치한다.
d) 이해관계자와 절차 개선의 도입을 조정한다.

13.11 항공기와 엔진 제작사는 필요시 분석, 정보 및 지원을 제공하여 자사 제품의 가장 효율적인 사용을 촉진하고, 특히 개선된 운영 기회에 따른 잠재적 연료 절감 추정치를 제공해야 한다.

13.12 항공 운송의 다른 이해관계자는 추가적인 연료소모를 야기하는 항공 운송에 부과되는 한계를 검토해야 한다. 구체적인 예로는 다음과 같다.
a) 공항의 표면 접근
b) 소음 제한
c) 토지 이용관리

저자약력

유광의

현, 한국항공대학교 항공교통물류학부 교수

저서

국제운송 항공사경영론(백산출판사, 1996)
항공산업론(한국항공대학교출판부, 공저, 2001)
21C 항공산업과 항공사(백산출판사, 2003)
공항운영 및 관리(백산출판사, 2006)
공항운영론(대왕사, 공저, 2009)
공항운영과 항공보안(백산출판사, 2006)
공항경영론(대왕사, 공저, 2012)
항공산업론(대왕사, 공저, 2011)

대표 논문

- Analytical hierarchy process approach for identifying relative importance of factors to improve passenger security checks at airport, Journal of Air Transport Management, 2006
- A feasibility study on scheduled commercial air service in South and North Korea, Transport Policy, 2007
- Passenger airline choice behavior for domestic short-haul travel in South Korea, Journal of Air Transport Management, 2014
- A continuous connectivity model for evaluation of hub-and-spoke operations, Transportmetrica A, 2014
- 국제항공 기후변화관련 국제동향과 항공배출가스 계산방법의 개선에 관한 연구, 한국항공운항학회지, 2013
- EU-ETS 비용에 따른 항공사의 수익구조 및 네트워크 운영의 변화에 관한 연구, 한국항공운항학회지, 2013

김주현

한국항공대학교 항공교통 · 항공우주법 전공

저자와의
합의하에
인지첩부
생략

항공산업의 기후변화 대응

2019년 12월 26일 초판 1쇄 인쇄
2019년 12월 31일 초판 1쇄 발행

지은이 유광의 · 김주현
펴낸이 진욱상
펴낸곳 (주)백산출판사
교 정 성인숙
본문디자인 구효숙
표지디자인 오정은

등 록 2017년 5월 29일 제406-2017-000058호
주 소 경기도 파주시 회동길 370(백산빌딩 3층)
전 화 02-914-1621(代)
팩 스 031-955-9911
이메일 edit@ibaeksan.kr
홈페이지 www.ibaeksan.kr

ISBN 979-11-90323-59-8 93550
값 20,000원